COURS

DE

TECHNOLOGIE FORESTIÈRE

CRÉÉ A L'ÉCOLE DE NANCY

PAR H. NANQUETTE

DIRECTEUR HONORAIRE DE L'ÉCOLE

ÉDITION ENTIÈREMENT NOUVELLE

PUBLIÉE

PAR L. BOPPE

PROFESSEUR DE SYLVICULTURE A L'ÉCOLE NATIONALE FORESTIÈRE
ANCIEN ÉLÈVE DE CETTE ÉCOLE

PARIS
BERGER-LEVRAULT ET Cie, LIBRAIRES-ÉDITEURS
5, rue des Beaux-Arts, 5
MÊME MAISON A NANCY

1887

COURS

DE

TECHNOLOGIE FORESTIÈRE

LE CHÊNE-LIÈGE

dans la région des Maures et de l'Estérel

(D'après un dessin de M. Takasimo, Élève japonais à l'École forestière.)

COURS

DE

TECHNOLOGIE FORESTIÈRE

CRÉÉ A L'ÉCOLE DE NANCY

PAR H. NANQUETTE

DIRECTEUR HONORAIRE DE L'ÉCOLE

ÉDITION ENTIÈREMENT NOUVELLE

PUBLIÉE

PAR L. BOPPE

PROFESSEUR DE SYLVICULTURE A L'ÉCOLE NATIONALE FORESTIÈRE

ANCIEN ÉLÈVE DE CETTE ÉCOLE

PARIS

BERGER-LEVRAULT ET Cie, LIBRAIRES-ÉDITEURS

5, rue des Beaux-Arts, 5

MÊME MAISON A NANCY

1887

A M. H. NANQUETTE

DIRECTEUR HONORAIRE DE L'ÉCOLE FORESTIÈRE

Mon cher Maître,

La 2e édition de votre Cours de débit des bois, *publiée en 1868, est épuisée depuis plusieurs années déjà.*

Quand je me suis adressé à vous pour en solliciter un nouveau tirage, vous m'avez répondu : « Tout ce que j'ai publié appartient à vos élèves, dans leur intérêt faites-en ce que vous voudrez. »

Ce que j'en ai fait le voici :

Tout en cherchant à conserver à votre œuvre son caractère essentiellement pratique, j'ai été entraîné à en modifier le titre et la disposition. Ne fallait-il pas, en effet, l'élever au niveau des autres branches de l'enseignement au perfectionnement scientifique desquelles vous avez contribué dans la plus large part, et, en même temps, le mettre en harmonie avec les conditions économiques actuelles? Enfin, partisan convaincu de l'efficacité de l'enseignement par les yeux, je devais intercaler dans le texte des figures explicatives.

Vous avez bien voulu approuver le plan que j'ai eu l'honneur de vous soumettre et m'aider de vos conseils. Aussi, avant de livrer à la publicité un travail dont le meilleur vous appartient, je remplis un devoir qui m'est cher en le mettant sous votre bienveillant patronage et en vous priant d'agréer l'expression la plus sincère de mes sentiments de respect et de dévouement.

Nancy, le 15 décembre 1886.

L. BOPPE.

INTRODUCTION

En France, les plus anciens documents relatifs à l'exploitation des bois nous montrent les propriétaires de forêts cédant directement les arbres sur pied au consommateur, qui en tire parti au mieux de ses besoins. Plus tard, quand la situation économique de la société s'établit sur des bases plus solides, les capitaux se portent vers les produits forestiers, devenus matière échangeable, et l'usage s'introduit de vendre et d'acheter les bois sur pied. Actuellement les adjudicataires de coupes sont les véritables détenteurs de ce commerce. Leur industrie, parfaitement définie, consiste : à abattre les arbres, à faire le triage des produits et à les transformer en bois marchands rapportés à un petit nombre de types, parmi lesquels le consommateur choisit la matière première qui lui convient.

Il est certain que l'introduction de ces intermédiaires dans une propriété de garde aussi difficile que la forêt, constitue pour celle-ci un véritable danger; aussi, en tous temps, la loi s'est montrée très sévère pour réprimer les abus qui n'ont pas manqué de se produire. Par contre, il faut reconnaître qu'aujourd'hui, grâce à la moralité du commerce, les relations entre propriétaires et marchands de bois sont établies sur le pied d'une confiance réciproque.

Dans ces conditions le propriétaire de forêts rencontre dans les adjudicataires de coupes les plus utiles auxiliaires. En effet, moyennant un salaire réduit à son minimum par la concurrence, il s'affranchit, en même temps que des frais d'exploitation, de tous les risques ou démarches que comporte le commerce de détail. Il réalise de la sorte une notable économie.

De plus, la vente sur pied assure à tout propriétaire la possibilité de différer la réalisation d'une récolte qui reste *vivante* et s'améliore au lieu de se dégrader. Cependant, on ne saurait admettre qu'un grand propriétaire comme l'État puisse user sans restriction d'une faculté si précieuse pour les particuliers. Sa situation de détenteur à peu près exclusif des gros bois indigènes crée entre ses mains une sorte de monopole ; il doit certains égards à une clientèle spéciale que la vente sur pied a fait naître autour de lui, et qui l'aide à justifier en face de l'opinion publique son rôle de producteur. Dès lors, dans le travail préparatoire des ventes, les agents forestiers doivent subordonner leurs prétentions aux circonstances présentes, ce qui les oblige à connaître l'état du marché, aussi bien que le marchand de bois, et à savoir, comme lui, déterminer la valeur actuelle du bois dans l'arbre.

La *technologie forestière* qui étudie la matière bois dans ses relations avec les différents consommateurs a précisément pour objet d'analyser les faits relatifs à ces questions.

Les principaux éléments constitutifs de la valeur attribuée à un arbre sur pied sont : les *qualités industrielles* de cet arbre considéré dans ses différentes parties : la tige, les branches et les ramilles ; son *volume* ou son *poids ;* les *frais d'abatage, façonnage* et de *transport ;* les *frais de débit en marchandises* et, enfin, l'*état du marché.*

Chacun de ces facteurs demande à être étudié séparément, avec les détails proportionnés à son degré d'importance :

1° Les propriétés physiques du bois, d'où résultent ses qualités industrielles ou *techniques,* sont la conséquence de sa structure. Ces propriétés diffèrent avec les espèces et même avec les individus ; car elles sont profondément modifiées par l'*état* plus ou moins sain de celui-ci et par les conditions de son développement. A ce dernier point de vue, on ne doit attribuer au bois de chaque essence que les *qualités techniques* reconnues permanentes dans les échantillons d'une provenance favorable à son développement. C'est seulement sous cette réserve qu'il sera permis de grouper des espèces qui, présentant certaines analogies de structure, pourront, sans inconvénients, être substituées l'une à l'autre dans les mêmes usages. Quant aux conditions d'*état,* elles seront considérées d'une manière plus générale ; on devra rechercher les causes de la dégradation du bois après sa mise en œuvre et dans l'arbre sur pied ; enfin, en se rendant compte de la façon dont le bois se comporte dans les différents milieux où il est utilisé, on pourra déduire les moyens de le rendre plus durable.

2° Dans le commerce des bois toutes les transactions ont pour base le *volume;* sous cette réserve que le prix de l'*unité* de ce volume varie non seulement avec la nature, mais encore avec les dimensions respectives et la forme des pièces qui la composent. Car, si la valeur des bois à brûler dépend parfois de leur densité, ce qui permet, à la rigueur, de les vendre au poids, en général, les bois d'œuvre sont d'autant plus recherchés qu'ils se présentent sous des échantillons d'un plus fort calibre, parce qu'alors la variété des transformations marchandes qu'ils sont susceptibles de recevoir, augmente avec leur *grosseur*. Il en résulte que la grosseur des bois influe en même temps sur leur volume et leur utilité. A ce double titre, le mesurage des volumes ou, en terme de métier, le *cubage,* comprenant la constatation des volumes actuels et, par extension, la prévision des volumes futurs, se rattache à la *technologie.*

Jusqu'à l'époque où l'application du système métrique a été généralisée en France, la pratique du cubage a constitué un privilège à peu près exclusif de la corporation des marchands de bois. Il fallait, en effet, une certaine initiation pour se guider à travers des complications sans nombre, pour saisir rapidement le sens d'expressions rapportées à des mesures locales, pour éviter, enfin, des fraudes habilement dissimulées sous prétexte de confusion de termes. Aujourd'hui, de tant de causes d'erreurs, il ne reste plus que la tradition. On a compris que la seule manière intelligible d'exprimer un volume est de prendre pour terme de comparaison l'unité légale, c'est-à-dire : le *mètre cube* et ses dérivés. De la sorte les calculs simplifiés donnent partout et toujours des résultats comparables.

Aucune difficulté d'ailleurs pour cuber des bois abattus dont on peut, à son aise, mesurer directement toutes les dimensions. Quant aux arbres sur pied, on est convenu de s'en rapporter à un petit nombre de formules assez larges pour se prêter aux caprices de la végétation et qui permettent d'évaluer le volume d'un arbre debout par comparaison avec celui d'autres arbres gisants et de forme semblable.

En France, les études relatives à l'appréciation des volumes futurs n'ont pas encore été poursuivies avec assez de soins pour qu'il soit possible de rien publier d'original à ce sujet. Certainement la station de recherches récemment créée près de l'École forestière aidera un jour à combler cette lacune. Pour le moment il a semblé préférable d'attendre les résultats que ne manquera pas de fournir cette utile institution, plutôt que d'être limité, par la force même des choses, à des copies textuelles extraites des nombreux travaux publiés en Allemagne sur cette matière.

3° Les frais d'abatage et de façonnage se traduisent par de simples applications de prix de main-d'œuvre.

Il en a été longtemps de même pour les frais de transport ; mais cette question qui s'élargit tous les jours davantage, exerce actuellement la plus grande influence sur les approvisionnements. Le bois est, en effet, une matière lourde eu égard à sa valeur, et son rayon de diffusion, c'est-à-dire la distance qui sépare le lieu de production du lieu de consommation, est limité par les prix du transport. Aussi, partout où les moyens de communication à bon marché n'existent pas, le bois doit, pour ainsi dire, être consommé sur place. Il en résulte que les régions riches en forêts, qui sont en même temps les moins peuplées, sont aussi restées les plus pauvres, tant qu'on ne leur a pas ouvert des débouchés pour l'écoulement de leurs richesses naturelles.

A ce point de vue, depuis 1860, l'état général du marché s'est profondément modifié. Les traités de commerce ont abaissé les frontières économiques ; un réseau de canaux et de chemins de fer dont les mailles vont sans cesse en se rétrécissant, couvre toute l'Europe; certains tronçons pénètrent à travers les contrées les plus sauvages dans le seul but d'y aller chercher du bois; des navires marchands sillonnent en foule toutes les mers et s'y font la concurrence du fret à bon marché; on creuse des tunnels, on perce des isthmes; tout enfin tend à supprimer les distances et à rapprocher le producteur du consommateur. Les districts qui ont encore la bonne fortune de conserver leur patrimoine forestier intact, profitent de tant d'avantages pour inonder de leurs produits les vieilles contrées, riches en industrie et en argent, mais appauvries en bois. En somme, ce sont les pays d'exportation qui détiennent et règlent le marché dans les pays importateurs, et, comme tant d'autres, le commerce des bois d'œuvre, de local qu'il était, est devenu international.

4e Les conséquences de cette situation nouvelle devaient atteindre l'industrie du débit. En effet, le classement rationnel des produits forestiers devait se faire suivant la nature des services que le bois est appelé à rendre. Depuis des siècles, on a distingué — les bois à brûler, les charpentes, les bois de sciage et les bois de fente — pour correspondre à quatre ordres de besoins bien définis : le chauffage, le gros œuvre des habitations, les distributions intérieures et les objets mobiliers, enfin les récipients pour la conservation et le transport des liquides. Dans les sociétés naissantes et mal pourvues du côté des moyens industriels, tous ces débits se faisaient à bras et en forêt. Les anciens usages se sont conservés jusqu'à nos jours, à ce point que le remarquable traité de l'*Exploitation des bois*, publié en 1758 par Duhamel du Monceau, aurait pu encore être réimprimé dans les mêmes termes en 1850. Partout les procédés qu'il a si bien décrits sont les seuls appliqués aux bois à brûler, tout comme ceux relatifs aux bois d'œuvre, dans les régions éloignées des chemins de fer.

Mais la création de grands centres, toujours approvisionnés de bois de toute provenance, a rapidement poussé l'industrie du débit dans la voie du progrès. De puissantes machines-outils découpent le bois sous toutes les formes, en vue de répondre plus rapidement aux demandes de la consommation; des perfectionnements incessants diminuent le volume des déchets inutilisables; le bois, assoupli par l'action de la vapeur chaude, accepte les formes les plus contournées; de nouveaux débits appellent des débouchés nouveaux, le bois pénètre par diffusion dans toutes les branches de l'industrie et sa consommation augmente à mesure que la matière première abonde. Aussi, actuellement on peut dire *qu'il n'y a plus de mauvais bois;* tous, pourvu qu'ils soient sains, sont utilisés industriellement. En fait, la situation se résume par une question de prix de revient. C'est ainsi, par exemple, qu'on admet au travail des bois autrefois déclassés, en mettant à profit chez eux, soit le bon marché, soit des qualités jusqu'alors méconnues ou restées sans emploi; qu'aux bois les plus résistants, on substitue des bois moins durables, parce qu'ils sont aussi à meilleur marché.

Si, à cela, on ajoute encore que bon nombre de marchandises

usuelles se fabriquent sur devis spécial, on est en droit de se demander ce qu'il en est advenu des anciens débits au milieu de tant d'éléments de trouble. Celui qui suivrait le bois dans la variété infinie des transformations que cette précieuse matière est appelée à subir, serait très surpris de constater que, malgré tout, les anciens types subsistent toujours. Tandis que la grande industrie ne les fabrique plus qu'à défaut d'autres commandes, le petit commerce leur reste attaché. L'étude de ces débits n'a donc rien perdu de son actualité ; n'est-ce pas, en effet, le moyen le plus simple de s'initier au langage du commerce des bois qui a emprunté tous ses termes à l'ancienne tradition ? C'est aussi l'occasion de constater à grands traits l'influence de tel ou tel débit sur les qualités techniques des pièces mises en œuvre ; d'évaluer la proportion de la matière utilisée suivant la nature de la transformation appliquée à la masse totale et, enfin, d'apprendre à calculer la valeur des bois bruts en fonction des prix marchands et du volume des déchets.

5° Ces causes premières jointes aux perturbations dues à des crises commerciales passagères déterminent l'état actuel d'un marché. Mais, si de telles données sont à la rigueur suffisantes lorsqu'il s'agit d'opérations à court terme, il ne serait pas prudent de les trop généraliser en les appliquant à des prévisions à longue échéance. Qui pouvait s'attendre en 1880 à la baisse qui pèse progressivement sur les bois d'œuvre indigènes depuis 1882 ? Qui peut pressentir les conséquences du percement de l'isthme de Panama, quand les bois de la Californie et du Japon seront admis sur nos marchés à faire concurrence aux chênes de l'Esclavonie, aux pins de Norvège, de la Lousiane ou du Canada, au teck de la Birmanie ? Mais qui peut nier aussi la plus-value possible que réaliseront les chênes et les sapins de provenance française, si nous avons la sagesse de les conserver jusqu'à l'époque où, dans un avenir relativement peu éloigné, les forêts du nord et du centre de l'Europe seront fatiguées au point de ne plus pouvoir alimenter que la consommation locale? D'autres causes prochaines, mais encore inconnues, peuvent amener de nouvelles perturbations; c'est par une étude largement conçue des questions commerciales et en se rendant compte des ressources que le monde exploré peut présenter en marchandises bois, qu'il sera permis de se faire une idée des fluctuations possibles qui menacent ou encouragent la production nationale.

Mais de telles questions sortent du domaine de la *Technologie* pour entrer dans celui de la *Statistique forestière*[1].

PLAN DU COURS.

Les considérations qui précèdent nous ont engagé à diviser le cours de Technologie en trois parties:

La première comprendra: l'étude générale de la matière bois, considérée dans ses qualités et ses défauts; le classement industriel des bois indigènes d'après leur constitution et, comme complément nécessaire, l'exposé sommaire des procédés de conservation et de préservation des bois.

Nous avons cru devoir consacrer un chapitre à ceux des produits accessoires qui, eu égard à leur importance, constituent parfois le principal élément de la richesse forestière locale, telles sont : les *écorces* et les *résines*.

Dans la deuxième partie nous parlerons du *débit en bois marchands*. Prenant l'arbre vivant, nous le suivrons dans les diffé-

1. Si la statistique ne permet pas de résoudre complètement des questions aussi délicates, du moins elle fournit des éléments de recherches qui, jusqu'à présent, font défaut pour la France. Cette fâcheuse lacune ne sera utilement comblée que quand l'administration forestière disposera d'un personnel suffisant qui lui permettra de publier des traductions ou des extraits de la littérature forestière à l'étranger.

rentes phases de ses transformations, depuis l'abatage jusqu'aux débits types du commerce. En passant, nous étudierons le cubage des bois abattus, autant pour indiquer les principaux modes d'évaluation en usage dans le commerce, que pour fixer dans l'arbre gisant, le terme de comparaison qui permettra d'estimer l'arbre sur pied.

Dans la troisième partie nous ne considérerons que l'*arbre sur pied,* en indiquant les procédés plus ou moins exacts, plus ou moins rapides, applicables suivant le but qu'on poursuit. Procédés généralement sommaires quand on se propose simplement de mettre en vente une matière, en somme, d'un prix assez peu élevé eu égard à son volume ; au contraire, exigeant toute la rigueur compatible avec les moyens dont on dispose, quand il s'agit d'expérimentations faites, par exemple, en vue d'étudier la marche de l'accroissement d'un arbre ou d'un massif ou les rendements en bois de sols affectés à la production ligneuse.

Un dernier chapitre est réservé à toutes les questions techniques qui se rapportent à la *vente du bois* suivant les différents modes en usage dans le commerce.

OUVRAGES ET DOCUMENTS CONSULTÉS

DUHAMEL DU MONCEAU, *De l'Exploitation des bois,* publié en 1758, réédité chez Leroi. Paris, 1835.

A. MATHIEU, *Flore forestière.* 3e édition. Berger-Levrault et Cie. Paris et Nancy, 1877.

C. BROILLARD, *Traitement des bois en France.* Berger-Levrault et Cie. Nancy, 1880.

DUPONT ET BOUQUET DE LA GRYE, *Les Bois indigènes et les Bois étrangers.* Rothschild. Paris, 1875.

D'ARBOIS DE JUBAINVILLE ET VESQUE, *Les Maladies des plantes cultivées.* Rothschild. Paris, 1878.

ROBERT HARTIG, *Wichtige Krankheiten der Waldbäume.* J. Spinger. Berlin, 1874.

NORDLINGER, *Untersuchungen aus dem forstbotanischen Institut zu München.* J. Spinger. Berlin, 1880. — *Die technischen Eigenschaften der Holze.* Stuttgard, Berlin, 1860.

Dr J. BAUR, *Holzmesskunde.* Wilhelm Baumüller. Vienne, 1880.

E. E. REGNEAULT. *Cours de stéréométrie.* Grimblot et Ve Raybois. Nancy, 1847.

FROCHOT, *Cubage et estimation des bois.* Eugène Lacroix. Paris.

GOURSAULT, *Manuel de cubage.* Rothschild. Paris, 1868.

VAUCOURT, *Tables donnant les cubes des bois.* Bouchard-Huzard. Paris.

DIVERS AUTEURS, Articles épars dans les *Annales forestières* et dans la *Revue des eaux et forêts.*

NOTICES ET BROCHURES *sur le débit des bois,* publiées à propos de l'Exposition de 1878 et à l'aide des documents fournis par tout le personnel de l'administration des forêts. Imprimerie nationale. Paris, 1878.

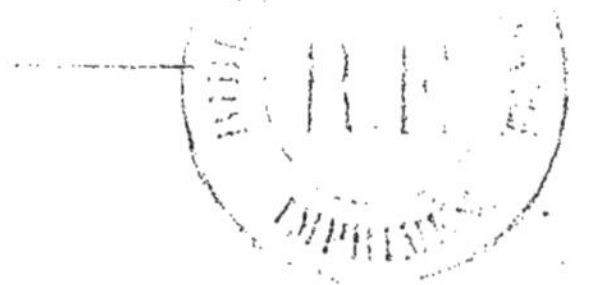

PREMIÈRE PARTIE

LE BOIS ET LES PRODUITS ACCESSOIRES

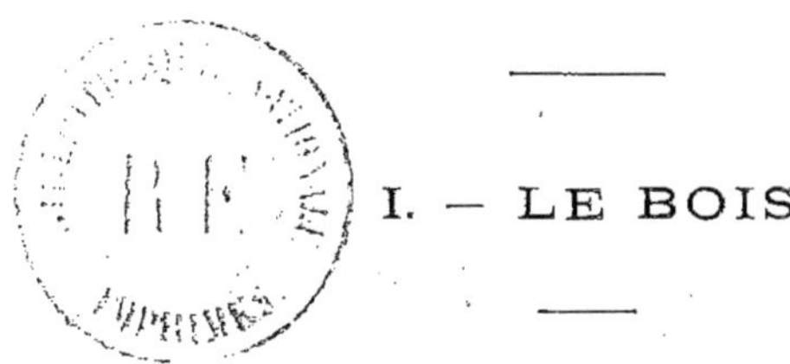

I. — LE BOIS

CHAPITRE PREMIER

PRINCIPAUX EMPLOIS DES BOIS INDIGÈNES

La valeur technique d'un bois dépend de ses propriétés physiques et mécaniques.

Les principales propriétés physiques du bois sont : la *couleur,* l'*éclat*, la *compacité* et la *densité*. A l'exception de la densité dont la détermination nécessite l'emploi de la balance, ces caractères se manifestent à la simple inspection d'un échantillon; d'ailleurs, leur importance est secondaire dans l'immense majorité des emplois.

On range parmi les propriétés mécaniques les plus usuelles : l'*élasticité,* la *fissilité* (ou aptitude à la fente) et la *caloricité*. Ce sont de beaucoup les qualités les plus importantes au point de vue industriel; mais, pour mesurer le degré de leur développement dans une espèce déterminée, il faut avoir recours à de longues séries d'expériences, souvent fort délicates et dont le seul exposé fournirait la matière d'un traité spécial.

En général, la *structure* exerce sur les qualités mécaniques des bois une action prépondérante; aussi, sans entrer dans les détails anatomiques concernant les éléments constitutifs du tissu ligneux, il est nécessaire de résumer ici les principaux faits qui trouvent leur application dans la pratique.

ARTICLE PREMIER

Généralités.

§ 1er. — Structure du bois

Le bois des espèces indigènes est formé de couches annuelles, disposées concentriquement autour de la moelle, et dont les plus extérieures sont les plus récentes. On sait d'ailleurs que, chez ces espèces, la ligne séparative entre deux couches annuelles successives est toujours plus ou moins visible, de telle sorte que, en comptant le nombre de ces couches annuelles sur une section perpendiculaire à l'axe d'une tige, on peut déterminer exactement l'âge de cette dernière. De plus l'épaisseur de chaque couche ligneuse est la conséquence directe des faits vitaux qui ont présidé à sa formation et l'arbre conserve dans ses parties profondes la trace des influences permanentes ou passagères qui ont activé ou ralenti sa croissance.

Abstraction faite de leur épaisseur relative, ces couches se ressemblent toutes, dans un même arbre, au point de vue anatomique. Décrire l'une d'elles, c'est décrire toutes les autres.

Chaque couche ligneuse peut être formée de fibres, de parenchyme ligneux, de canaux résinifères, de vaisseaux disposés en faisceaux longitudinaux, entre lesquels s'interposent des rayons médullaires qui se dirigent transversalement, de la moelle à l'écorce. Les fibres et les rayons ne manquent jamais et constituent souvent à eux seuls tout le bois, c'est ce qui a lieu dans les résineux ; les vaisseaux ne se rencontrent que dans les bois feuillus et les canaux résinifères ne s'observent, quoique pas constamment, que dans les conifères.

Les tissus du bois ont leurs parois composées de *cellulose,* principe immédiat formé des éléments de l'eau et de carbone, et qui constitue la charpente élémentaire de toutes les plantes. On admet généralement que, plus tard, la *lignine,* principe plus riche en carbone et en hydrogène, et dont la composition peut varier avec les essences, incruste plus ou moins la cellulose des parois ; d'autres substances peuvent s'y ajouter et obstruer les cavités des organes élémentaires. Le bois ainsi *lignifié,* suivant l'expression adoptée, devient une substance inerte dans l'organisme vivant, il ne se modifie plus, il ne

A. *Chêne pédonculé.* — Échantillon provenant d'un arbre de 72 ans. (Densité 0,827.) Très rapide croissance à l'état isolé; bois nerveux des plus estimés pour les constructions navales. Forêt communale de Lauride (Landes). Altitude 16 mètres.

B. *Chêne rouvre.* — Échantillon provenant d'un arbre de 190 ans. (Densité 0,691.) Croissance lente et très régulière dans un massif de futaie. Bois de merrain et de menuiserie de 1re qualité. Forêt de Moladier (Allier). Altitude 300 mètres.

C. *Chêne rouvre.* — Échantillon provenant d'un arbre de 110 ans. (Densité 0,742.) Croissance moyenne, irrégulière, en taillis sous futaie; sol peu fertile. Qualité inégale; bois de sciage. Forêt de Darney (Vosges). Altitude 300 mètres.

Pl. I

A

B

C

DIFFERENTS TYPES DE BOIS DE CHÊNES

(Rouvre et pédonculé)

participe plus qu'indirectement aux influences de la vie, dont la manifestation reste concentrée dans les tissus les plus jeunes. D'ailleurs, sur les points où elle se produit, cette lignification s'achève rapidement et, une fois qu'elle est opérée, les portions transformées présentent toutes les qualités qu'elles sont susceptibles d'atteindre, de telle sorte que, en vieillissant, elles n'acquièrent plus aucune propriété nouvelle.

§ 2. — Bois de printemps et bois d'automne

Les éléments anatomiques du bois ne sont pas toujours uniformément répartis et de forme constante dans l'épaisseur d'une même couche ; en général, ils déterminent, au bord interne de celle-ci, un tissu plus lâche et plus mou que celui du bord externe.

On appelle *bois de printemps* et *bois d'automne,* ces deux régions habituellement différentes d'une même couche, en raison de la saison dans laquelle chacune d'elles s'est principalement développée.

Toutes les couches d'un même arbre, bien plus, toutes celles d'une même espèce, ont une structure identique. Mais, chez la plupart des essences, ces couches annuelles diffèrent par la proportion de bois de printemps et de bois d'automne qu'elles renferment. Or, cette proportion varie dans des limites fort étendues avec les conditions de la végétation et l'épaisseur des accroissements annuels. Il peut donc résulter de là des variations correspondantes dans les qualités du bois d'une même essence ; car, suivant que le plus grand accroissement s'est fait en faveur du bois de printemps, ou du bois d'automne, c'est tantôt un tissu plus dense, tantôt un tissu moins dense qui domine.

On constate que, chez certains bois feuillus et spécialement chez les chênes, c'est surtout le bois d'automne qui augmente sous l'influence d'un plus fort accroissement, et que la zone de bois de printemps reste d'une épaisseur à peu près constante dans les différentes couches, quelle que soit d'ailleurs l'épaisseur de celles-ci. (Voir planche I.)

Dans d'autres espèces, au contraire, et spécialement chez les arbres résineux, c'est un développement exagéré du bois de printemps qui caractérise un plus fort accroissement, la zone de bois d'automne conservant toujours une épaisseur à peu près constante. (Voir planche II.)

Il en résulte que l'influence d'un plus grand accroissement se manifeste par des effets inverses sur ces deux types. Plus un chêne a grossi rapidement, moins il présente de couches sur une largeur donnée, mesurée sur le rayon d'une coupe transversale, et comme dans chacune de celles-ci la zone de bois de printemps reste relativement très mince, la proportion du bois d'automne est plus forte ; le bois en sera dès lors très dur et très nerveux. Au contraire, chez les bois résineux (sapins, épicéas, mélèzes, pins), plus la croissance a été active, plus seront larges les zones de bois de printemps ; plus sera forte la proportion de ces dernières relativement à celles du bois d'automne ; plus, par conséquent, le bois sera tendre.

Ce fait extrêmement important doit servir de guide dans le choix à faire de bois de telle ou telle provenance pour un emploi déterminé.

§ 3. — Aubier et bois parfait

Chez certaines espèces, on remarque dans le corps ligneux deux régions plus ou moins distinctes; l'une externe, commençant à l'écorce et d'épaisseur variable, est généralement blanche ou blanchâtre, gorgée de sève, chargée de principes amylacés ou azotés, en proportions diverses; l'autre, commençant au point où s'arrête la première et allant jusqu'au centre de l'arbre, est mieux incrustée de lignine et de matières colorantes; au lieu de sève, elle ne renferme plus que de l'eau dans laquelle les matières fermentescibles ne se rencontrent plus qu'en quantité très faible. A cause de sa blancheur (absolue ou relative), la partie externe a été appelée *aubier;* celle interne, plus ou moins teintée de rouge ou de brun et d'une densité toujours plus forte, se désigne sous le nom de *bois parfait* ou *bois de cœur.*

Chez d'autres essences, une telle distinction ne s'établirait pas facilement, car les parties internes, en vieillissant, ne deviennent ni plus colorées, ni plus dures, ni plus denses que celles externes. Il semble que la masse ligneuse soit formée, dans toute son épaisseur, de tissus de composition identique et se laissant uniformément péné-

A. Échantillon provenant d'un arbre de 200 ans. (Densité 0,627.) Croissance lente, régulière, en massif serré. Bois de 1re qualité pour la fente et le travail. Bois de résonnance. Forêt de Chamounix (Haute-Savoie). Altitude 1,400 mètres.

B. Échantillon provenant d'un arbre de 150 ans. (Densité 0,458.) Structure régulière, croissance égale, moyenne. Bois de très belle qualité pour charpente et sciage. Forêt de la Grande-Chartreuse (Isère). Altitude 1,360 mètres.

C. Échantillon provenant d'un arbre de 35 ans. (Densité 0,447.) Croissance très rapide sous l'influence d'une station trop basse. Bois mou, qualité très médiocre. Forêt de Saint-Laurent-du-Pont (Isère). Altitude 450 mètres.

Pl. II

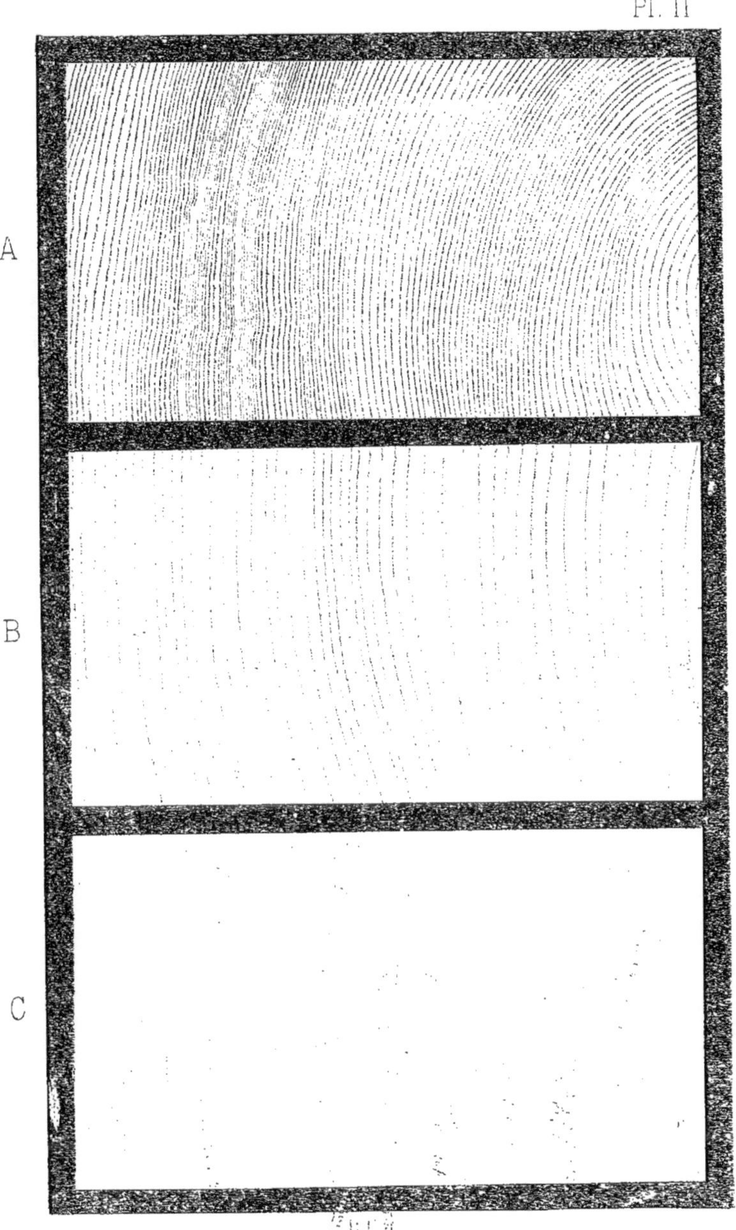

DIFFÉRENTS TYPES DE BOIS D'EPICEA
(Picea excelsa) LINK.

trer par la sève et les substances alimentaires localisées dans l'aubier des espèces précédentes.

Quoi qu'il en soit, lorsqu'un bois présente les deux zones nettement distinctes, l'aubier est toujours sujet à la pourriture et à la vermoulure; le bois parfait, au contraire, échappe en grande partie à ces inconvénients, il acquiert toutes les qualités de résistance que comporte l'espèce, et peut se conserver longtemps sans altération.

La différence entre les qualités de l'aubier et celles du bois parfait est tranchée à ce point que la valeur de l'aubier, comme bois d'œuvre, est en raison inverse de celle du bois parfait. Ce principe peut être considéré comme absolument vrai dans toutes ses conséquences ; car, pour les espèces où l'aubier ne se distingue pas du bois parfait, les couches externes ont les mêmes qualités que les couches internes et peuvent être employées indifféremment aux mêmes usages.

C'est ainsi, par exemple, que : le chêne, le châtaignier, les pins et le mélèze, caractérisés par un bois de cœur d'excellente qualité, ont une zone d'aubier pour ainsi dire sans autre valeur que celle dû médiocre combustible qu'elle fournit.

Au contraire : le hêtre, le charme, le bouleau, le sapin, l'épicéa n'ont ni aubier, ni bois parfait distincts, et si, dans leur ensemble, ils ne présentent pas les qualités du bois de cœur des espèces qui en sont pourvues, du moins la partie externe vaut à peu près la partie interne et, dans tous les cas, elle l'emporte de beaucoup en valeur sur l'aubier des chênes ou des pins.

D'ailleurs l'aubier est loin de présenter dans un même arbre, un nombre constant de couches annuelles; la proportion entre l'épaisseur de l'aubier et celle du bois parfait varie, non seulement d'une espèce à une autre, mais dans une même espèce, suivant les conditions de la végétation et l'âge des sujets.

Parmi les espèces qui ont une forte proportion d'aubier, surtout dans leur jeunesse, il faut ranger toutes celles du genre pin et plus spécialement le pin laricio et le pin maritime ; au contraire, le mélèze, le châtaignier et le robinier ont toujours des couches d'aubier relativement peu nombreuses. Les chênes ont une épaisseur d'aubier qui reste à peu près constante dans un même arbre, quel que soit son âge.

ARTICLE DEUXIÈME

Caractères distinctifs et principaux emplois des différentes essences[1].

§ 1er. — Classement industriel des bois

L'étude des propriétés mécaniques des bois a permis de constater que celles-ci varient d'une famille à une autre famille, de genre à genre, et dans le même genre, d'une espèce à l'espèce la plus voisine. Il en résulte que, si l'on veut classer les bois d'après leurs qualités, on ne peut s'appuyer uniquement sur une classification botanique.

L'élasticité ou résistance à la rupture est une des principales qualités qui font apprécier le bois pour ses différents emplois dans l'industrie. Or, l'expérience indique que cette propriété est sensiblement modifiée par la présence ou l'absence de vaisseaux dans les tissus élémentaires, par le calibre plus ou moins gros de ces vaisseaux, par leur disposition en groupes, localisés dans une même zone, ou par leur dissémination, sans ordre, dans toute l'épaisseur d'une même couche annuelle. Il est donc rationnel de demander à la structure les analogies qui permettront de classer des espèces différentes dans un même groupe industriel.

C'est ainsi que tous les grands conifères, dépourvus de vaisseaux, forment un groupe naturel à part. Ce sont, en général, les bois les plus élastiques. Ils empruntent cette qualité, plus ou moins développée, suivant les espèces et les conditions de végétation, à la présence dans une même couche de deux zones de densité fort différente. En fait, à moins que leur croissance ne soit extrêmement lente, ces bois ne sont jamais homogènes et compactes.

Parmi les bois feuillus, tous pourvus de vaisseaux, les uns présentent dans chaque couche annuelle une zone interne, poreuse, dans laquelle sont localisés les vaisseaux de calibre, en général, gros ou assez gros, tandis que la zone externe est formée de tissus plus compactes parmi lesquels les vaisseaux sont plus petits et rela-

1. Les renseignements donnés dans cet article sont pour la plupart empruntés aux deux ouvrages suivants :
A. Mathieu, *Flore forestière.*
Ch. Broillard, *Traitement des bois en France.* } Nancy, Berger-Levrault et Cie.

tivement plus rares. Cette disposition leur donne une certaine analogie avec les bois résineux, et, toutes choses égales d'ailleurs, ils sont les plus élastiques des bois feuillus. Tous les bois de ce groupe appartiennent à la catégorie des bois durs.

Chez les autres, les vaisseaux, toujours assez fins ou fins, qu'ils soient isolés ou réunis en groupes, sont à peu près uniformément répartis dans l'épaisseur de la couche annuelle et n'y dessinent point de zone plus poreuse. Ces bois sont donc homogènes et par suite peu élastiques. Néanmoins, certains d'entre eux offrent, au point de vue de la résistance et de la dureté, des qualités qui les font rechercher pour de nombreux emplois.

Partant de ces faits, les bois des espèces forestières ont été classés comme suit, en formant une catégorie spéciale pour les morts-bois :

1° Bois feuillus.	1er *groupe.* Bois à vaisseaux inégaux, les plus gros groupés dans la zone interne plus poreuse que l'externe. Bois durs.	*a*). Zone poreuse très apparente.	Chêne rouvre, chêne pédonculé, chêne tauzin, châtaignier, frêne, orme, micocoulier, et parmi les espèces naturalisées, robinier.
		b). Zone poreuse à peine accusée.	Chêne yeuse, chêne liège.
	2e *groupe.* Bois à vaisseaux fins, sans zone poreuse bien tranchée.	*a*). Bois durs.	Hêtre, charme, érables, fruitiers, et parmi les espèces naturalisées, noyer.
		b). Bois demi-durs.	Aunes, bouleaux.
		c). Bois tendres ou bois blancs.	Tilleuls, peupliers et saules.
2° Bois résineux.	3e *groupe.* — Aubier et bois parfait non distincts.		Sapin, épicéa.
	4e *groupe.* — Aubier et bois parfait distincts.		Mélèze et tous les pins.
3° Morts-bois.	Principaux arbustes et arbrisseaux forestiers.		Coudrier, cornouiller mâle, cornouiller sanguin, épine noire, épine blanche, buis, houx, fusain, bourdaine, if, genévrier, bruyère arborescente.

§ 2. — Bois feuillus

1er Groupe. — Bois à zone interne poreuse formée de gros vaisseaux.

a) — *Bois à zone poreuse très apparente.*

1. Le chêne rouvre et le chêne pédonculé.

Caractères définitifs. — Le bois du chêne rouvre et celui du pédonculé sont de structure identique ; mis en œuvre, il est absolument impossible de les distinguer. Si parfois une de ces espèces est préférée à l'autre pour un emploi déterminé, cela tient uniquement à la croissance plus ou moins rapide que prend chacune d'elles dans la station qu'elle affectionne plus particulièrement.

Le bois de ces chênes est caractérisé par un certain nombre de rayons épais qui lui donnent les belles maillures si recherchées dans les débits de luxe ; les vaisseaux sont inégaux, les gros se remarquent dans le bois de printemps où ils forment une zone poreuse très apparente. C'est un bois lourd (densité 0,633 à 1,020), dur, nerveux, formé de couches annuelles très apparentes. L'aubier assez abondant, est blanc, nettement distinct du bois parfait, lequel est d'un fauve clair qui se fonce avec le temps.

Principaux usages. — Le bois de chêne n'est au premier rang pour aucune des propriétés qui distinguent la matière ligneuse, il n'est ni le plus dur, ni le plus lourd, ni le plus souple, ni même le plus nerveux des bois ; mais il réunit toutes ces qualités dans une telle mesure, il présente une telle durée employé à l'air ou dans l'eau, qu'il est, sans contredit, le plus précieux de tous ceux que produise la France et que, parmi les essences exotiques, il en est bien peu qui l'égalent pour tous les usages. En somme, c'est lui qui constitue la véritable richesse des forêts, partout où il prospère et peut arriver à de fortes dimensions.

Il présente d'ailleurs des qualités spéciales suivant le milieu où il s'est développé.

Croissant à l'état isolé dans la campagne, en plaine, dans les sols riches et les climats doux (stations du pédonculé), il prend un accroissement rapide et forme un bois nerveux d'un tissu corné, excellent pour la charpente des navires, les constructions hydrauliques, le charronnage et tous les emplois qui exigent beaucoup de force, de ténacité et de solidité. (Pl. I, A.)

Tiré d'un massif de futaie qui a cru dans un sol pauvre, sous un climat plutôt rude que tempéré, le chêne rouvre, qui a mis 300 ans, par exemple, pour arriver à 0^m,60 de diamètre, a un bois tendre, poreux, bien maillé, prenant peu de retrait ; il donne des sciages de toute beauté et fait d'admirables sculptures ; il fournit aussi d'excellents merrains. (Pl. I, B.)

En sol de profondeur et de qualité moyenne, en pays de collines, on rencontre à l'état de réserves dans les taillis sous futaies des bois de chêne à croissance irrégulière qui, sans être spécialement recherchés pour un emploi déterminé, ont néanmoins des qualités moyennes qui les rendent propres à de nombreux usages, aussi bien comme bois de sciage que comme bois de fente. (Pl. I, C.)

D'une manière générale et quand les conditions de la production restent comparables, on peut dire que les chênes élevés à l'état isolé donnent des bois plus résistants et plus nerveux que ceux conduits en massif plein. Duhamel du Monceau et de Buffon l'avaient déjà nettement établi au commencement du siècle dernier, et Varennes de Fenille rappelle également le fait dans les termes suivants : « Tous les officiers des maîtrises qui ont écrit sur l'aménagement des forêts, ne cessent de répéter que, sans le balivage, tout est perdu, que la qualité des bois de baliveaux est incomparablement supérieure à celle des bois de futaie en massif, qu'il est plus dur, plus fort et particulièrement recherché par les forestiers de la marine. Qu'au contraire, le bois cru en massif est faible, mou, gras, *qu'il se coupe comme rave;* à peine, à les entendre, il serait bon pour les membrures d'une menuiserie [1] . »

Le bois parfait a seul les excellentes qualités ci-dessus énumérées ; l'aubier est au contraire rapidement attaqué par la vermoulure dans les lieux secs, par la pourriture et les champignons dans les lieux humides ; il doit toujours être rejeté. Le bois des chênes rouvres et

1. Mémoire présenté à l'Assemblée nationale, par la Société royale d'agriculture, le 9 juin 1791.

pédonculés a une puissance calorifique élevée qui s'accroît naturellement avec la densité; mais sa valeur vénale n'est pas partout proportionnelle à sa caloricité, parce qu'il a l'inconvénient d'éclater beaucoup en brûlant, d'exiger un tirage actif, et de produire une braise qui noircit aisément. Le charbon est, au contraire, très estimé.

Valeur marchande. — Quand les chênes sont débités en bois d'œuvre, on n'utilise que le bois parfait; l'aubier et l'écorce tombent sous forme de copeaux d'équarrissage et n'ont qu'une valeur insignifiante.

On remarque que pour les chênes croissant dans les mêmes conditions de sol et de climat et soumis au même mode de traitement, l'épaisseur de la couche à rebuter (écorce et aubier) reste à peu près constante, quels que soient l'âge et la grosseur de l'arbre. Il en résulte que, pour le chêne, comme pour toutes les espèces à aubier, la proportion entre le volume utilisable et le volume réel varie avec le diamètre de l'arbre que l'on considère et qu'elle est d'autant plus grande que le diamètre est plus fort. Ainsi, quand la couche d'aubier (écorce comprise) est égale à $0^m,05$, et par conséquent le diamètre du bois parfait de $0^m,10$ plus faible que celui mesuré sur l'écorce, les volumes sont dans les rapports suivants :

DIAMÈTRES.	VOLUME en grume pour 1 mètre de longueur.	VOLUME du bois parfait pour 1 mètre de longueur.	PROPORTION entre le volume du bois parfait et le volume en grume.
0,30	$0^{m^3},070$	$0^{m^3},032$	46 p. 100, à peine 1/2
0,60	0 ,283	0 ,196	69 p. 100, environ 3/4
0,90	0 ,636	0 ,503	79 p. 100, — 4/5

Le diamètre est donc l'un des principaux parmi les facteurs qui font varier le prix du mètre cube dans l'arbre que l'on estime. Entre le prix et la grosseur, il s'établit ainsi une relation nécessaire.

D'ailleurs, les très grosses pièces, lorsqu'elles deviennent propres à des emplois spéciaux, atteignent une plus-value considérable, on a donc tout intérêt à conserver les gros chênes sains et bien venants, car l'arbre de $0^m,40$ ne produit, en grossissant, que des bois à 30 fr.

le mètre cube, quand celui de $0^m,80$ de diamètre produit une matière d'une valeur plus que double, à volume égal.

2. Le chêne tauzin. (Densité 0,785 à 0,909.)

Caractères distinctifs. — Le bois du chêne tauzin présente, à peu de chose près, la structure de celui du chêne rouvre ; le parenchyme ligneux associé aux vaisseaux y est toutefois plus abondant, les rayons épais sont plus nombreux, l'aubier y est plus développé et n'est pas toujours nettement délimité.

Principaux usages. — Il offre rarement la régularité et les dimensions suffisantes pour être employé aux constructions ; il est d'ailleurs peu propre à cet usage, quoiqu'il soit très nerveux, parce qu'il se gerce et se tourmente beaucoup et que les insectes s'y logent de préférence à tous les autres bois de chêne, lorsqu'il n'a pas été soigneusement purgé de son aubier. Ces défauts, joints à celui d'être généralement noueux, le font aussi rebuter comme bois de travail pour tous les emplois autres que le charronnage.

En revanche, il tient un des premiers rangs parmi les combustibles et il fournit un charbon très apprécié.

3. Le châtaignier. (Densité 0,601 à 0,742.)

Caractères distinctifs. — L'aubier du bois de châtaignier est généralement blanc et bien tranché ; son bois parfait est de même couleur que celui du chêne ; il a aussi le même grain, les mêmes tissus, mais non les larges rayons médullaires ; les siens sont très minces et par conséquent *il n'est jamais maillé*. Rien de plus facile dès lors que de distinguer, même sur le moindre fragment, les bois de ces deux essences, fussent-ils mis en œuvre depuis une époque très reculée.

Principaux usages. — Le châtaignier a l'avantage de présenter fort peu d'aubier, 2 à 4 couches seulement, et conséquemment d'obtenir beaucoup plus vite que le chêne les qualités d'un bois parfait. Mais il a une très grande disposition à s'altérer au cœur, de sorte que, au moins en France, on ne peut en obtenir des pièces saines d'un fort équarrissage. Employé à couvert, à l'abri des variations atmosphériques, il a de la durée ; mais il se pourrit promptement sous les alternatives de sécheresse et d'humidité.

Ce bois est essentiellement un bois de fente et on l'emploie, pour ainsi dire, exclusivement sous cette forme de débit. Il vaut à peu près les deux tiers du prix du merrain de chêne.

Les jeunes perches de châtaignier donnent des cercles solides, souples et de très longue durée, même dans les caves humides.

Avec les brins de taillis, on fait des échalas de vigne, meilleurs et plus chers que ceux de chêne, des lattes, des manches d'outils, des étais de mine, des pieux, de bonnes échelles et des pièces de bois fendues sur de grandes largeurs.

Le châtaignier, moins lourd que le chêne, éclate au feu comme ce dernier et donne même un moins bon combustible. Le charbon est diversement apprécié, il sert néanmoins à *la forge* dans les pays où cet arbre est abondant.

4. Le frêne. (Densité 0,626 à 0,930.)

Caractères distinctifs. — Le bois du frêne est blanc, parfois légèrement rosé, nacré et onctueux au toucher quand il est travaillé, souvent flambé de brun au cœur. Il est caractérisé par ses vaisseaux gros et inégaux, rapprochés dans le bois de printemps où ils forment une zone poreuse bien apparente. Ces vaisseaux, plus rares dans le bois d'automne, sont entourés et réunis entre eux par du parenchyme ligneux apparent, blanchâtre, et disposés en arcs concentriques plus ou moins continus. Les rayons sont très minces, égaux et moyennement serrés. L'aubier ne se distingue pas du bois parfait.

Principaux usages. — La qualité de ce bois est très variable et, comme chez tous ceux du même groupe, elle dépend beaucoup du mode de végétation ; si la croissance est lente, la zone interne poreuse en forme la plus grande partie, le bois est alors tendre, mou, léger ; il devient d'autant plus dur et élastique que la croissance est plus active. Cependant, lorsque cet arbre végète dans un sol très humide, malgré la rapidité de sa croissance, le bois qu'il produit perd beaucoup en densité, en ténacité et en souplesse.

Le bois de frêne est surtout recherché à cause de ces deux dernières qualités. A l'état de perche de taillis, il est employé, soit en cercles ou à des ouvrages de vannerie, soit à la charpente, soit comme perches à mines, mains-courantes d'escalier, montures de raquettes, bois de chaises, etc.

A partir de 0^{m},25 de diamètre, grosseur qui permet d'en obtenir par la fente des pièces très recherchées, on en fait du merrain, des rais de roues et des brancards de voiture, des manches de balais et d'outils, de pinceaux, de fouets, de cannes ou de parapluies, des queues de billard, des rames et avirons, des chevilles, des porte-plumes et divers ouvrages de tour.

Le frêne peut atteindre de très fortes dimensions, mais seulement dans les sols exceptionnellement fertiles, il est d'ailleurs toujours assez rare et disséminé, ce qui constitue pour cette essence une cause de grande infériorité par rapport au chêne. Mais grâce à l'absence d'aubier, dès que l'arbre arrive à 0^{m},45 de diamètre, on peut le débiter en plateaux pour la carrosserie, l'ébénisterie, les arsenaux, la fabrication des pièces cintrées de wagons, etc.

Employé dans les constructions, il a une durée supérieure à celle du hêtre et du charme, néanmoins la pourriture l'atteint encore assez facilement, surtout s'il est exposé à des alternatives de sécheresse et d'humidité. Il donne un bon combustible, mais il est inférieur au hêtre pour le chauffage à foyers ouverts des appartements. Il fournit un bon charbon.

Dès qu'il atteint la dimension d'arbre, à partir de 0^{m},20 ou 0^{m},25 de diamètre, sa valeur est à peu près égale à celle du chêne, sur lequel il présente l'avantage de pouvoir être utilisé dans toute son épaisseur.

5. Le micocoulier. (Densité de 0,690 à 0,788.)

Caractères distinctifs. — Le bois du micocoulier ressemble beaucoup à celui du frêne; il en a toutes les qualités à un degré plus élevé encore, mais il n'en a pas le satiné; il est mat, d'un blanc grisâtre ou verdâtre et présente un groupement beaucoup plus prononcé de ses vaisseaux.

Principaux usages. — Ce bois occupe le premier rang pour avirons, gournables, cercles, échalas, baguettes de fusil, fourches, attelles, gaules, cannes; il fournit surtout les manches de fouet connus sous le nom de *Perpignans*.

Sa valeur est à peu près la même que celle du frêne.

6. Les ormes.

Caractères distinctifs du genre. — Le bois des ormes a une certaine analogie avec celui du frêne. Comme ce dernier, il présente des vaisseaux gros et rapprochés dans le bois de printemps, où ils produisent une zone très poreuse; groupés en grand nombre dans le milieu et au bord externe de chaque couche, ils y dessinent des arcs et des lignes flexueuses concentriques, d'autant plus continues qu'elles sont plus extérieures. Les rayons fins, assez prolongés dans le sens longitudinal, déterminent de nombreuses maillures. Le bois des ormes présente généralement un aubier abondant, blanc jaunâtre ou brunâtre, assez nettement limité; le bois parfait est toujours plus ou moins coloré en rouge ou en brun.

On rencontre en France trois espèces d'ormes : l'*orme champêtre,* l'*orme de montagne* et l'*orme diffus.*

1° *L'orme champêtre.* (Densité 0,603 à 0,733.) *Caractères distinctifs.* — La couleur rougeâtre du bois de l'orme champêtre fait souvent distinguer cette espèce sous le nom d'*orme rouge.*

Principaux usages. — Ce bois est dur, élastique, extraordinairement tenace, d'une fente difficile, d'une durée au moins égale à celle du chêne, surtout lorsqu'il est utilisé dans les lieux humides, tels que : caves, puits, galeries de mines et constructions hydrauliques. L'aubier est très exposé à la vermoulure et ne doit jamais être employé que dans les endroits secs.

Ce bois est recherché pour le charronnage et la carrosserie, notamment pour les jantes des roues; par l'artillerie, autrefois pour les affûts, actuellement encore pour les caissons et les pièces dont la fente est à craindre ; par les mécaniciens pour les écrous, pièces à mortaises nombreuses, vis de pressoir, arbres de couches, poulies, roues d'engrenage; par les armuriers pour les crosses de fusil, etc...

Il faut toutefois n'employer l'orme que longtemps après son exploitation, parce qu'il est lent à se dessécher, qu'il prend un retrait considérable, et qu'alors il est sujet à se tourmenter et même à se gercer.

La variété dite *orme tortillard,* à fibres entrelacées et très réfractaire à la fente, est spécialement employée pour les moyeux de roues, les tampons de wagons, les poulies, dames-masses, treuils, cabestans et toutes pièces exposées à des pressions ou à des chocs dangereux.

La consommation du bois d'orme a beaucoup diminué depuis que l'artillerie l'a remplacé dans un grand nombre de ses emplois par des pièces métalliques, bronze ou acier. Aussi, malgré ses qualités, le bois d'orme ne se vend guère que les deux tiers du prix du chêne, à grosseur égale. D'ailleurs, les nombreux pieds d'orme provenant des plantations sur le bord des routes, des canaux et des promenades publiques font une concurrence sérieuse aux bois d'orme champêtre qui est toujours rare dans les massifs forestiers.

2° *L'orme de montagne.* (Densité 0,609 à 0,621.) *Caractères distinctifs.* — Le bois de cette espèce est de beaucoup inférieur à celui de l'orme champêtre, il est relativement plus riche en vaisseaux, et ceux-ci sont plus gros, groupés en plus grand nombre et en lignes plus continues, la coloration en est plus claire, plutôt brunâtre que rougeâtre ; il contient aussi beaucoup d'aubier.

Principaux usages. — C'est un bois léger, mou, impropre aux constructions, n'offrant que peu d'intérêt pour le travail. Les charrons qui le désignent sous le nom d'*orme blanc,* ne tiennent pas à l'employer; il ne sert donc le plus souvent que comme bois de feu.

3° *L'orme diffus.* (Densité 0,554 à 0,676.) *Caractères et usages.* — Cette espèce, facilement reconnaissable à sa tige pourvue au pied de côtes saillantes, donne comme le précédent un bois de qualité inférieure; il est aussi connu sous le nom d'*orme blanc.*

Les trois espèces d'ormes ne donnent qu'un combustible assez médiocre ; leur bois brûle très lentement, avec une flamme courte, peu active, sans dégager jamais une chaleur intense.

Le charbon est léger et de qualité inférieure; il produit une très grande quantité de cendres.

7. Le robinier. (Densité 0,661 à 0,772.)

Le bois du robinier a beaucoup d'analogie avec celui du frêne; il est néanmoins beaucoup plus sec et plus cassant; à cause de sa belle couleur d'un jaune-vert foncé et de son éclat nacré, il est souvent employé dans la carrosserie de luxe sans autre enduit qu'un vernis transparent. Il fournit aussi des rais de toute première qualité. Sa rareté et la faible proportion de son aubier lui donnent une valeur supérieure à celle du chêne.

b) — *Bois à zone poreuse à peine accusée.*

8. Le chêne yeuse. (Densité 0,913 à 1,066.)

Caractères distinctifs. — Le bois du chêne yeuse diffère d'une façon notable de celui des chênes à feuilles caduques; les vaisseaux en sont sensiblement égaux, fins ou très fins, de sorte que la zone poreuse que l'on observe au commencement de chaque couche dans les bois de la plupart de ces derniers, y fait souvent défaut, surtout à un âge avancé; les gros rayons y sont très nombreux et très épais, le parenchyme ligneux y est rassemblé en zones minces, concentriques, crénelées, bien apparentes. Ce bois est extrêmement dur et compacte, très homogène, largement et richement maillé; les accroissements s'y reconnaissent difficilement et sont souvent même indiscernables, l'aubier n'est point nettement tranché et sa couleur se fond insensiblement avec celle du bois parfait, qui est rougeâtre, clair et passe plus ou moins brusquement, au cœur de certains arbres âgés, à la belle couleur brune du vieux chêne. C'est un bois des plus lourds.

Principaux usages. — Le bois de l'yeuse est sujet à se déjeter et à se gercer en se desséchant, mais on peut, dit-on, éviter cet inconvénient en le laissant préalablement séjourner sous l'eau pendant quelque temps. A cela près et quoique beaucoup moins élastique que le chêne rouvre, il convient aux mêmes usages que ce dernier, autant du moins que le permettent son excessive pesanteur et ses dimensions réduites; il reçoit un poli comparable à celui du marbre, le conserve indéfiniment et fournirait, au moyen d'un débit convenable, un superbe placage brun, bien maillé, dont l'ébénisterie pourrait tirer le meilleur parti.

Autrefois, très employé dans les constructions navales, surtout pour les pièces courbes demandant une grande résistance, il a perdu beaucoup d'importance depuis qu'on lui a avantageusement substitué l'acier.

Le bois d'yeuse n'a point d'égal comme combustible : il brûle aisément avec flamme claire, charbons ardents, en dégageant une chaleur considérable. Il produit aussi un charbon d'excellente qualité.

9. Le chêne-liège et le chêne occidental. (Densité de 0,829 à 1,022.)

Le chêne-liège et le chêne occidental présentent les mêmes caractères distinctifs que le chêne yeuse; la zone poreuse est toutefois plus accentuée que chez ce dernier et il est plus facile d'en distinguer les couches d'accroissement.

Les qualités de ces trois espèces sont à peu près identiques et elles sont susceptibles d'être employées aux mêmes usages.

§ 3.

2e Groupe. — Bois à vaisseaux fins, sans zone poreuse bien tranchée.

a) — *Bois durs.*

10. Le hêtre. (Densité 0,687 à 0,907.)

Caractères distinctifs. — Le bois de hêtre est lourd, dur et homogène; son grain n'est pas très fin et les couches annuelles s'y distinguent d'ailleurs facilement. Ce bois est blanc quand on le coupe; dès qu'il est abattu, il prend, en se desséchant, une teinte rougeâtre, claire, uniforme, sans distinction bien nette entre l'aubier et le bois parfait. Le cœur des vieux arbres sur pied devient souvent rouge en s'altérant.

Le bois du hêtre présente des maillures nombreuses et assez apparentes. Il manque de souplesse, se tourmente et se gerce aisément, est sujet à la vermoulure et ne prend pas un beau poli; soumis à des alternatives de sécheresse et d'humidité, il se conserve peu longtemps, mais il acquiert assez de durée sous l'eau ou dans les lieux constamment humides.

Principaux emplois. — On profite de cette dernière faculté pour en faire des pilotis, des bordages de navire, des pièces de quille et même des bateaux de pêche tout entiers, sauf les membrures qui sont en chêne.

Le hêtre ne sert aux constructions qu'en des cas très rares et seulement sous de faibles échantillons. Il a un très grand emploi comme traverses de chemins de fer, mais après avoir été injecté d'une substance antiseptique. A partir de 0,30 de diamètre, mesure prise à hauteur d'homme, le hêtre est apte au débit en traverses, à la condition qu'il n'ait ni bois rouge, ni nœuds morts, ni plaies d'élagage ou autres tares.

Comme bois de travail, le hêtre se prête à de nombreux emplois et peut rendre de grands services. On le taille facilement et dans tous les sens quand il est de fraîche coupe, et il prend en séchant une dureté suffisante pour résister aux pressions, aux chocs et conserver les formes qu'il a reçues; on en fait, entre autres choses :

Des sciages à bon marché, feuillets, voliges, planches, membrures, plateaux, destinés principalement à faire la carcasse des meubles. Des merrains pour fûts grossiers servant à contenir des matières sèches, des poissons salés, du beurre, des savons, des huiles communes, etc. Des cerches ou bordures de tamis, qui procurent aux hêtres de choix des prix élevés ;

Des rames et avirons, puis quantités de produits plus communs obtenus par la fente, panneaux divers, éclisses, pelles, sabots, etc.;

Des bois de tour, tels que sébiles, manches, tubes, objets de passementerie ;

Des bois de brosses et de chaises, des bois d'arcole et de charronnage, attelles, jantes, roues, oreilles de charrues.

Imprégné de vapeur d'eau chaude, le hêtre se laisse parfaitement ployer sans se briser ; il prend alors et conserve les formes les plus contournées ; c'est ainsi qu'il sert à la fabrication des meubles connus sous le nom de *bois courbés de Vienne*. Enfin, débité en minces copeaux, il est utilisé pour clarifier les vins et la bière.

Importé d'Allemagne sous cette forme, il se paye un prix réellement exagéré.

Mais le hêtre ne convient guère à ces principaux emplois que lorsqu'il a cru en massif serré ; il a alors la tige régulière, longue, bien droite et exempte de nœuds et se fend très facilement. Élevé en taillis à l'état isolé, son bois est plus coriace et, en raison de sa forme plus trapue et irrégulière, on ne peut tirer de son fût que quelques mètres de bois de travail; tout le reste est converti en bois de feu.

Il donne d'ailleurs un très bon chauffage ; il brûle avec une flamme vive, claire et produit une braise qui se maintient incandescente jusqu'à complète combustion ; il a le défaut de passer un peu vite au feu. Son charbon est très estimé.

En somme, le bois de hêtre est surtout précieux par son extrême abondance et le bon marché qui en résulte ; car il n'est pas un seul des emplois auxquels on l'adapte qui ne pourrait être mieux rempli par une autre essence. Aussi, peut-on considérer que, comme bois de travail, il est déjà cher en un lieu donné, quand sa valeur dans l'arbre est double, à égalité de volume plein, du prix qu'on le paierait comme bois de feu.

Le prix moyen du mètre cube en grume, propre à l'industrie, varie entre 15 et 30 fr. à prendre en forêt ; il atteint rarement 35 fr. Estimé comme bois de feu, il sert généralement de type pour l'évaluation de tous les autres produits de cette catégorie. Il vaut en moyenne, dans les forêts assez accessibles pour desservir les centres de consommation, de 5 à 10 fr. *le stère dans l'arbre.*

11. Le charme. (Densité 0,759 à 0,902.)

Caractères distinctifs. — Le bois du charme est dur, lourd, compacte, homogène, entièrement blanc ; ses accroissements, peu distincts, sont ondulés au lieu d'être régulièrement circulaires. Ce dernier caractère suffit pour le distinguer facilement parmi des bois de même couleur. Ce bois n'a d'ailleurs ni aubier, ni maillures proprement dites ; il présente néanmoins dans le débit à contre-maille de longues lignes grisâtres assez apparentes.

Principaux emplois. — Le charme n'est pas employé comme bois de construction en raison de son peu de durée ; sa fibre, souvent entrelacée, le rend d'un travail peu facile et les menuisiers ne l'utilisent pas communément. Cependant, sa dureté, sa ténacité, son homogénéité, le font rechercher comme bois de travail dans un certain nombre d'emplois :

C'est le meilleur bois pour la confection des formes de chaussures. On en fait des queues de billard, des manches d'outils et de fouets. On l'utilise comme bois de tour pour la confection de certaines pièces de machines qui ont à subir des frottements ou de fortes pressions, telles que dents d'engrenages, cames, etc.

Le charme prend aussi très bien la teinture ; à défaut de poirier, l'ébénisterie et la marqueterie l'utilisent pour simuler les bois exotiques, et surtout l'ébène. On le débite également en minces feuillets, sciés en la forme de merrain, qui servent à faire des tonneaux pour l'expédition des huiles ou des matières sèches.

Pour ces différents emplois, il faut des fûts sans nœuds, ayant au moins $0^{m},20$ de diamètre au petit bout. Il est bon, pour éviter les gerçures profondes, de débiter de suite les tronces en plateaux au lieu de les laisser sous écorce.

Les culées des arbres donnent un bois très coriace, résistant bien aux chocs et à la fente. Aussi, on en fait des coins, des mailloches pour les tailleurs de pierres, des blocs de cuisine, etc...

Mais la principale importance du charme lui vient de sa puissance calorifique. Il brûle avec une flamme vive et produit un charbon qui reste incandescent jusqu'à complète combustion. C'est surtout dans le Nord et l'Est de la France que ses qualités sont les plus développées à ce point de vue ; car sur les limites sud-est de son aire d'habitation, il est moins estimé et on lui préfère le chêne rouvre et surtout le chêne yeuse.

Pour une même forme de débit, le prix du charme employé au chauffage, dépasse, en général, du tiers ou du quart celui du hêtre de même provenance. Presque partout, le quartier de charme passe avec raison pour un chauffage de luxe et de toute première qualité pour les foyers ouverts.

La valeur des pièces de charme destinées au travail est à peu près analogue à celle du hêtre, en lui restant toutefois un peu inférieure ; elle varie entre 20 et 30 fr. le mètre cube, suivant la rareté des pièces et suivant les régions.

12. Les érables.

Chez les érables, le bois est lourd, dur, blanc, souvent très légèrement teinté de rouge et de jaune, satiné, à maillures fines et nombreuses, sans distinction d'aubier et de bois parfait, très homogène; les accroissements annuels se reconnaissent néanmoins assez aisément. Bois peu sujet à se tourmenter et à se gercer, peu exposé à la vermoulure ; il se pourrit rapidement sous l'influence directe des variations atmosphériques et ne peut servir aux constructions.

Les espèces d'érable sont au nombre de cinq : l'*érable sycomore*, l'*érable à feuille d'obier*, l'*érable plane*, l'*érable champêtre* et l'*érable de Montpellier*.

1° L'*érable sycomore*. (Densité 0,572 à 0,737.) Ce bois est blanc, peu lustré ; il est, parmi les bois de ce genre, le moins compacte et le moins dense, celui dont les vaisseaux sont les plus gros et les maillures les plus apparentes ; à cause de ses grandes dimensions, c'est de tous les érables le plus recherché par les menuisiers, mécaniciens, tourneurs, luthiers et sabotiers.

2° Le bois de l'*érable à feuille d'obier* est très voisin de celui du sycomore, mais il est plus serré, plus lourd, plus satiné, d'un joli roux clair ou blanc rougeâtre. Il sert aux mêmes emplois, bien que moins utilisé par les luthiers. (Densité 0,618 à 0,868.)

3° Le bois de l'*érable plane* ressemble aussi à celui du sycomore, souvent plus rougeâtre ; il est aussi plus exposé à la vermoulure. En général moins estimé que les espèces précédentes pour les autres emplois, les luthiers semblent lui donner la préférence. (Densité 0,563 à 0,842.)

4° L'*érable champêtre* a le bois blanc, lustré, légèrement jaunâtre ou rougeâtre, quelquefois flambé de brun au cœur dans les vieux arbres. Très compacte, très homogène, il est particulièrement remarquable par sa grande ténacité ; ses propriétés rappellent celles du buis, aussi est-il très recherché par les tourneurs pour la fabrication des robinets; par les charrons, qui en font des manches d'outils ou des instruments aratoires; les armuriers en tirent aussi des montures de fusil d'une belle nuance claire. (Densité 0,599 à 0,810.)

5° L'*érable de Montpellier*. (Densité 0,854 à 1,005.) Cette espèce, dont les dimensions sont restreintes, a le bois plus dur, plus lourd encore que celui de l'érable champêtre, auquel il ressemble du reste, quoique avec une coloration rougeâtre plus foncée. Il sert à des ouvrages de tour et de menuiserie et fournit un excellent combustible.

Tous les érables donnent un très bon combustible, le plane est cependant préféré au sycomore, et l'érable champêtre, le meilleur de tous, a toutes les qualités et la valeur du charme.

Comme bois de travail, le bois d'érable vaut plus que celui du hêtre, sans atteindre cependant le prix du chêne de même dimension. Néanmoins, certaines pièces à fibres ondulées, à reflets chatoyants, sont achetées par les luthiers à des prix vraiment fabuleux. Ces derniers sont tirés, le plus souvent, de la Hongrie.

13. Les fruitiers.

Le bois des alisiers et des sorbiers, comme celui des autres espèces de la famille des pomacées à laquelle ils appartiennent, est lourd, dur, très homogène, peu apte à la fente, peu ou point maillé, blanc ou rosé, quelquefois flambé de rouge ou de brun au cœur des vieux arbres qui commencent à s'altérer. L'aubier ne se distingue pas du bois parfait; les rayons sont très minces, et malgré la finesse des vaisseaux, isolés et assez régulièrement répartis, les accroissements annuels peuvent être comptés sans trop de difficulté.

1° L'*alisier torminal* et l'*alisier blanc* (densité 0,639 à 0,989) ont à peu près le même bois; le premier est légèrement rougeâtre, le second est presque blanc, tous deux présentent des taches noirâtres. Ces bois possèdent à peu près toutes les qualités si recherchées dans le poirier : ils sont solides, compactes, faciles à travailler dans tous les sens et prennent un très beau poli. Ils conviennent aux ouvrages de tour, servent à faire des outils, des instruments de musique et des pièces de machines soumises à des frottements. A défaut de poirier, ils peuvent aussi être teints en noir pour fabriquer des meubles simulant l'ébène.

Leur prix, variable, atteint parfois celui du chêne.

2° Le *sorbier domestique* (densité 0,813 à 0,939) fournit un des bois les plus durs, les plus compactes et les plus homogènes que produise l'Europe centrale; il est d'un rouge brunâtre. Les graveurs sur bois, sculpteurs, tourneurs, armuriers, mécaniciens, ébénistes en tirent un grand parti; il tient le premier rang pour la fabrication des outils de menuiserie, tels que rabots, varlopes, etc... Avec le poirier, il donne le meilleur bois pour équerres, règles et instruments de mathématiques.

Son prix est toujours très élevé et dépasse sensiblement celui du chêne de même grosseur; cet arbre atteint du reste rarement plus de $0^m,40$ à $0^m,50$ de diamètre à hauteur d'homme.

Le bois du *sorbier des oiseleurs* n'a pas toutes les excellentes qualités du précédent, il se rapproche davantage de celui des alisiers.

Toutes ces espèces donnent un bon chauffage.

3° Le *cerisier-merisier* (densité 0,579 à 0,705) a un bois rouge brunâtre, clair, veiné, légèrement maillé et luisant, avec l'aubier blanc peu épais. Les vaisseaux, groupés, dessinent les couches annuelles d'une façon beaucoup plus sensible que dans les espèces précédentes. Il est tenace, dur et lourd, et peut servir à de menues charpentes intérieures, mais il s'altère rapidement à l'air.

Quand on le débite immédiatement après l'abatage, il se colore vivement en rouge ocreux sur la section; sous l'action de l'eau de chaux, dans laquelle il est bon de le tenir plongé pendant 2 ou 3 jours, ou de l'acide azotique, il prend une teinte d'un rouge assez vif et qui rappelle celle de l'acajou. Recevant bien le poli, il est employé par les ébénistes et les menuisiers pour la fabrication des meubles, surtout par les tourneurs qui en font des bois de chaises et de fauteuils; les luthiers et les tabletiers en tirent aussi parti. Les jeunes brins de taillis donnent des cercles de tonneaux.

Le prix des pièces propres à ces différents usages est supérieur à celui du hêtre.

Le cerisier-merisier ne fournit qu'un médiocre chauffage, et dans certaines régions il est classé parmi les bois blancs.

b) — *Bois demi-durs.*

14. Le bouleau. (Densité 0,619 à 0,771.)

Le bois du bouleau vaut beaucoup mieux que sa réputation et c'est à tort qu'il a été souvent rangé dans la classe des bois mous. Il est de dureté et de densité moyennes, homogène, uniformément blanc, sans aubier ni bois parfait distincts, à maillures insensibles, accroissements peu reconnaissables.

Ce bois, exposé aux variations atmosphériques, se pourrit rapidement : aussi n'est-il pas utilisé dans les constructions. Dans l'industrie, on en tire un meilleur parti pour différents usages.

Son principal emploi est le sabotage; la tournerie le recherche également : il se prête mieux que toute autre essence au travail du tour mécanique. En France comme en Angleterre, les meilleures bobines de tissage se fabriquent en bouleau.

Débité en menu sciage, il sert à confectionner des caisses ou des barils d'emballage.

L'industrie parisienne tire du bois de bouleau beaucoup de menus objets, car il est d'un travail facile et prend bien la teinture. Les jeunes brins de taillis fendus en deux, servent à faire des cercles de futailles; les rameaux sont recherchés pour faire des balais.

Le bouleau est aussi un assez bon combustible; il brûle avec une flamme claire et vive et convient parfaitement pour le chauffage des fours de boulangeries ou de verreries. Il se paie 20 p. 100 moins cher que le hêtre, à volume égal.

Le charbon en est lourd et dur; il dégage une chaleur intense et soutenue et équivaut à celui du hêtre.

15. Les aunes. (Densité 0,462 à 0,662.)

Les aunes ont le bois demi-lourd et demi-dur, blanc d'abord, il se colore en rouge ocreux vif, quand on le débite à l'état frais, rougeâtre clair à l'état sec; il offre quelques larges maillures dues à ses faux rayons. C'est un bois doux, très cassant, qui se gerce et se tourmente beaucoup, impropre aux constructions, car il se pourrit aussi rapidement que le hêtre et le bouleau, quand il est soumis aux alternatives de sécheresse et d'humidité. Employé dans l'humidité constante et sous l'eau, il acquiert une durée presque égale à celle du chêne et sert avantageusement pour les travaux hydrauliques, les conduites d'eau, le boisage de puits et l'étayage des galeries de mines.

En ébénisterie il fournit des carcasses de meubles; pour cet usage il acquiert une valeur analogue à celle du hêtre. Il est également employé pour la saboterie, la tannerie; avec le bouleau il sert spécialement à la fabrication des petits meubles *façon bambou*. On profite de sa douceur exceptionnelle pour en faire des meules à polir les pièces d'horlogerie.

Le bois d'aune est un bois de combustion rapide, produisant une vive chaleur, la flamme en est calme et accompagnée de peu de fumée; son charbon s'éteint aisément et, par ces motifs, il demande un fort tirage. De tous les bois, c'est un de ceux qui pétillent et éclatent le moins. Il convient au chauffage des appartements, est recherché pour la boulangerie et les verreries. En somme, il vaut moins que le bouleau, mais un peu plus que le tremble.

Le charbon de l'aune est mou, léger et d'un faible pouvoir calorifique; mais il peut servir à la forge et à la fabrication de la poudre.

c) — *Bois tendres ou bois blancs.*

Les bois de cette catégorie, le plus souvent appelés bois blancs, sont loin d'être caractérisés par leur couleur, car quelques-uns ont des teintes assez vives. Leur bois est mou et, en général, l'aubier ne s'y distingue pas du bois parfait.

16. Le tilleul. (Densité 0,486 à 0,511.)

Bois tendre, léger, homogène, peu ou point maillé, dont les accroissements ne se distinguent que par une étroite zone de tissu serré qui termine chacun d'eux; uniformément blanc rougeâtre.

Tout à fait impropre aux constructions, ce bois se prête fort bien à certains menus emplois, il se travaille et se coupe en tous sens, se tourmente peu et n'est guère exposé à la vermoulure. Les luthiers en tirent les articulations des touches de pianos et orgues, ainsi que des tables d'harmonie. Il convient très bien aussi à la sculpture, et sert à faire des modèles de fonderie, des tables de cordonnerie. Pour ces différents usages les beaux fûts de tilleul atteignent des prix assez élevés et bien supérieurs à ceux du hêtre.

Avec les déchets et menus morceaux, on fabrique aussi des objets de tour, des crayons communs, des allumettes et des sabots très légers.

Les perches donnent des échelles très légères, des râteliers d'étable, des perches à char, des lisses pour clôtures, etc. On en consomme aussi pour fabriquer de la pâte à papier.

C'est un médiocre combustible à n'employer que dans les foyers ouverts, car il flambe assez bien. Il se vend à peine moitié moins cher que le hêtre.

Le charbon de tilleul vaut presque celui de la bourdaine pour la fabrication de la poudre, et il sert au dessin comme celui du fusain.

17. Les peupliers. (Densité 0,353 à 0,612.)

Le bois du peuplier tremble est, parmi ceux du genre, celui qui a les vaisseaux les plus petits et les plus uniformément répartis; les accroissements en sont peu apparents et limités par des lignes exactement circulaires; il est blanc, mais par l'effet d'un commencement d'altération, à laquelle il est sujet, il se marbre au cœur de taches bleuâtres, veinées de lignes plus foncées.

Il manque de dimensions, en général, et rarement il est employé comme bois de service. Son bois, tendre et léger, sert à différents usages dans l'industrie. Coupé jeune et employé frais, il donne la pâte à papier la meilleure et la plus blanche. Les belles tiges sont achetées pour la fabrication des allumettes chimiques.

Il donne aussi d'assez bons étais de mines, des perches à houblon et des menus objets de tour.

Le stère empilé de bois choisi pour l'industrie se paie de 11 à 16 fr., quand il n'en vaudrait que 5 ou 6 comme bois de chauffage.

C'est en effet un médiocre combustible qui passe très vite au feu; il n'est recherché que comme bois de boulangerie.

Le charbon, très léger, peut servir à fabriquer la poudre de mines.

Les grands peupliers : *peuplier blanc* ou *ypréau, grisaille, noir, du Canada,* ne sont guère des arbres forestiers.

Le premier toutefois est assez répandu dans les plaines fertiles, aussi bien en Algérie et dans le Midi de la France que dans le Nord. Il présente cette particularité, remarquable chez les bois tendres, d'avoir un aubier qui se distingue assez nettement du bois parfait. Celui-ci est d'un rouge clair; les accroissements annuels en sont distincts, souvent très épais, réguliers, circulaires et concentriques.

Quand les arbres de ces différentes espèces atteignent 0,40 à 0,50 de diamètre, on les débite en planches et en voliges pour caisses d'emballage, ce qui leur donne une valeur supérieure à celle du hêtre.

18. Les saules.

Le *saule marceau* (densité 0,428 à 0,715) a le bois rougeâtre dans l'aubier, il devient insensiblement rouge vineux au cœur; il est beaucoup plus lourd et plus dur que celui des autres saules. Il résiste assez longtemps à l'altération et fournit, pour ce motif, des échalas, des étais de mines et des perches à houblon assez estimées.

Il est susceptible de se fendre en longues et minces lanières qui produisent de la vannerie et de la sparterie commune mais durable. On en fabrique également des dents de râteaux, des fuseaux de râteliers, des meules à polir et autres menus objets de tour.

Le bois du *saule blanc* (densité 0,381 à 0,473) est d'un joli rouge tendre, uniforme quoique parfois marqué de quelques taches médullaires plus foncées; l'aubier en est blanc, peu abondant. Il a le grain fin, homogène, se découpe aisément et nettement dans tous les sens; n'est point exposé à se gercer. Il sert à la sculpture. On en fait aussi des voliges pour les layetiers, des cerches pour mégissiers, des sabots et différents ouvrages de raclerie.

Comme combustible et bois à charbon, le saule peut être rangé dans la même catégorie que le tilleul et le peuplier.

§ 4. — Bois résineux

3e Groupe. — Distinction nulle entre l'aubier et le bois parfait.

19. Le sapin pectiné. (Densité 0,311 à 0,529.)

Caractères distinctifs. — Le bois de sapin n'est formé que de fibres et de rayons et manque entièrement de canaux résinifères, à peine possède-t-il quelques cellules de cette nature. Il n'a par conséquent pas une odeur aussi prononcée que celle des autres conifères. Ce bois est blanc, parfois veiné de filets rougeâtres et se colore rarement au cœur; il n'offre pas de différence bien appréciable, surtout quand il est sec, entre l'aubier et le bois parfait, quoique le premier n'ait jamais les qualités du second, qu'il soit plus sujet que lui à la vermoulure et qu'il s'injecte de matières préservatrices, tandis que le bois parfait s'en imprègne très difficilement. Les accroissements annuels sont circulaires et très tranchés en raison de l'inégalité de coloration et de dureté des tissus de printemps et d'automne. Cette structure spéciale, plus marquée encore dans le sapin que dans la plupart des grandes espèces résineuses, rappelle par la succession de couches résistantes lâchement unies entre elles qu'elle présente, la disposition de ces ressorts si énergiques que l'on forme avec des lames métalliques superposées. Aussi le sapin a-t-il, au point de vue de l'élasticité, des qualités exceptionnelles. Par contre, le sapin n'a pas une grande durée, s'il n'est employé à l'abri de l'humidité.

Principaux usages. — Les grandes dimensions, les qualités, l'abondance du sapin, en font un des bois les plus employés dans la construction des édifices; la marine marchande l'utilise même pour la mâture.

Il était autrefois mis en œuvre sous forme de bois rond ou grossièrement équarri, c'est ainsi qu'on l'emploie encore pour les travaux d'échafaudage, mais aujourd'hui pour les charpentes de toitures et solivages de bâtiments, il est presque toujours scié en poutres, poutrelles et madriers d'un équarrissage déterminé. Il fournit aussi une énorme quantité de planches et de lattes dont tout le monde connaît les innombrables usages.

Le sapin donne également du bois de fente pour douves de cuvellerie, bardeaux pour toitures des maisons ou abris de murailles, des cerches et des panneaux pour boîtes à mercerie, confiserie, etc. Le débit en bois de fente exige des fûts sans nœuds provenant d'arbres élancés, de végétation lente et régulière ; il donne une sérieuse plus-value à toutes les pièces propres à cet emploi.

Les perches de sapins, surtout celles provenant de bois dominés et coupés dans les éclaircies, sont très estimées pour perches à houblon, échelles, etc... Les plus grosses peuvent donner des poteaux télégraphiques.

On fabrique également des bois d'allumettes et de la pâte à papier avec les pièces d'un trop faible équarrissage pour donner de la planche.

C'est un médiocre combustible, qui brûle avec une flamme vive, mais qui pétille beaucoup et répand une abondante fumée. Les branches, ou *rais de sapin,* sont un peu meilleures à ce point de vue que le bois du tronc ; l'écorce, qui contient de la résine, brûle facilement et donne un chauffage agréable dans les foyers ouverts. Le charbon de sapin est léger, assez sonore ; il brûle facilement, mais fournit peu de chaleur.

Le prix du sapin comme bois d'œuvre varie, en forêt, suivant les difficultés d'exploitation et la distance aux lieux de consommation. Dans les forêts accessibles des Vosges, du Jura, du Dauphiné et des Pyrénées, le sapin propre à la grosse charpente et au sciage vaut de 15 à 25 fr. le mètre cube en grume, sur le parterre de la coupe, ces prix s'abaissent jusqu'à 4 à 12 fr. en Savoie. Les perches se vendent à l'unité ou au cent à des prix variables, suivant leurs grosseurs, et correspondant à peine à une valeur de 8 à 12 fr. le mètre cube. Le chauffage ne vaut pas plus de 2 à 4 fr. le stère à prendre en forêt.

20. L'épicéa. (Densité 0,337 à 0,579.)

Caractères distinctifs. — Le bois de l'épicéa a beaucoup d'analogies avec celui du sapin, mais il s'en distingue nettement par les canaux résinifères qu'il contient, canaux que, malgré leur finesse, on peut apercevoir surune section transversale bien nette, à la simple vue ou tout au moins à la loupe, sous forme de points blanchâtres et opaques. Il se reconnaît en outre à sa légère odeur résineuse, à son éclat lustré, à ses tissus plus mous et plus légers, à la zone de bois d'automne, qui limite les accroissements annuels, laquelle est très étroite et moins lignifiée. Quant à sa couleur, elle est généralement plus blanche et plus uniforme que celle du sapin.

On ne tient pas compte de l'aubier de l'épicéa qu'on emploie au même titre que le bois parfait dans l'industrie ; par le fait, ces deux zones se distinguent à peine.

Principaux usages. — Le bois d'épicéa, plus léger, plus tendre et moins nerveux que celui du sapin, s'emploie aux mêmes usages et, suivant sa provenance, est estimé plus ou moins que ce dernier. Il est mou, spongieux, de qualité inférieure dans les stations basses, en raison de la rapidité de sa croissance ; vers les limites supérieures de sa zone, au contraire, il acquiert d'excellentes qualités et son prix dépasse du quart au cinquième celui du bois de sapin ; il en est ainsi dans les Alpes où l'on exagère peut-être la valeur de l'épicéa comparativement à celle du sapin de même provenance. En tout état de choses, c'est un bois de construction de premier ordre. Dans le Jura, on en tire de belles pièces de mâture.

Il fournit aussi d'excellent sciage ; mais souvent, quand les arbres n'ont pas crû en massif serré, les planches qu'on en tire ont le défaut d'être très noueuses et de présenter des chevilles de bois mort qui se détachent facilement.

La régularité de la fibre en rend la fente très facile, très nette et le fait rechercher de préférence au sapin pour la fabrication des articles de boissellerie et des bardeaux. C'est de l'épicéa, dont la croissance devient très lente et très uniforme, sous l'influence des hautes altitudes, qu'on tire presque exclusivement sous le nom de *bois de résonnance,* les tables d'harmonie des instruments de musique, tels que : pianos, violons, contrebasses, etc... Les petits bois fournissent également des perches, des poteaux, des bois d'allumettes et de la pâte à papier ; cette dernière, plus blanche que celle fournie par le sapin, est aussi plus estimée.

L'épicéa ne donne qu'un chauffage médiocre, cependant un peu meilleur que celui du sapin.

§ 5. — Bois résineux

4e Groupe. — Aubier et bois parfait distincts.

21. Le mélèze. (Densité 0,456 à 0,660.)

Caractères distinctifs. — Le bois du mélèze a un aubier blanc jaunâtre très apparent, nettement limité et formant une zone étroite, très mince même chez les vieux arbres, en raison de l'excessive lenteur de leur végétation : le bois parfait est rouge-brun ; les zones de bois d'automne sont de couleur plus foncée. Il contient, comme celui des pins, de nombreux et gros canaux résinifères très visibles, et une abondante résine l'imprègne. Le mélèze est le chêne de la montagne ; son bois est un des plus précieux que produisent les forêts ; sa complète lignification, sa grande richesse en résine, lui assurent une durée presque indéfinie. Dans les Alpes, il passe pour imputrescible. Sa structure lui donne également une souplesse remarquable ; néanmoins, cette souplesse décroît à mesure que la végétation plus lente tend à rendre le bois plus homogène. Il se gerce peu et n'est point attaqué par les insectes. Fait également remarquable : le mélèze descendu sur les collines par la culture artificielle donne encore un bon bois. Il prend alors un accroissement très rapide, mais conserve un aubier mince.

Principaux usages. — Dans sa station, il fournit des pièces de charpente de toute première qualité et au moins égales en résistance et en durée à celles de chêne ; il convient parfaitement aux constructions terrestres, hydrauliques ou navales. On en fabrique aussi des bardeaux, du merrain et des tonneaux qui ont l'avantage de laisser très peu évaporer les liquides, des échalas d'une durée très prolongée, des tuyaux pour conduites d'eau, etc... Comme bois de chauffage, le mélèze a l'inconvénient de pétiller et de lancer beaucoup d'éclats, plus encore que les autres bois résineux ; à cela près, il a une puissance calorifique assez élevée.

Le charbon qu'on en obtient est de bonne qualité, préférable à celui des pins et de l'épicéa.

En raison de la situation perdue des forêts de mélèze, la valeur sur pied de cet excellent bois est ordinairement très faible; mais, sur le marché, on peut admettre, sans hésitation, qu'elle est égale à celle du chêne.

22. Le pin sylvestre. (Densité 0,405 à 0,799.)

Caractères distinctifs. — L'aubier et le bois parfait sont nettement tranchés dans le pin sylvestre. Le premier, blanc ou blanc jaunâtre, de mauvaise qualité, a une épaisseur notable, très variable suivant l'âge, le sol et les conditions de la végétation. Il abonde surtout dans les arbres qui croissent avec vigueur sur les sols gras, humides et compactes, et peut en constituer tout le corps ligneux jusqu'à l'âge de 25 à 30 ans; il est de moindre épaisseur chez les pins de végétation lente. Quant au bois parfait, le seul utilisable dans l'industrie, il est d'un rouge plus ou moins foncé, depuis le rose pâle jusqu'au brun. Les canaux résinifères sont nombreux, les longitudinaux bien apparents; la térébenthine qu'ils contiennent est fluide et s'écoule assez abondamment des incisions qu'on y pratique; dans le bois parfait, elle n'est plus représentée que par une résine brune qui est plus ou moins épanchée dans les tissus et leur assure une grande durée.

La diversité des conditions de végétation qu'une espèce aussi accommodante est appelée à rencontrer, modifie considérablement les qualités de son bois. Dans le Nord, au delà du 60e degré de latitude et vers les limites de son aire, le pin sylvestre végète avec une telle lenteur que les accroissements n'en peuvent être distingués à l'œil nu; le bois en est homogène, peu lignifié, peu résineux, très doux; s'il manque de nerf et de dureté, il n'a point d'égal comme bois de menuiserie. La Suède et la Norvège en exportent d'énormes quantités dans le monde entier, sous le nom de *Sapin rouge*. Lorsque les tiges en sont bien droites, exemptes de nœuds, quand le bois est formé d'accroissements annuels égaux, minces, bien lignifiés, assez résineux sans l'être trop néanmoins, on en obtient d'excellentes pièces de mâture. En France, les Alpes et le plateau central, où le pin sylvestre est spontané, sont à peu près les seules régions où il parvienne à une grosseur suffisante pour fournir une proportion notable de bois parfait présentant ces qualités.

Partout où il a été introduit dans les pays de plaine et de coteaux, il ne donne guère que de l'aubier ; on l'utilise en augmentant sa durée au moyen de préparations préservatrices. Il fournit alors des perches à houblon, des étais de mines, des poteaux télégraphiques, des traverses de chemins de fer. Les plus grosses pièces donnent de la charpente très médiocre et du sciage commun.

Avec le même bois, on fait des échalas, des bobines pour la rubanerie, ou encore de la pâte à papier.

Il fournit un chauffage à peu près analogue à celui des bois blancs, il donne néanmoins plus de chaleur parce qu'il contient de la résine. Il est d'ailleurs préférable au sapin, à l'épicéa et au mélèze, et on l'apprécie surtout comme bois de boulangerie.

La valeur marchande du bois parfait est supérieure à celle du sapin et de l'épicéa ; le prix des bois indigènes est subordonné à celui des bois du Nord qui lui font concurrence sur nos marchés.

23. Le pin laricio de Corse. (Densité 0,558 à 0,777.)

Caractères distinctifs. — Cette espèce a l'aubier extrêmement abondant ; le bois parfait est fortement lignifié et varie du rouge foncé au rouge-brun, suivant la qualité ; le tissu d'automne de chaque couche est nettement accusé et d'une épaisseur relativement grande. Ce bois parfait a le grain fin et serré ; il est parfois très lourd et d'excellente qualité ; malheureusement, en raison de la trop grande épaisseur de l'aubier et de la lenteur de la croissance, il est rare qu'on puisse l'utiliser seul dans les arbres âgés de moins de 200 ans. Malgré leurs dimensions convenables, les tiges de laricio seraient trop lourdes et trop cassantes pour être employées à la mâture ; on en tire de bons bordages et d'excellentes traverses de chemins de fer. L'aubier, plus mauvais encore que celui du pin sylvestre, se pourrit très facilement et n'est absolument propre qu'au chauffage. Les deux variétés spontanées en France, le laricio des Cévennes et le laricio des Pyrénées, présentent les mêmes inconvénients au point de vue de la proportion de l'aubier ; elles ne donnent guère que du médiocre sciage, quelques perches et un chauffage analogue à celui du pin sylvestre.

La variété dite pin noir d'Autriche, introduite en France dans des sols calcaires de mauvaise qualité, n'a donné jusqu'à présent que du bois de feu. Celle dite de Calabre est remarquable par la beauté de son port, mais elle est d'introduction trop récente pour qu'on puisse rien dire de sa valeur technique.

24. Le pin de montagne. (Densité 0,441 à 0,605.)

Caractères distinctifs. — Le bois du pin de montagne ressemble beaucoup à celui du pin sylvestre des régions du Nord ; il a comme lui l'aubier blanc, le cœur rougeâtre clair ; les accroissements en sont minces, limités par une zone étroite de bois d'automne peu lignifié.

Principaux emplois. — Ce bois peu lourd et peu dur, très doux à travailler, apte à la fente, est très recherché comme bois de construction, de travail et de feu.

En Suisse, à défaut de pin cembro, il sert à la fabrication de figurines sculptées et des jouets d'enfants.

25. Le pin maritime. (Densité 0,524 à 0,674.)

Caractères distinctifs. — Le bois de cette essence à l'état d'aubier est blanc ; à l'état parfait, il varie du rougeâtre clair au rouge brunâtre plus ou moins foncé ; il a le grain grossier, les accroissements épais, très apparents ; il est assez dur, lourd, sans souplesse, le plus résineux de tous ceux que fournissent les abiétinées indigènes.

Principaux usages. — Le bois parfait du pin maritime sert aux constructions navales, il est employé à la charpente, au sciage, fournit de bonnes traverses de chemins de fer, des pilotis de longue durée, des échalas d'excellente qualité.

Les pins gemmés croissent plus lentement, ils fournissent un bois parfait plus résineux et plus durable encore que celui des pins non gemmés, mais la quantité utilisable est fortement réduite par les quarres. Néanmoins, les parties centrales de la tige situées en dessous des premières quarres présentent des qualités exceptionnelles qui les font rechercher pour les débits en merrains et en échalas de vignes.

Les bois jeunes et presque totalement formés d'aubier comportent aussi divers emplois assez importants après avoir été injectés de créosote ou de sulfate de cuivre. Ils donnent des poteaux télégraphiques, des traverses de chemins de fer et des étais de mines ; ces derniers, employés non seulement en France, mais exportés en Belgique, en Angleterre et jusqu'en Écosse, donnent au mètre cube de petits bois une valeur de 10 à 12 fr. dans l'arbre.

Le pin maritime, employé comme combustible, donne en brûlant une flamme claire et brillante, dégage une chaleur vive, mais peu soutenue ; il a l'inconvénient d'éclater au feu et de projeter au loin des étincelles. Il est recherché pour la boulangerie.

26. Le pin d'Alep. (Densité 0,740 à 0,866.)

Caractères distinctifs. — Son bois est blanc, irrégulièrement fauve clair au cœur, couleur qu'il doit moins à une lignification véritable et complète qu'à une infiltration de résine qui, en certains points, s'épanche en telle abondance qu'elle le transforme en bois gras, translucide, d'une dureté et d'une pesanteur remarquables. Ce défaut déprécie la valeur du pin d'Alep comme sciage, mais il augmente notablement sa puissance calorifique.

Principaux emplois. — C'est, en somme, un bois de médiocre qualité, dont le bois parfait ne mérite pas qu'on le sépare de l'aubier pour les usages communs auxquels il est employé ; il donne, néanmoins, de la menue charpente, des pilotis, des traverses de chemins de fer et de la menuiserie commune ; il sert aussi au bordage des bateaux ; mais son usage principal est la confection de caisses et de tonneaux destinés à l'expédition des marchandises solides ; il s'en fait de la sorte une très grande consommation à Marseille, et ce genre de débit donne au pin d'Alep une valeur analogue à celle des bois blancs ou du sapin de rebut dans les régions où ces dernières espèces sont répandues.

Il fournit un bois de feu assez bon, recherché pour les fours industriels des verreries, tuileries et autres usines, ainsi que par la savonnerie.

27. Le pin cembro. (Densité 0,418 à 0,525.)

Caractères distinctifs. — Le bois en est léger, blanc, peu veiné, d'un grain très doux et assez homogène, en raison de la faible différence qu'il y a entre la zone de printemps et celle d'automne, qui est très mince; il est à peine teinté de rouge au cœur, de sorte que l'aubier et le bois parfait diffèrent peu l'un de l'autre. Ce dernier est peu abondant; les accroissements sont minces et égaux. La térébenthine en est fluide et laisse fort peu de résine dans les tissus après la dessiccation.

Principaux usages. — Ce bois est peu propre aux constructions, mais la finesse et l'homogénéité de son grain le rendent très convenable pour la menuiserie, surtout pour la sculpture, et les montagnards tyroliens en fabriquent toutes sortes de menus objets d'art et des jouets d'enfants. Il fournit d'excellents bardeaux, qui s'usent très uniformément, au point qu'ils ne cessent pas d'être utiles alors qu'ils sont réduits à une très faible épaisseur.

C'est un médiocre combustible, qui occupe à peu près le même rang que le sapin et qui, comme lui, dégage en brûlant une fumée insupportable.

§ 6. — Morts-bois

Principaux arbustes et arbrisseaux forestiers.

Outre les grandes espèces ligneuses qui viennent d'être étudiées, on rencontre en forêt un certain nombre d'arbrisseaux dont les produits ligneux, peu intéressants d'ailleurs comme bois de feu, sont recherchés par l'industrie à cause des qualités spéciales que présente chacune d'elles pour un emploi déterminé.

La variété même de ces menus usages ne permettant pas d'établir un groupement naturel parmi les espèces principales, celles-ci ont simplement été présentées dans leur ordre alphabétique.

1. *La Bourdaine* (*Frangula vulgaris*) a un bois léger et en même temps très homogène, dont on obtient le meilleur charbon à poudre. Ce bois rouge rosé clair à l'état parfait et un peu satiné sert aussi, débité en longues lanières, pour la vannerie fine.

2. *Le Buis* (*Buxus sempervirens*) fournit un bois d'un jaune-paille uniforme sans maillures, à tissu plein très homogène, à frottement doux, d'une grande solidité et d'un beau poli. C'est un des bois les plus précieux pour le tour et la gravure; mais le buis qui pousse très lentement est devenu très rare en France par suite d'exploitations abusives et de l'extraction des souches dont le bois, très finement noueux, est très recherché pour la tabletterie et la fabrication des instruments de musique. La plus grande partie de celui que l'on consomme actuellement en France, vient de Corse, des Apennins et de la Sicile.

3. *Le Cornouiller mâle* (*Cornus mas*) donne un bois très lourd, aussi lourd que le buis, extrêmement dur et tenace comme de la *corne,* d'où son nom. On en fait de bons manches d'outils, bien qu'il soit souvent trop noueux pour cet usage, puis des menues pièces de machines, comme de petits engrenages, des chevilles, de très bons échelons, des garrots, puis encore des cannes communes, des manches d'ombrelles, de parapluies et autres.

Dépouillé de son écorce, il fournit encore d'excellents piquets, des échalas de vignes, enfin, des cercles de futailles.

On ne doit l'employer que bien sec, car il prend beaucoup de retrait.

4. *Le Cornouiller sanguin* (*Cornus sanguinea*) donne aussi des cercles, des échalas, des cannes, des manches de parapluies, d'outils et autres, ainsi que des baguettes que les vanniers emploient à faire les rebords des corbeilles et les bâtis de leurs ouvrages. Mais il a moins de qualité que le bois de cornouiller mâle et reste à l'état d'arbrisseau, tandis que le mâle est capable de former un petit arbre et de vivre des siècles.

5. *Le Coudrier* (*Corylus avellana*), au bois blanc, semblable à celui du charme avec une densité moindre, doux, liant et d'une fente facile, est extrêmement répandu dans les bois. Il sert à faire des cercles, des paniers, des bannes à charbon, des hottes de vignerons, des éclisses pour vanniers, des corbeilles, des bâtons pour la soierie, des étuis à aiguilles, des harts de toutes sortes, des liens à clouer sur caisses d'emballage.

Il donne aussi des échalas, des tuteurs et des étais de mines, car il peut atteindre la dimension de vraies perches ou même de petits arbres.

Dépouillé de son écorce et débité au rabot en longs rubans, il sert à clarifier la bière ; c'est le meilleur bois pour cet usage et le hêtre n'est employé qu'à son défaut.

Le charbon en est léger et pourrait servir à la fabrication de la poudre.

6. *L'Épine noire* (*Prunus spinosa*) a un bois vivement coloré et agréablement veiné comme celui du prunier ; on en fait des placages de marqueterie et des ouvrages de tour.

7. *L'Épine blanche* (*Cratægus oxyacantha*), qui donne un bois assez semblable à celui de l'alisier, mais plus dur, est employée aux mêmes usages, et convient surtout aux ouvrages de tour; les jeunes tiges élancées, bien raides, servent à fabriquer des cannes et des manches de fouets.

8. *Le Fusain* (*Evonymus Europæus*), dont le bois d'un jaune clair uniforme est bien homogène et très doux, peut être employé, à défaut de buis, pour la fabrication des aiguilles et navettes servant à la fabrication des filets; son charbon est très employé pour le dessin.

9. *Le Genévrier* (*Juniperus communis*) a le bois très odorant; le grain en est doux et la couleur assez vive au cœur. Le genévrier commun ne donne guère que des pieux et des échalas, mais ceux-ci sont excellents. Ce sont les espèces *Sabine, Oxycèdre* et *de Virginie* qui fournissent le bois des crayons.

10. *Le Houx* (*Ilex aquifolium*) ne dépasse pas, dans les régions montagneuses et septentrionales, la grosseur d'un petit arbuste; il ne sert alors qu'à fabriquer des cannes; mais dans quelques contrées (France centrale, Corse et surtout Algérie) il atteint les dimensions d'un arbre à tige droite et à cime pyramidale de 8 à 10 mètres de hauteur sur $0^m,50$ de diamètre; son bois très blanc, compacte et assez lourd, légèrement et uniformément maillé, convient pour une foule d'emplois: dents d'engrenage, outils, ouvrages de marqueterie et de tour; très recherché par l'ébénisterie pour faire des incrustations, il prend très bien la couleur noire, reçoit un beau poli et ressemble alors à l'ébène.

11. *L'If* (*Taxus baccata*) a le bois lourd, très compacte, d'un

beau rouge veiné de brun. Employé pour la tabletterie et l'ébénisterie fine, il est excellent pour la sculpture et la fabrication d'instruments et de jouets solides.

12. *Le Troëne* (*Ligustrum vulgare*) donne de la vannerie fabriquée au moyen de ses jeunes rameaux. A défaut de bourdaine, son charbon est également employé à la fabrication de la poudre.

Parmi les sous-arbrisseaux, on ne peut guère citer que la bruyère en arbre (*Erica arborea*), dont les souches très volumineuses donnent un bois fortement coloré en rouge et très recherché pour menus ouvrages et particulièrement pour la fabrication des pipes, en raison de son grain très serré et de sa fibre noueuse et contournée. La Corse et la Provence (Saint-Raphaël) font un commerce très important de racines de bruyères.

TABLEAU RÉCAPITULATIF.

TABLEAU récapitulatif des densités d'après des échantillons faisant partie des collections de l'École forestière de Nancy.

ESPÈCES.	DENSITÉ A L'ÉTAT SEC.			
	Minima.	Origine des échantillons.	Maxima.	Origine des échantillons.
Aune commun	0,462	Meurthe-et-Moselle	0,662	Corse.
Alisiers	0,639	Meurthe-et-Moselle	0,989	Var.
Bouleau commun	0,619	Meurthe-et-Moselle	0,771	Puy-de-Dôme.
Buis commun	0,907	Var	1,161	Basses-Pyrénées.
Cerisier-merisier	0,654	Isère (600 m. altitude)	0,785	Puy-de-Dôme.
Charme commun	0,759	Isère	0,902	Puy-de-Dôme.
Châtaignier commun	0,601	Alsace	0,742	Puy-de-Dôme.
Chêne-liège	0,829	Var	1,022	Var.
— occidental	0,768	La Teste (Gironde)	0,947	Landes.
— pédonculé	0,633	Alsace	0,900	Landes.
— rouvre	0,600	Meurthe-et-Moselle	1,020	Var.
— tauzin	0,785	La Teste (Gironde)	0,909	Basses-Pyrénées.
— yeuse	0,913	Gironde	1,066	Var.
Cornouiller mâle	0,943	Meurthe-et-Moselle	1,014	Sainte-Baume (Var).
Coudrier-noisetier	0,620	Basses-Pyrénées	0,723	Meurthe-et-Moselle.
Érable champêtre	0,599	Isère	0,810	Sainte-Baume (Var).
— de Montpellier	0,858	Charente	1,005	Sainte-Baume (Var).
— plane	0,563	Alsace	0,842	Sainte-Baume (Var).
— sycomore	0,572	Jura (920 m. altitude)	0,737	Alsace (1,000 m. altitude).
— à feuilles d'obier	0,618	Corse	0,868	Jura.
Épicéa commun	0,337	Jura (920 m. altitude)	0,579	Vosges (800 m. altitude).
Frêne commun	0,626	Alsace	0,930	Sainte-Baume (Var).
Hêtre commun	0,686	Meurthe-et-Moselle	0,907	Sainte-Baume (Var).
Houx commun	0,875	Var	0,920	Var.
Mélèze d'Europe	0,456	Puy-de-Dôme	0,660	Hautes-Alpes.
Micocoulier de Provence	0,690	Var	0,778	Pyrénées-Orientales.
Noyer commun	0,579	Puy-de-Dôme	0,800	Var.
Orme champêtre	0,603	Gironde	0,793	Sainte-Baume (Var).
— diffus	0,554	Alsace	0,676	Alsace.
— de montagne	0,609	Alsace	0,621	Alsace.
Peuplier blanc	0,453	Alsace	0,540	Var.
— noir	0,349	Meurthe-et-Moselle	0,585	Gironde.
— tremble	0,544	Meurthe-et-Moselle	0,612	Puy-de-Dôme.
Poirier sauvage	0,707	Meurthe-et-Moselle	0,839	Meurthe-et-Moselle.
Pin d'Alep	0,740	Var	0,866	Var.
— cembro	0,418	Hautes-Alpes	0,525	Basses-Alpes.
— de montagne	0,441	Hautes-Alpes	0,605	Jura.
— laricio	0,538	Corse (750 m. altitude)	0,777	Corse (1,100 m. altitude).
— maritime	0,524	Landes	0,674	Var.
— pinier	0,521	Landes	0,631	Pyrénées-Orientales.
— sylvestre	0,405	Isère	0,799	Haguenau (Alsace).
Robinier	0,661	Meurthe-et-Moselle	0,772	Gironde.
Sapin pectiné	0,381	Jura (900 m. altitude)	0,529	Puy-de-Dôme.
Saule blanc	0,381	Alsace	0,473	Alsace.
Saule marceau	0,428	Basses-Pyrénées	0,715	Var.
Sorbier domestique	0,813	Meurthe-et-Moselle	0,939	Var.
Tilleul	0,486	Meurthe-et-Moselle	0,581	Var.

CHAPITRE DEUXIÈME

ALTÉRATIONS ET DURÉE DU BOIS ABATTU

ARTICLE PREMIER

Causes de l'altération du bois.

§ 1er. — Généralités

Dès que le bois est abattu, il suit la loi commune à toutes les substances organisées aussitôt qu'elles ont cessé de vivre : avec le temps il se déforme, se dégrade ou se décompose.

Ces altérations se produisent plus ou moins rapidement, suivant la composition ou la structure du bois, suivant aussi les milieux dans lesquels il se trouve placé. Toutes peuvent d'ailleurs se rapporter à l'une des causes suivantes :

1° Des phénomènes purement physiques ont pour conséquence les changements d'état qui modifient simplement la forme du bois, sans altérer sa substance ;

2° Ce sont des organismes inférieurs, ferments ou champignons, qui occasionnent les altérations chimiques généralement connues sous le nom de pourriture ;

3° Bon nombre d'insectes vivent aussi de la substance ligneuse et la dégradent complètement ;

4° Enfin, un mollusque, le taret naval, attaque et détruit les pièces de bois plongées dans la mer.

§ 2. — Déformations

Le bois est un corps poreux, élastique, qui, à l'état naturel, renferme toujours une certaine quantité d'eau. En perdant ou en absorbant de l'humidité, il perd ou augmente dans certaines limites son volume, c'est-à-dire qu'il subit du *retrait* ou du *gonflement*.

Quand ce retrait ou ce gonflement ne se produisent que sur une des faces d'un morceau de bois débité, celle-ci, en raison de la face opposée qui ne change pas, doit se courber, se gondoler, ou, suivant l'expression adoptée, *se voiler*. Le voilement d'une pièce de bois est donc une conséquence du retrait ou de la dilatation.

Les *gerçures* et les *crevasses* ont la même origine. En effet, on sait que le bois n'est pas une substance homogène, et, de plus, l'humidité naturelle qu'il renferme, augmente en allant du centre à la circonférence. Il en résulte que, en se desséchant, le bois se contracte irrégulièrement; ce changement d'état fait naître des tensions parfois assez fortes pour amener des déchirures plus ou moins profondes.

La quantité de retrait qu'éprouve une pièce de bois varie considérablement suivant la nature et le groupement des tissus, par suite, suivant l'aspect sous lequel on la considère.

En ce qui concerne spécialement la nature des tissus, on peut dire que le plus grand retrait porte sur les rayons médullaires; ce fait, joint à cette autre circonstance que le tissu cellulaire des rayons est moins adhérent aux autres tissus environnants que ceux-ci entre eux, est la principale cause de la forme rayonnante et longitudinale dans laquelle se montrent le plus souvent les gerçures et les crevasses. C'est d'ailleurs pour cette même cause que l'effort à faire pour rompre une pièce de bois dans le sens transversal, est beaucoup plus considérable que celui nécessaire pour la fendre dans le sens longitudinal.

Pour la masse totale du corps ligneux, le retrait est le plus faible dans le sens longitudinal des fibres. Il est beaucoup plus fort dans le sens du rayon et atteint son maximum dans le sens des couches, c'est-à-dire suivant la circonférence [1].

Les couches les plus jeunes se contractent plus que celles plus

---

1. Diverses séries d'expériences, entreprises par M. Marcus, ancien administrateur de la cristallerie de Saint-Louis, sur des pièces de hêtre et de tremble, soumises pendant 48 heures à une température moyenne de 100° à 110°, lui ont permis de tirer les conclusions suivantes : le bois qui a été coupé depuis environ un an se contracte de $\frac{1}{220}$ dans le sens de ses fibres ; de $\frac{1}{42}$ dans le sens du diamètre de l'arbre ; de $\frac{1}{18}$ dans le sens tangentiel aux couches, et à ces contractions correspond une diminution de volume de $\frac{1}{16}$. (Brochure, chez Boutillot. Metz, 1884.)

âgées, mieux lignifiées et moins humides, et, d'une façon générale, plus il y a d'humidité dans la masse totale, toutes les autres circonstances restant égales d'ailleurs, plus il y a de retrait dans tous les sens.

On remarque également que, dans un même arbre, le retrait est plus fort sur les points où les couches annuelles sont plus larges. Enfin, il est évident que le retrait augmente avec le volume de la masse observée.

La présence des nœuds, en changeant la direction des fibres, modifie le sens du retrait; c'est ce qui fait que les pièces débitées ont plus de tendance à se voiler et à se fendre, lorsqu'elles renferment du bois de nœuds.

En tout état de choses, la marche du retrait est proportionnelle à l'évaporation, par suite à l'état hygrométrique du milieu dans lequel le bois est placé; aussi, les bois desséchés lentement sous écorce prennent un retrait régulier et se gercent peu; au contraire, les bois écorcés sont très exposés à cet inconvénient, puisque cet enlèvement active l'évaporation sur les parties externes qui sont les plus jeunes et les plus chargées d'humidité.

Pour une cause analogue, les bois dont le cœur est enlevé (soit naturellement, comme dans les arbres creux, soit artificiellement, comme dans les pièces façonnées en tuyaux de fontaine) ne se gercent pas, puisqu'ils peuvent se contracter librement [1].

Tous ces faits ont été démontrés d'une façon bien nette dans une longue série d'expériences entreprises, au siècle dernier, par Duhamel du Monceau [2].

Pour faire voir que le bois se contracte dans le sens longitudinal, ce savant observateur a fait refendre en 2, en 3 ou en 4, sur une partie de leur longueur, des jeunes perches encore vertes, et il a remarqué que, en se desséchant à l'air, les parties refendues se recourbaient en la forme d'un arc de cercle, dont la partie convexe était tournée vers le cœur (on voit souvent des bois de feu, débités en rondins, se fendre naturellement de la sorte). Une telle déforma-

1. En Écosse, on a l'habitude de percer de la sorte, au moyen d'une longue tarière toutes les pièces de bois destinées à être conservées en grume.
2. *Physique des bois.*

tion ne peut être attribuée qu'à une plus grande contraction dans la longueur des fibres extérieures, celles qui, étant les plus jeunes, sont aussi les moins denses et renferment le plus d'humidité. (*Fig.* 1.)

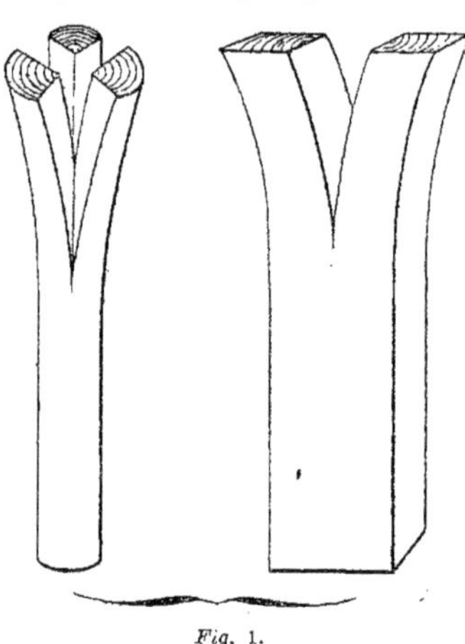

Fig. 1.

Après avoir constaté que, sous l'influence d'un retrait inégal dans les deux sens de l'épaisseur et de la courbure des couches, les gros bois ronds se gercent et se fendent toujours plus ou moins en se desséchant, il fait voir qu'une tige, sciée en deux ou en quatre suivant des diamètres, se gerce beaucoup moins que si elle était restée entière ; car les traits de scie ne sont autre chose que des fentes principales [1], suivant lesquelles le bois, en se contractant, prendra une surface bombée. (*Fig.* 2.)

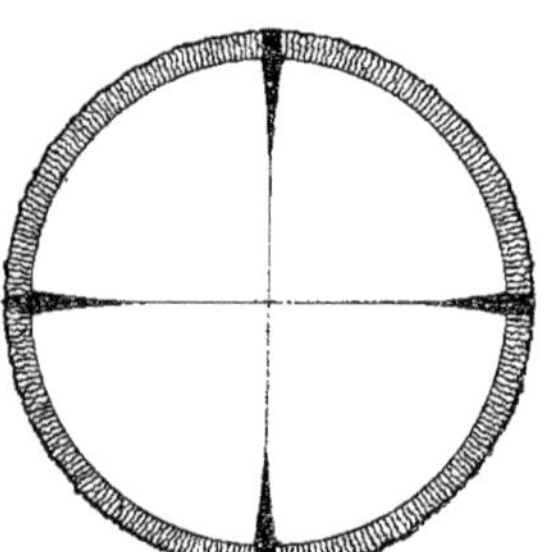

Fig. 2.

Les bois équarris se gercent donc moins que les bois ronds. Une pièce rectangulaire se contracte comme celle à base carrée ; seulement, si cette pièce a été débitée suivant un diamètre, elle présentera plus de jeune bois à la partie extérieure de ses côtés étroits que sur

1. Au Japon, toutes les pièces destinées à être mises en œuvre sans subir un autre débit que le tronçonnement, sont fendues au moyen d'un trait de scie longitudinal et dirigé dans le sens d'un rayon. Suivant l'état hygrométrique de l'air, cette fente s'ouvre ou se ferme, mais il ne se produit pas d'autres gerçures importantes.

les deux faces des côtés larges ; alors, sous l'influence du retrait dans le sens longitudinal, elle se fendra généralement dans son milieu. (*Fig.* 3.)

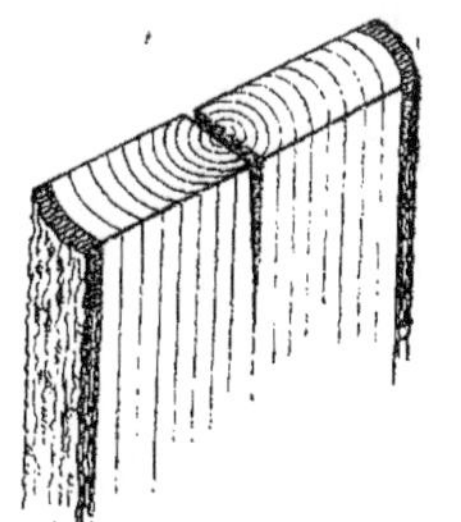
Fig. 3.

Il en est de même pour le débit en planches. Celle débitée vers le milieu de la pièce aura des tendances à se fendre de la même façon, et, de plus, le retrait plus fort du jeune bois sur les deux bords lui donnera une forme légèrement renflée vers le milieu, mais elle ne se voilera pas. (*Fig.* 4.)

Quand le trait de scie ne passe pas par un diamètre, la planche n'est plus conformée uniformément sur les deux plats ; il en résulte un retrait irrégulier et la planche se voile en présentant sa face convexe du côté où était le centre de l'arbre. Les menuisiers énoncent

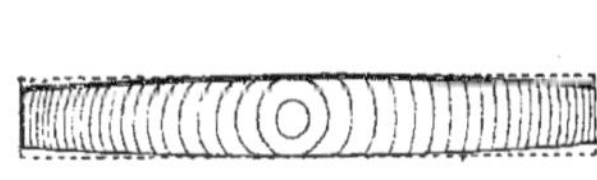
Fig. 4.

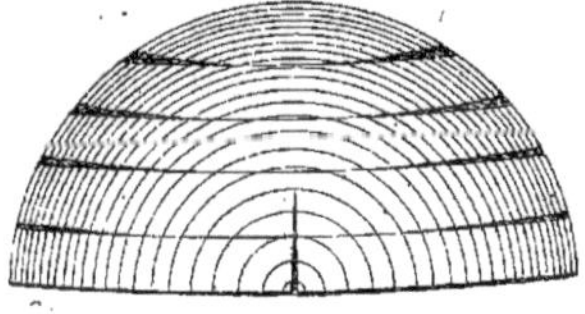
Fig. 5.

ce fait en disant que « *le bois tire au cœur* ». Cette tendance à se voiler est d'autant plus grande que la section est plus éloignée du centre ; mais en même temps aussi diminuent les chances de voir la planche se fendre en son milieu. (*Fig.* 5.)

Un des principaux avantages du débit sur *quartier* ou sur *maille* est d'éviter ces déformations ou déchirures.

Chez les espèces à bois très nerveux, très résistant, et qui ne se fendent pas, le retrait peut modifier en forme de cône ou de verre de montre un disque de faible épaisseur [1].

En général, les bois à croissance rapide sont plus gorgés de sève et subissent plus les influences du retrait que les bois qui ont crû très lentement. C'est pour cela que, pour les bois de chêne, les gerçures sont l'indice d'un bois résistant et nerveux. Le chêne à crois-

1. Dr Nordlinger, *Die technische Eigenschaften der Holtze.* Stuttgard, 1860.

sance lente est, au contraire, plus sec; il se tourmente peu et, s'il convient moins pour les constructions civiles ou navales, il est plus recherché par les menuisiers, parce qu'étant plus tendre, il se travaille plus facilement et fournit des panneaux moins sujets à se déjeter.

Ce fait explique aussi pourquoi, sur des rondelles provenant de bois jeunes et dont les plus larges accroissements sont à la circonférence, le retrait produit une forte crevasse, allant parfois jusqu'au centre en laissant un large secteur béant. (*Fig.* 6.) Si, au contraire, la rondelle provient d'un arbre très âgé, dont la croissance d'abord très rapide s'est ensuite fortement ralentie, les accroissements les

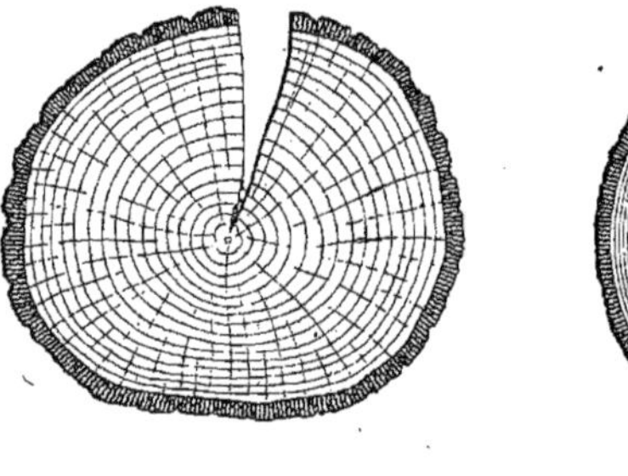

Fig. 6.

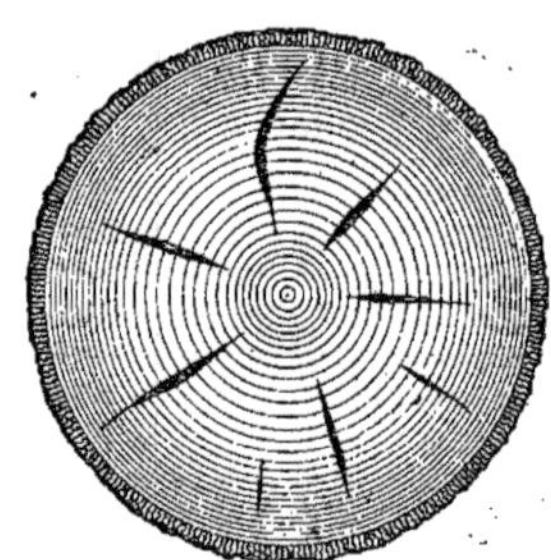

Fig. 7.

plus épais se trouveront vers le milieu du rayon, et les plus faibles vers la circonférence. Alors les crevasses, au lieu de s'ouvrir en secteur, prendront l'aspect de gerçures intérieures affectant la forme elliptique. (*Fig.* 7.) Le retrait longitudinal donnera aussi à la section transversale une surface ondulée dont les parties saillantes seront au centre et à la circonférence.

Il faut remarquer, enfin, que toutes les influences locales qui ont pour résultat de diminuer l'adhérence des couches, par exemple, les blessures ou même les simples coups de crampons, déterminent, quand l'accident est encore visible à la surface de la tige, la formation d'une fente ou d'une gerçure dont l'origine correspond à la partie lésée[1].

1. Dr Nordlinger. *loc. cit.*

D'ailleurs, le retrait produit son maximum d'effet pendant la première période du dessèchement superficiel; mais à la longue, les parties les plus internes venant aussi à perdre leur humidité, l'équilibre tend à se rétablir et l'on voit des gerçures se refermer complètement, après être restées longtemps béantes.

En somme, le retrait et la gerçure du bois sont les conséquences de la dessiccation et celle-ci agit avec une si grande force, que les moyens mécaniques les plus énergiques, tels que : pressions, cerclages en fer, sont impuissants à atténuer ses effets[1]. Le seul procédé pratique, celui qui peut être donné comme conclusion aux expériences de Duhamel de Monceau, *c'est de débiter les bois avant qu'ils soient complètement desséchés;* car, dans une pièce entière, le retrait du jeune bois peut amener des déchirures jusque dans des parties plus profondes, lesquelles seraient restées intactes, si le débit les avait mises à l'abri de l'influence exercée par les parties extérieures. Plus on débride les fibres ligneuses par un débit en mince sciage, plus on donne aux tissus la liberté de se contracter, moins les fentes seront à craindre. Il est également prudent, chaque fois que les dimensions à donner aux échantillons permettent de le faire, de refendre toutes les pièces en deux, avant d'en continuer le débit; car les morceaux dans lesquels le centre de l'arbre se trouve englobé, sont toujours plus sujets à se déformer que les autres.

Quand le débit n'est pas possible, lorsqu'il s'agit, par exemple, de pièces à employer rondes ou sous un fort équarrissage, il faut mettre les bois dans des conditions telles que le dessèchement se produise lentement et régulièrement. Il y a lieu, dans ce but, de les conserver sous leur écorce; celle-ci est d'une utilité incontestable, surtout si elle est partiellement enlevée en bandes spirales autour de la tige[2]. L'immersion dans l'eau, qu'on a préconisée à cet effet, ne produit aucun résultat sérieux. Tout se passe à merveille tant que la pièce reste sous l'eau; mais, dès qu'on la sort pour l'utiliser, l'évaporation est d'autant plus forte que le bois est plus imbibé, le retrait n'en est que plus grand et plus dangereux. Ce procédé n'est réelle-

1. Le cerclage et le boulonnage ne peuvent que s'opposer à *la dilatation*, tandis que les gerçures sont, au contraire, un effet de *la contraction*.

2. Nordlinger, *loc. cit.*

ment efficace que si, les tronces étant destinées à être conservées pendant un temps très long, on s'astreint alors à les débiter aussitôt qu'elles sont sorties de l'eau.

§ 3. — Décomposition du bois

Le bois, essentiellement formé de cellulose, de lignine et de matières minérales, est, par lui-même, peu altérable. Cependant les tissus coupés vivants renferment, sous forme de réserve alimentaire, des produits éminemment fermentescibles, finalement solubles dans la sève, dont les uns, tels que les matières hydrocarburées et azotées, activent l'altération des tissus, tandis que les autres, au contraire, peuvent jouer le rôle d'antiseptiques, comme, le tanin et les résines. Les matières azotées sont essentiellement putrescibles, c'est sous leur influence que les autres corps, et particulièrement la fibre ligneuse, se décomposent.

Aussitôt après l'exploitation d'une tige et sous l'action de la chaleur, la sève entre en fermentation, d'abord alcoolique, puis acide (phases caractérisées par des odeurs spéciales) ; les couches qui en sont imprégnées s'échauffent, puis moisissent. L'aubier est beaucoup plus influencé que le bois de cœur par cette fermentation de la sève. D'ailleurs, le bois simplement *moisi* ou *passé* n'a pas, à proprement parler, perdu ses qualités pour les usages autres que le chauffage.

Employé dans un milieu sain, à l'abri des influences atmosphériques, le bois parfait peut se conserver extrêmement longtemps et sans s'altérer. A l'appui de ce fait, on peut citer les échantillons de bois retrouvés intacts, après plus de 30 siècles, dans les constructions hypogées, sous le climat sec et essentiellement préservateur de l'Égypte.

Mais, si longue qu'elle soit, cette conservation exceptionnelle de la substance ligneuse n'est que relative ; car, tôt ou tard, tout corps organisé doit faire retour au monde minéral. Si les circonstances sont défavorables, le cycle de la désorganisation, d'abord limité à une simple altération de la sève, continue rapidement son cours fatal. De nouveaux ferments envahissent les parties solides du bois, dont ils provoquent la carie. Sous leur action, s'opère une sorte de combustion lente, généralement connue sous le nom de *pourriture*, et pendant les différentes phases de laquelle le bois perd peu à peu sa dureté et sa résistance ; progressivement, les corps gazeux qui entrent dans sa composition, tels que : oxygène, hydrogène, azote, sont mis en liberté ; enfin, en dernière analyse, il ne reste plus qu'un amas de poussière brune, presque exclusivement composée de substances charbonneuses ou terreuses, et ne présentant plus trace d'organisation.

Pour détruire la fibre ligneuse, la nature possède dans les champignons, des auxiliaires des plus énergiques. Chaque fois que le bois est placé dans un milieu favorable à leur développement, ces végétaux, dont les germes ne manquent jamais dans l'air, s'installent sur les tissus où ils engendrent toutes les formes de la pourriture. Ils agissent d'ailleurs à la manière des ferments, c'est-à-dire qu'en absorbant l'azote nécessaire à leur existence, ils provoquent des dégagements d'oxygène et d'hydrogène, de telle sorte que les parties atteintes, réduites à l'état de carbone mélangé de cendres, deviennent impropres à tous usages, même à la combustion, car celle-ci est surtout alimentée par les principes hydrogénés.

Un grand nombre d'espèces vivent ainsi dans les bois mis en œuvre. Parmi les plus dangereuses, il faut citer le *Merulius lacrymans* qui s'attaque aux charpentes de bâtiment, aux poutres de solivage et aux boiseries dans les appartements. Son mycélium procède avec une rapidité telle que, dans une saison, il peut compromettre la solidité des édifices.

En résumé et d'une manière générale, on peut dire que les pourritures sont dues à l'invasion d'organismes inférieurs qui, depuis les simples ferments jusqu'aux champignons les plus volumineux, se développent au détriment de la substance ligneuse.

§ 4. — Dégats des insectes. — Vermoulure

Le jeune bois chargé de sève, surtout quand il est encore enveloppé de son écorce, est bientôt, à l'air, attaqué par la vermoulure. Celle-ci est causée par des insectes qui percent le bois, en se creusant des galeries dans lesquelles ils vivent, soit à l'état de larves, soit à l'état d'insectes parfaits. Leur présence est toujours signalée par les petits trous qu'ils laissent à la surface du bois, et par la poussière sèche, blanchâtre qui s'accumule à l'orifice des galeries. Cette poussière est formée par les copeaux qu'ils détachent en rongeant le bois, et aussi par leurs excréments. Les pièces ainsi atteintes sont fortement dépréciées ; elles perdent une partie de leurs qualités et ne peuvent plus servir à une foule d'emplois, notamment à la fabrication du merrain.

L'aubier, qui renferme plus de sève desséchée et, par conséquent, plus de matières alimentaires que le bois parfait, est plus exposé à la vermoulure que ce dernier, qui cependant n'est pas à l'abri de ses atteintes.

Un certain nombre d'espèces, dites xylophages, vivent exclusivement dans les bois abattus et ne se rencontrent qu'accidentellement dans les bois sur pied, ce sont principalement : parmi les coléoptères, les *Anobium* ou *vrillettes* et, parmi les névroptères, les *termites*.

§ 5. — Dégats du taret naval

Pour mettre à l'abri des ravages des insectes les approvisionnements de bois, souvent fort considérables, accumulés dans les chantiers de la marine, on a eu l'idée de les plonger dans l'eau de mer ; mais on s'aperçut bientôt que, dans ces conditions, on rencontrait un ennemi plus dangereux encore que les premiers et contre lequel il fallait se prémunir.

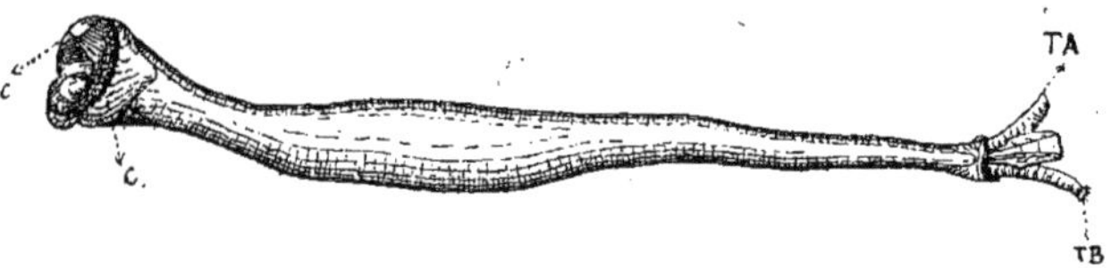

Fig. 8. — LE TARET NAVAL.

L'animal est retiré de sa galerie et du tube calcaire dont il l'enduit. (Demi-grandeur naturelle.)
cc. Coquille bivalve lui servant d'instrument de perforation.
TA. Tube anal.
TB. Tube buccal.

Celui-ci est un mollusque acéphale vivant dans l'eau de mer et qui, à l'aide de deux valves, qui font l'office de mandibules très tranchantes, perfore le bois, le crible de galeries qui pénètrent en tous sens et traversent de part en part les pièces les plus volumineuses. Ce mollusque porte le nom de *Taret naval* (*Tiredo navalis*) [*fig.* 8]; il s'attaque aussi à la partie submergée des bâtiments, et c'est pour les

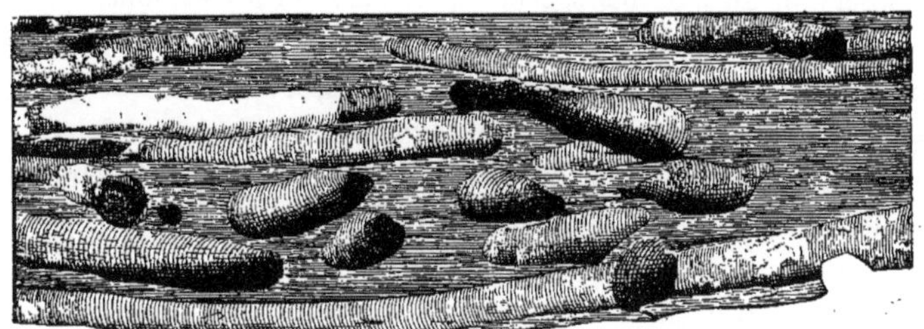

Fig. 9. — DÉGATS DU TARET NAVAL.
Fragment de bordage en pin du Nord retiré de la mer six semaines après l'immersion. (Demi-grandeur naturelle.)

garantir contre le taret qu'on double la coque des vaisseaux avec des plaques de cuivre. (*Fig.* 9.)

ARTICLE DEUXIÈME

Durée absolue des bois mis en œuvre.

La durée absolue du bois dépend, tout d'abord, des qualités propres à chaque essence, et des circonstances dans lesquelles il a été exploité et, dans la suite, employé.

§ 1er. — INFLUENCE DE LA SAISON DE L'EXPLOITATION

Le bois coupé en hiver passe pour être plus durable que celui coupé en été. Est-ce parce qu'il est resté sur le parterre des coupes dans une saison froide, pendant laquelle la fermentation se produit moins facilement que par la chaleur? Est-ce parce que le bois coupé en hiver contient plus de matières nutritives en réserve et que, par conséquent, il est plus lourd que celui coupé en été? La question n'est pas encore bien tranchée. Les nombreuses expériences faites par Duhamel du Monceau ne lui ont pas permis de se prononcer bien nettement à ce sujet; quoi qu'il en soit, l'habitude, le mode de reproduction par rejets, aussi bien que le chômage des autres travaux de la campagne pendant l'hiver, maintiennent la coutume de couper les bois feuillus pendant cette saison. Au contraire, les bois résineux sont de préférence coupés en été ; alors ils sont plus légers, ils conservent un plus bel aspect et, de plus, en les exploitant en sève, il est plus facile d'en enlever l'écorce pour les préserver des dommages causés par les insectes. D'ailleurs, d'après ce que l'on sait aujourd'hui, il n'y a pas grande différence à faire, au point de vue de l'usage, entre le bois coupé en hiver et celui coupé en été, à condition que, suivant la saison de coupe, on le traite convenablement.

Il ne faut tenir aucun compte, pour la durée du bois, de la phase de la lune pendant laquelle il aura été abattu ; tout ce qu'on a dit à ce sujet repose sur de vieux préjugés que rien ne justifie.

§ 2. — Influence des milieux où le bois est employé

Ce que le bois redoute surtout, ce sont les alternatives de sécheresse et d'humidité avec accompagnement de chaleur, ou bien encore les lieux constamment humides et chauds, tels que : les galeries de mines, les caves, les écuries, tous les endroits enfin où les champignons se développent abondamment.

Dans le sol, le bois dure plus ou moins longtemps, suivant que la terre a plus d'aptitude à garder le même degré d'humidité et de chaleur. Ainsi, il se conserve bien dans les sols argileux, qui sont froids et ne se dessèchent jamais complètement ; il en est de même pour le motif contraire dans les sols filtrants, qui se dessèchent rapidement ; c'est pour cela qu'on recouvre les voies ferrées d'une couche graveleuse, dite *ballast*, sur laquelle sont disposées les traverses. Les sols calcaires sont ceux dans lesquels le bois offre le moins de durée, parce que ces sols accusent des qualités moyennes et présentent de plus grandes alternatives de chaleur et d'humidité, peut-être aussi parce que le calcaire joue un rôle chimique qui active la décomposition. Quoi qu'il en soit, lorsqu'une pièce de bois est partiellement enterrée, c'est toujours vers la surface du sol qu'elle se dégrade le plus vite, parce que c'est à ce point que les excès de chaleur et d'humidité sont le plus sensibles, et que les germes des champignons se déposent en plus grande quantité.

Sous l'eau, les bois peuvent se conserver très longtemps, pourvu que cette eau soit assez tranquille, sans être stagnante, et ne soit pas corrompue. On explique ce fait par la faiblesse régulière de la température, par l'absence d'air, et aussi par la saturation qui empêche les mouvements capillaires dans les tissus.

A l'air, mais à l'abri de la pluie, le bois se conserve bien pendant des siècles, en n'ayant guère à redouter que la vermoulure; mais, à la longue, ses tissus perdent une partie de leur élasticité et deviennent plus cassants et plus friables; ils prennent aussi une coloration plus foncée. Exposé au soleil, le bois est extrêmement sujet à se gercer, ce qui facilite les dégradations ultérieures.

Il est fort difficile d'attribuer un coefficient de durée, dans les différents milieux, aux différentes essences. Pour une même espèce, cette résistance à la décomposition sous l'influence des agents extérieurs, peut varier du simple au quintuple, suivant l'âge des arbres, leur état de végétation, le sol qui les a nourris, le climat sous lequel ils ont vécu. Tout ce qu'on peut dire, c'est que, parmi les espèces indigènes, il s'en rencontre une, — *le chêne,* — qui possède plus que toutes les autres l'ensemble des qualités qui rendent la matière bois si précieuse pour une foule d'emplois et qui, au point de vue spécial de la durée, mérite, sans contredit, d'être placé au premier rang.

CHAPITRE TROISIÈME

DIFFORMITÉS ET ALTÉRATIONS DU BOIS DANS L'ARBRE SUR PIED

Dans l'intérieur d'un arbre vivant et intact, le bois est entretenu par la vie et protégé contre les influences fâcheuses du monde extérieur par les tissus actifs et surtout par l'écorce qui les environne de toute part.

Néanmoins, même dans ces conditions, le bois est sujet à des désordres nombreux. Les uns ont pour effet de modifier la disposition normale des tissus qui, tout en restant sains, deviennent simplement impropres à certains emplois déterminés ; les autres, au contraire, sont de véritables maladies qui ont pour conséquence de *tuer* les parties atteintes et de les exposer progressivement à toutes les altérations (gerçures, crevasses, pourritures), qui dégradent les bois abattus.

De ces accidents, les premiers ont généralement été étudiés sous le nom de *défauts ;* on a compté comme *vices* toutes les tares engendrées par les seconds. Il est parfois difficile de faire une distinction bien nette entre ces deux expressions ; car, comme on le verra plus loin, un vice est souvent engendré par un défaut.

ARTICLE PREMIER

Difformités ou accidents de structure.

§ 1er. — Généralités

Les tissus, les plus sains d'ailleurs, affectent parfois certaines dispositions anormales ou accidentelles. Plusieurs difformités de ce genre, auxquelles on ne saurait attribuer aucune cause plausible, semblent avoir des tendances à se transmettre d'un sujet à ses descendants, et à constituer quelque chose d'analogue aux races, tandis que d'autres tiennent uniquement à un détail de conformation chez l'individu qui les présente. Ce sont : d'une part, la *croissance madrée* et la *fibre torse;* d'autre part, l'*entre-écorce,* les *nœuds* et les *irrégularités de croissance.*

§ 2. — La croissance madrée

La direction anormale des fibres est, tantôt générale, tantôt locale ; l'une des formes les plus communes est la direction ondulée. Celle-ci se rencontre assez souvent dans les hêtres, sur le prolongement des racines, jusqu'à une certaine hauteur ; elle se reproduit sur la série des couches annuelles et peut même se reconnaître du dehors, aux bourrelets annulaires de l'écorce.

Cette croissance, dite *madrée,* peut être constatée sur différentes espèces (hêtre, chêne, frêne, orme, érable) ; elle n'enlève d'ailleurs aucune qualité au bois, quel que soit son emploi. Il peut même arriver que de tels accidents, recherchés dans l'ébénisterie et la lutherie, donnent une valeur toute spéciale aux échantillons qui en sont affectés.

§ 3. — La fibre torse

Le fibre torse se rencontre chez les bois résineux et chez les bois feuillus. Cette anomalie semble surtout fréquente dans les sols fertiles où les arbres ont une croissance rapide.

Les tissus, au lieu de suivre une direction rectiligne, parallèle à l'axe, se contournent et décrivent une spirale régulière autour de la moelle centrale. Les fibres sont alors torses et restent telles définitivement. La torsion est originelle, elle apparaît déjà dans la jeune tigelle ; elle devient d'autant plus accentuée que le diamètre est lui-même plus fort ; d'ailleurs elle se prolonge dans les plus petites branches et elle est apparente sur l'écorce, dont les plaques du rhytidome se disposent dans la même forme spirale. (*Fig.* 10.)

D'après M. d'Arbois de Jubainville [1], qui a étudié cette difformité

1. D'Arbois de Jubainville et Vesque, *Maladies des plantes cultivées et des arbres forestiers.* Paris, Rothschild. 1878.

dans la forêt de Marchiennes (Nord), si l'on se suppose placé au centre de l'arbre, la torsion se dirige de gauche à droite dans les trois quarts des cas et, de droite à gauche, dans un quart seulement. Il a reconnu de plus, aussi bien sur les chênes que sur les pins sylvestres, que cette monstruosité se transmettait par la graine. Il en conclut, avec raison, qu'il est toujours prudent de ne pas réserver, comme porte-graines, des arbres à fibre torse, ni de ramasser à leur pied des semences destinées à être employées en pépinière.

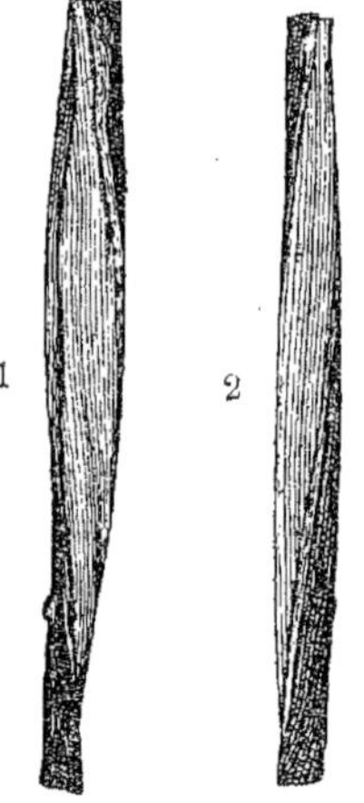

Fig. 10. — Tiges d'aune fendues en leur milieu pour mieux faire voir la direction spirale des fibres.
1. Torsion à droite.
2. Torsion à gauche.

La torsion est parfois si considérable que ces bois, absolument impropres à la fente, perdent aussi, pour beaucoup d'autres emplois, une grande partie de leur force, par suite de la rupture de leurs fibres lors du débit. Mises en œuvre comme poutres ou poteaux d'un fort équarrissage, les pièces torses sont tout aussi bonnes que les autres.

§ 4. — L'entre-écorce

L'accident qu'on appelle l'entre-écorce peut se présenter sur un point quelconque de l'arbre et résulte ordinairement de la soudure de deux tiges ou de deux branches entre elles ; on le rencontre toujours dans les arbres fourchus vers l'insertion des deux branches principales trop rapprochées. (*Fig.* 11.)

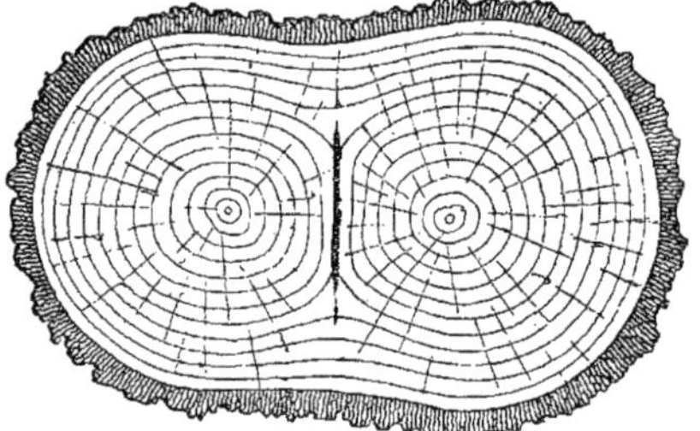

Fig. 11.

Il se produit également à la base des arbres dont la tige est fortement cannelée, comme chez les charmes, les ifs ou les genévriers.

L'entre-écorce n'a d'autre effet que de diminuer la force de la pièce et, lors d'un débit en sciage, de réduire les échantillons à des dimensions égales à celles que pourrait fournir chacun des sujets soudés, si on le considérait isolément.

§ 5. — Les nœuds

Dans un nœud vivant, les fibres sont plus ou moins contournées, ce qui expose les pièces qui les renferment à se tourmenter, si on les débite en faibles échantillons. Néanmoins les tiges noueuses peuvent être recherchées, en raison de leur dureté, pour les constructions d'édifices ou les travaux hydrauliques. Ces pièces employées debout présentent une résistance exceptionnelle.

Certains nœuds morts, bien qu'ils n'engendrent aucune tare sérieuse, constituent des défauts qui sont de nature à déclasser les parties du bois dans lesquelles ils se rencontrent. Il en est ainsi, par exemple, sur les trembles, sur les chênes et sur les arbres résineux qu'on élève à l'état isolé ou en massif trop clair. Les branches les plus basses, étiolées par le couvert, restent d'un calibre assez faible, et ne végètent plus que lentement ; leur bois se colore fortement au cœur et, avant de mourir, il se durcit au point de prendre une consistance pour ainsi dire cornée.

Tant que la branche vit, ses tissus sont intimement liés avec ceux du fût ; dans le débit, les nœuds apparaissent sous forme d'une tache foncée qui nuit à la beauté de la pièce, sans rien enlever à sa solidité. Quand la branche est morte, son bois, préservé de la pourriture par sa dureté même ou par la forte proportion de résine qui l'imprègne, persiste longtemps sur l'arbre et finit par être englobé dans les couches successives du tronc qui grossit ; toutefois, il n'y a plus aucune adhérence entre ces deux parties qui sont nécessairement séparées par du tissu subéreux. Ce bois mort se comporte comme le ferait une véritable cheville plantée dans le fût ; en effet, lors d'un débit en planches, il se détache en laissant un trou qui, tout en présentant du bois sain, déprécie la qualité de la marchandise. Employées sous de forts équarrissages, les pièces qui renferment de tels nœuds offrent moins de résistance à la flexion, surtout quand, au lieu d'être isolés, ils se présentent sous forme de verticille, comme chez les résineux.

Les épicéas et les pins sylvestres sont particulièrement sujets à ce défaut et, dans certaines contrées de l'Allemagne, on le prévient par des élagages faits rez-tronc et à la scie.

§ 6. — Les irrégularités de croissance

Les chênes les plus nerveux, comme les chênes les plus tendres, présentent rarement des accroissements en diamètre bien réguliers dans toute l'épaisseur de la tige. Le plus souvent, au contraire, on remarque dans la formation de leurs accroissements successifs, des zones composées de plusieurs couches sensiblement plus étroites que celles qui précèdent ou qui suivent. Quand ces zones n'affectent pas une coloration différente du reste de la tranche, et lorsque, d'ailleurs, il existe une proportion convenable entre le bois d'automne et le bois de printemps de chaque couche, on ne peut pas les considérer comme un défaut. Mais, si elles sont formées de couches tellement étroites qu'on n'y distingue plus que des vaisseaux, le bois pourra être très accessible à la pourriture.

Cet état constitue donc une tare qui peut avoir la même importance que le double-aubier (voir page 67), mais beaucoup plus difficile à observer, parce qu'elle n'est pas accusée par une différence de coloration aussi nettement tranchée.

Chez les bois résineux, ces accidents sont plus graves encore ; il peut en résulter des déchirures profondes en tout semblables aux *roulures* (voir page 67). Quand, par exemple, un sapin, après avoir été longtemps dominé, passe subitement en pleine lumière, on voit succéder à une série d'accroissements lents et à bois durs, une nouvelle série d'accroissements rapides, à bois tendre ; il se produit souvent une roulure, partielle ou complète, à la limite séparative entre ces deux zones d'inégale densité et surtout d'inégale élasticité. Il n'est pas rare, dans les forêts jardinées, quand on débite un sapin, de trouver à l'intérieur d'une tronce un cylindre complètement libre et indépendant de l'anneau qui l'entoure. C'est toujours à la limite des couches d'inégale épaisseur qu'une solution de continuité aussi complète se produit.

Duhamel du Monceau a fait naître de ces roulures sur de jeunes tiges par des mouvements de flexion et de torsion ; aussi a-t-il attribué ce vice au balancement que les vents peuvent imprimer aux arbres. Il a remarqué aussi que les saules exploités en têtards présentaient des roulures correspondant à l'année de l'exploitation des branches. Ces faits s'expliquent par la différence d'épaisseur entre des couches successives, et l'on peut dire, en général, que toutes les couches étroites, mal conformées, englobées dans une série de couches plus épaisses et mieux lignifiées, disposent les bois à la roulure et que celle-ci, provoquée par des accidents mécaniques extérieurs, tels que : gelée, ploiement, torsion, retrait, se produit toujours à l'emplacement même de ces couches défectueuses.

Ces irrégularités de croissance peuvent être attribuées aux causes les plus diverses. Ce sont : d'abord, l'état de gêne plus ou moins prolongé dans lequel aura vécu un arbre en massif trop serré, la destruction du feuillage par les gelées[1] ou les insectes ; mais principalement le manque de profondeur et de fertilité du sol.

ARTICLE DEUXIÈME

Les maladies des bois sur pied et les vices qu'elles engendrent.

§ 1er. — Généralités

Les maladies et les accidents qui, dans l'arbre vivant, dégradent le bois constitué en altérant sa substance au point de vue de la composition chimique, se présentent en nombre considérable et affectent les formes les plus diverses. Le plus souvent les bois, ainsi attaqués, deviennent impropres aux usages les plus vulgaires. Certains de ces vices sont d'autant plus graves qu'il n'existe sur l'arbre aucun signe extérieur qui puisse déceler leur présence ; des sujets, sains en apparence, sont en réalité atteints de maux incurables dont les dégâts ne se constatent que lors du débit.

1. En examinant des sections transversales faites sur des chênes de différentes provenances, on trouve, sur un grand nombre d'échantillons, des zones poreuses composées de quatre à cinq couches correspondant aux quatre ou cinq années qui ont suivi les hivers exceptionnellement rigoureux de 1709, 1739, 1762, 1788, 1828, 1844.

Pour faciliter l'étude de ces vices, ils seront classés d'après leurs principales causes déterminantes :

1° Désordres qui accompagnent la décrépitude ;

2° Maladies causées par le sol ;

3° Vices attribués aux excès de froid et de chaleur ;

4° Vices causés par les blessures ;

5° Vices causés par les champignons et le gui ;

6° Vices causés par les insectes.

§ 2. — Désordres qui accompagnent la décrépitude

Il est bien rare qu'un arbre périsse rapidement tout entier, sans qu'on puisse attribuer sa mort à des causes extérieures bien apparentes. Le plus souvent, il se produit d'abord un premier ralentissement dans la circulation de la sève, le feuillage s'éclaircit et l'arbre meurt par petites fractions, de proche en proche, en commençant par les parties les plus extrêmes de ses rameaux ou de ses racines. Mais avant que les derniers bourgeons en soient éteints, on le voit traverser une longue agonie, au début de laquelle les branches principales ou les grosses racines sont d'abord atteintes. Peu à peu les parties les plus internes du fût se consument lentement et, dans certains cas, celui-ci est transformé en un cylindre creux, dont l'enveloppe est réduite à quelques couches ligneuses recouvertes de leur écorce. Mais il n'est pas souvent donné à l'arbre, ainsi dégradé, d'attendre sa mort naturelle ; en perdant son bois intérieur, il perd son assiette, sa résistance et, tôt ou tard, il tombe frappé de mort violente sous les efforts du vent.

En général, les signes extérieurs de la décrépitude sont accompagnés de désordres intérieurs plus ou moins graves. On remarque, en effet, chez certains arbres, lorsqu'ils sont exploités à un âge déjà avancé, eu égard à la longévité de l'essence, que la partie interne englobant le centre est fortement colorée en rouge ou en brun, et que cette zone est d'autant plus étendue qu'on se rapproche davantage du sommet ou du pied de l'arbre. Cette coloration exagérée apparaît aussi bien chez les espèces dont le bois parfait se distingue de l'aubier, que chez les autres. Certains auteurs ont voulu, par analogie, établir pour cette zone une différence semblable à celle signalée entre l'aubier et le bois parfait; mais il est bien reconnu maintenant qu'elle ne possède, pour les bois sans aubier distinct, comme le hêtre et le tremble, aucune des qualités qui constituent le bois parfait et qu'une coloration plus intense n'ajoute rien aux qualités du bois de cœur constitué. Il y a là un commencement d'altération et il n'y faut pas chercher autre chose. On peut d'ailleurs remonter à la cause du mal.

M. d'Arbois de Jubainville a constaté que, « en suivant la trace du bois rouge jusqu'au sommet de l'arbre, on trouve toujours à son origine des plaies causées par l'élagage ou la rupture des branches. Par la surface de section ou de rupture qui meurt promptement, les eaux pluviales ont pénétré dans le cœur et, chargées de produits solubles provenant de la décomposition des tissus morts, elles l'ont injecté. Ces injections répétées ont donné au cœur du hêtre cette coloration formée de taches irrégulières et brun foncé, d'où vient le nom de *bois rouge*[1]. »

Il en est de même pour toutes les essences, et on remarque que la portion injectée des tiges se présente le plus souvent sous la forme d'un cône dont la pointe est dirigée vers la cime et de coloration d'autant plus intense qu'on s'approche davantage des parties pourries qui sont la cause du mal. La conséquence immédiate de cette injection est de *tuer* tous les tissus qu'elle pénètre; ceux-ci ne sont plus, en fait, que du bois *mort* dans l'arbre. Dans cet état, ils échappent à la loi de diffusion qui établit des tensions constantes d'humidité dans toutes les parties saines d'une même tige; ils sont, dès lors, exposés à se dessécher.

Le dessèchement amène un retrait mécanique avec toutes ses conséquences, telles que: crevasses, gerçures et autres lésions qui accompagnent généralement la coloration centrale. En tout état de cause, le retrait est forcé et il se traduit par une tension anormale des tissus; dans cette situation d'équilibre instable, il suffit d'un choc, d'une section faite à la hache ou à la scie pour déterminer l'apparition subite des crevasses. C'est à ce fait qu'il faut attribuer les cra-

1. *Revue des Eaux et Forêts*, t. XXII, 1883, page 212.

quements qui se font souvent entendre dans l'intérieur des gros hêtres immédiatement après leur chute, ou lorsqu'on les débite en billons.

Quand la rupture se produit dans l'arbre sur pied, elle affecte toujours, au milieu de la tige, la forme d'une fente diamétrale, ce qui la rend moins préjudiciable, parce que, pour un débit en fente ou à la scie, l'outil peut suivre la trace de son passage. Les auteurs allemands ont donné à cette crevasse particulière le nom de *fente de cœur* ou *fente de forêt* (*Waldritz*), pour la distinguer des autres gerçures qui se produisent seulement quand les bois sont abattus.

Tant que la maladie reste à l'état de bois rouge ou de fente de forêt, elle modifie peu les qualités du bois. Mais avec le temps, le bois mort dans l'arbre se décompose en passant par toutes les phases d'altération que subissent les bois abattus et placés dans un milieu peu favorable à leur conservation.

C'est ainsi que se forment tout d'abord ces grosses gerçures rayonnantes, généralement appelées *cadranures*, et sur les parois desquelles il s'en forme de plus petites présentant une certaine analogie avec celles qu'on remarque à la surface transversale d'une bûche enflammée. Puis la pourriture s'accentue et gagne de proche en proche; elle procède plus ou moins rapidement, suivant les sujets, mais elle ne s'arrête jamais, et il n'existe aucun remède pour suspendre ses effets destructeurs.

La mort d'une grosse racine peut reproduire exactement, mais de bas en haut, les désordres dont on vient de suivre le développement de haut en bas, sous l'influence de la perte d'une branche principale.

En résumé, les différents vices désignés par les praticiens sous les noms de *gerçure intérieure, bois rouge, bois échauffé, cadranure, arbres creux*, etc., ne font que marquer les différentes étapes d'une seule et même maladie qui commence par la mort et la coloration exagérée du bois et dont il y a lieu de faire remonter l'origine à une cause unique : *la perte d'un membre important, soit dans l'appareil aérien, soit dans l'appareil souterrain.*

Les premiers symptômes du mal ne sont pas toujours visibles à la simple inspection de l'arbre atteint. L'apparition, entre les points d'insertion des grosses racines, d'un terreau noir, sortant du pied de l'arbre dans la forme d'un amas de sciure imprégnée de suie, est un indice certain de la pourriture centrale. Mais ce signe extérieur ne se présente que quand la maladie, assez avancée, a causé des dégâts très considérables. La détermination de l'époque de la *maturité* d'un arbre est donc une question d'expérience, et il est réservé à la sagacité du forestier de constater que, dans tel canton, les sujets d'une essence donnée restent sains moins longtemps que dans d'autres et de décider à quelle grosseur moyenne il est prudent de couper les arbres pour en tirer le meilleur profit.

§ 3. — Maladies causées par le sol

Les maladies causées par le sol peuvent tenir simplement à la situation et à l'exposition ; mais, le plus souvent, elles sont produites, soit par le défaut ou l'excès d'humidité et de matières nutritives, soit par une défectuosité dans la composition physique ou chimique du sol.

Au point de vue purement forestier, toutes ces causes de maladies se rattachent plus ou moins les unes aux autres, et se traduisent par le défaut de profondeur et de fertilité de la terre ou encore par le manque ou l'excès d'eau. Sous l'action de ces influences fâcheuses, la végétation reste languissante et les arbres *entrent en retour*, avant d'avoir atteint leurs dimensions normales ; en somme, ils deviennent vieux avant l'âge, et sont envahis par la maladie dont les différentes phases ont été étudiées dans le paragraphe précédent. Les arbres provenant de rejets de souches, qui ont une vitalité moindre que ceux de franc-pied, sont aussi plus exposés que ces derniers aux accidents qui accompagnent le dépérissement.

Parfois, il arrive encore que les arbres meurent rapidement faute d'une alimentation suffisante. Dans les sols secs, peu profonds, il n'est pas rare, après une succession d'années chaudes[1], de voir une

1. Un fait de ce genre s'est produit après les étés secs et chauds de 1868-1869 et 1870, sur les hêtres des versants exposés au sud et à l'ouest, dans les régions de collines jurassiques de la Lorraine et de la Bourgogne.

quantité d'arbres mourir sur pied, littéralement tués par la soif. De même, l'excès d'humidité, sous forme d'eau stagnante, est très nuisible aux arbres, dont les racines, dans ce cas, meurent par asphyxie.

§ 4. — Vices attribués aux excès de froid et de chaleur

Sans parler de l'influence générale exercée par la température sur la vie des végétaux, les excès de chaleur ou de froid produisent dans le bois des désordres spéciaux.

Tels sont : la *gélivure,* la *roulure,* la *lunure* ou *double-aubier* et les *coups de soleil.*

La gélivure. — La gélivure est une fente ouverte suivant la direction des rayons médullaires dans le corps d'un arbre ; les faces de cette fente sont lisses et deviennent noirâtres en s'altérant. C'est au pied de l'arbre que se montrent surtout les gélivures. Naissant au niveau du sol, elles n'atteignent ordinairement qu'une hauteur de 3 à 4 mètres ; leur largeur est variable. Rarement elles vont de la circonférence jusqu'au centre de l'arbre. Quand la gélivure est considérable, elle s'annonce extérieurement par une fente sur l'écorce avec des saillies à la surface. Sur les bords de cette fente, il se développe ultérieurement des bourrelets dont les couches contriques révèlent l'époque à laquelle remonte l'accident[1]. (*Fig.* 12.)

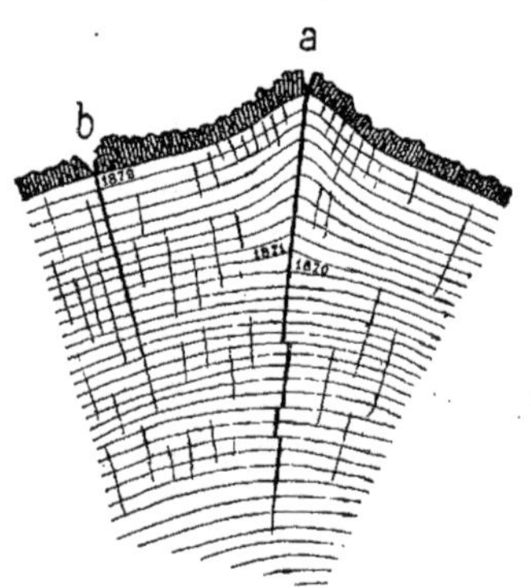

Fig. 12. — Gélivures.
a. Gélivure ancienne (1870-1871).
b. Gélivure récente (1879).

Au début, la gélivure n'est, à proprement parler, qu'un défaut, puisqu'elle se traduit par une simple crevasse dans du bois sain ; mais les eaux pluviales et la sève extravasée s'amassent dans cette

1. C'est toujours au point où les accroissements, cessant de suivre la direction d'une courbe régulière, se relèvent vers les bords de la fente, qu'il faut faire remonter l'âge de la gélivure.

crevasse et en altèrent les parois, surtout l'aubier situé sur le bourrelet; elle devient alors un vice. Parfois, la gélivure présente peu de gravité; ne faisant pas éclater l'écorce, les couches ultérieures se développent d'une façon normale; il n'en résulte qu'une fente rayonnante, cachée sous le grossissement qui l'éloigne de plus en plus de la circonférence.

C'est l'hiver, pendant les grands froids, que les gélivures se produisent et voici dans quelles circonstances:

On sait que le bois est mauvais conducteur de la chaleur. Les tiges grêles offrent presque toujours la même température que l'air ambiant, tandis que les gros troncs sont beaucoup plus longs à s'échauffer ou à se refroidir. Quand un froid vif survient tout à coup, l'humidité contenue dans l'écorce et dans les couches ligneuses les plus extérieures, se congèle. La glace qui se forme occupe alors un volume plus considérable (1,0525) que celui de l'eau dont elle provient; mais, à mesure que le froid descend au-dessous de 0°, cette glace se contracte, de même que la substance solide des tissus. L'écorce et les couches extérieures gelées (*a*, *Fig.* 13) exercent alors une pression contre les couches intérieures non gelées. Que le froid pénètre maintenant plus avant dans la tige, l'humidité du reste de la masse ligneuse (*b*) se congèle à son tour, la glace formée occupe un volume plus grand que l'eau primitive; elle réagira par son expansion contre la zone externe précédemment gelée et contre l'écorce. Mais celle-ci ne peut plus se distendre, puisqu'elle est elle-même solidifiée; aussi, quand la pression qu'elle subit du dedans au dehors devient assez considérable, il y a rupture et les tissus se séparent les uns des autres dans le sens rayonnant[1]. On voit que, pour la production de cette gélivure, il faut une explosion soudaine de froid intense agissant sur des tiges déjà grosses; car, si la gelée atteint peu à peu un arbre, les zones profondes et non encore solidifiées se laisseront

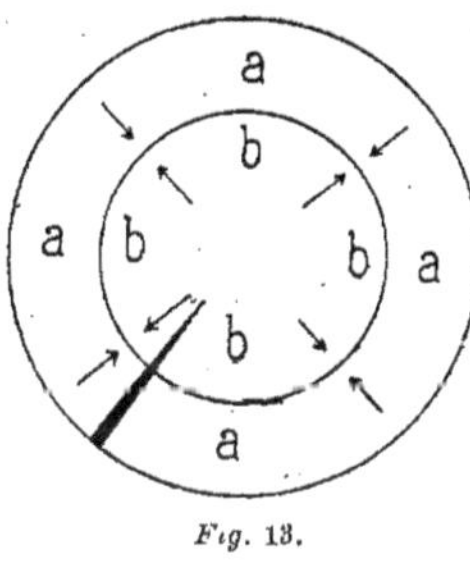

Fig. 13.

1. Nordlinger, *Die technischen Eigenschaften, der Hölzer.* Stuttgart, 1860.

comprimer par celles de l'extérieur sans trop réagir et, de plus, si la tige n'a pas de fortes dimensions, toute la masse ne tardera pas à se mettre en équilibre de température par une marche progressive; il n'y a pas de réaction brusque vers le dehors, il ne se produit pas de gélivure.

Si l'on suppose maintenant que la cohésion des couches ligneuses les plus externes soit assez forte pour résister à la réaction des couches internes subitement gelées, les fissures pourront ne pas se produire tant que le froid ira en augmentant; mais, si une cause quelconque vient à amoindrir la résistance des couches extérieures, l'expansion des couches intérieures continuant toujours à s'exercer, la rupture aura lieu aux points de moindre résistance. Ce cas se présente, par exemple, quand un côté de la tige brusquement échauffé par les rayons du soleil levant, se dégèle sur ce point. Il arrive, dans l'un et l'autre cas, que ces ruptures sont accompagnées de détonations semblables à celle d'un coup de pistolet. Ces bruits se font entendre vers le lever du soleil, au moment où, en général, le froid sévit avec le plus d'intensité.

Les gélivures surviennent le plus souvent à la fin de l'hiver. Certaines essences sont plus exposées que d'autres à ce vice qui atteint de préférence les arbres les plus gros. En général, les espèces dont le bois, pourvu de larges rayons médullaires, se fend bien, sont plus facilement gélivées que les autres et, parmi les premières, les sujets à bois dur et nerveux[1] sont atteints de préférence. Tels sont : les chênes, les hêtres et les ormes ; les frênes, les sapins, les épicéas redoutent moins ces accidents ; les pins et les bouleaux n'en souffrent presque jamais.

Le Dr Nordlinger[2] a constaté que la chaleur accompagnée de sécheresse pouvait aussi occasionner des crevasses en tout semblables à celles causées par le froid. Ces accidents ont surtout été remarqués sur des épicéas.

2° *La roulure.* — La roulure est un manque d'adhérence entre

---

1. C'est ainsi, par exemple, que dans les forêts situées sur les bords de l'Adour, des chênes à croissance très rapide sont souvent gélivés, bien que dans cette région les hivers soient relativement très doux.

2. Nordlinger, *Lehrbuch des Forstschutzes.* Berlin, Paul Parey, 1884.

deux couches annuelles successives. Elle est partielle ou totale suivant que la solution de continuité décrit un arc de cercle (*c*, *Fig.* 14) ou un cercle tout entier (*a*). Cette tare accompagne parfois la gélivure et semble avoir la même cause, surtout lorsqu'elle est partielle. Le fait se présente lorsque, dans son trajet, la fente de la gélivure rencontre une couche plus étroite, moins bien lignifiée que les autres; elle perd alors sa direction rayonnante pour se continuer en arc de cercle dans la direction de cette couche (*b*).

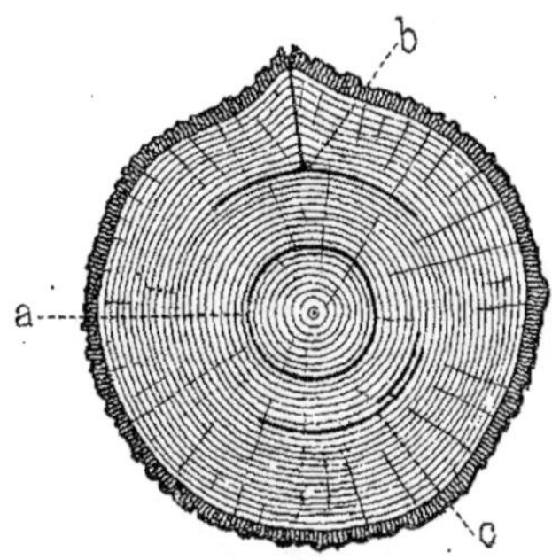

Fig. 14. — ROULURES.

a. Roulure totale.
b. Roulure partielle avec gélivure.
c. Roulure partielle sans gélivure.

Quoi qu'il en soit, qu'il y ait ou non gélivure, la gelée est une des principales causes de la roulure[1], surtout quand l'arbre y est prédisposé par des irrégularités de croissance.

On constate d'ailleurs que, dans une même forêt, les roulures sont plus nombreuses dans les cantons les plus affectés par la gélivure, de même aussi dans les vallons et dans les dépressions où le froid sévit avec le plus d'intensité.

La présence d'une roulure dans le corps d'un arbre sur pied est beaucoup plus difficile à constater que celle d'une gélivure, car elle ne se traduit par aucun signe extérieur, comme cela a lieu le plus souvent pour cette dernière. Toutefois, on prétend que certains bûcherons ont l'oreille assez exercée pour diagnostiquer ce vice, à la nature du son que rend l'arbre, lorsqu'on frappe violemment son fût avec la tête d'une cognée.

3° *La lunure* ou *double-aubier*. — La lunure apparaît, dans le

1. Il a été dit plus haut (p. 59) que parmi les causes mécaniques qui occasionnent les accidents de roulure, le vent devait être considéré comme une des principales; on remarque, en effet, sur les arbres bordiers des routes, notamment sur les peupliers, espèce d'ailleurs peu sujette à la roulure, que ces accidents sont relativement fréquents au sommet des côtes et dans les stations plus particulièrement battues par des vents violents.

chêne, sous forme d'une zone annulaire blanche dans le bois parfait coloré en jaune brun; de là, le nom de *double-aubier*. Avec le temps, bien qu'abritée par le bois sain, elle se décompose à la façon de l'aubier dont elle a conservé toutes les allures ; sa couleur passe alors du blanc au jaune, au rouge ou au brun. La *lunure blanche* et la *lunure rousse* ne sont donc qu'une seule et même maladie, la première étant à son origine et dans un état de dégradation moins avancé que la seconde. (*Fig.* 15.)

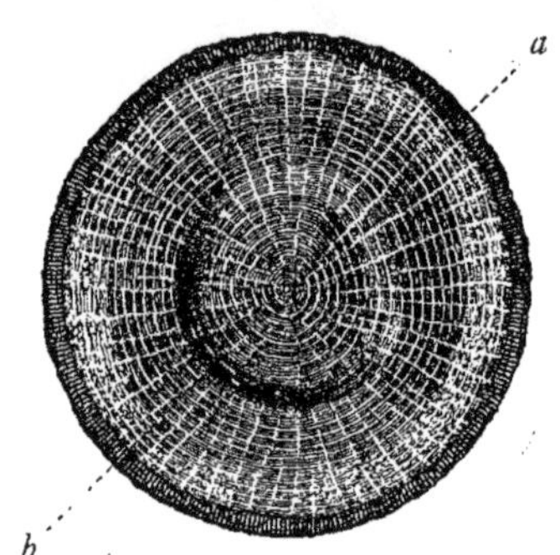

Fig. 15. — LUNURE OU DOUBLE-AUBIER.
a. Lunure blanche.
b. Lunure rousse.

On n'est pas d'accord sur la cause première de ce mal. Duhamel du Monceau qui, le premier, a décrit la lunure, croit que, lorsque les racines des arbres traversent des couches de terre de mauvaise qualité, il se produit un nombre plus ou moins grand de couches de double-aubier. Beaucoup de praticiens l'attribuent à la gelée ; ils croient avoir remarqué que la couche la plus jeune dans chaque zone de double-aubier correspondait à une année suivie par un hiver excessif, comme ceux de 1709, 1789 et 1829. Les deux opinions sont discutables et il ne manque pas d'objections à faire à l'une et à l'autre de ces théories. Quelle que soit cette cause, son effet est d'entraîner dans les couches atteintes des désordres organiques encore inconnus, mais de nature à empêcher leur transformation ultérieure en bois parfait[1].

La lunure est heureusement peu commune ; elle se manifeste

1. En recherchant le mode de répartition des tanins dans les différentes régions d'un même chêne, M. le professeur Henry a constaté, par des analyses récemment faites au laboratoire de l'École de Nancy, que, à ce point de vue, les couches lunées se comportent comme celles du véritable aubier. Les unes comme les autres ne renferment que 2 p. 100 de tanin au maximum, tandis que le bois parfait en contient de 6 à 7 p. 100 dans toute son épaisseur; cette quantité allant en diminuant quand on s'éloigne de la circonférence pour se rapprocher du centre. On peut admettre, dès lors, que des froids excessifs peuvent, entre autres effets, occasionner dans les couches les plus superficielles de l'aubier une maladie qui rendrait leurs tissus désormais réfractaires à cette sorte de tannage de la cellulose.

d'ailleurs d'une manière assez bizarre et, jusqu'à présent du moins, peu explicable. Absolument inconnue dans telle région, elle apparaît dans telle autre toute voisine et située dans des conditions de sol et de climat à peu près identiques. Partout où elle est signalée, elle est très redoutée des marchands de bois, qui la désignent parfois sous le nom de *gélure*. Ils ne possèdent, du reste, aucun moyen pratique d'en reconnaître la présence dans les arbres sur pied.

4° *Coups de soleil.* — Certains arbres, comme le hêtre et le charme, conservent leur écorce toujours vivante dans toute son épaisseur. Quand leur tronc est subitement isolé et exposé à la pleine lumière, ils sont frappés d'insolation. La couche d'accroissement est tuée par le soleil, surtout sur le côté des arbres exposés au sud-ouest, parce que sur ces points le fût est exposé presque normalement à ses rayons les plus chauds. L'écorce alors se dessèche et tombe, et il en résulte des blessures plus ou moins graves, suivant l'étendue de la surface dénudée.

Il n'est pas rare que, par un froid vif, si le ciel reste découvert, la gelée produise des accidents identiques. Alors toutes les espèces, quelle que soit la nature de leur écorce, peuvent être atteintes ; c'est une question de résistance individuelle à l'influence des variations subites de température. On peut constater encore que c'est du côté sud-ouest que les arbres, notamment les chênes, sont le plus souvent et le plus grièvement *mordus par la gelée ;* c'est, en effet, dans cette direction que l'échauffement dû à la chaleur solaire dégèle le bois trop rapidement et produit dans la zone génératrice des désordres mortels[1].

§ 5. — Les blessures

On range parmi les blessures toutes les plaies ou fractures, quelle qu'en soit la cause, assez profondes pour mettre à nu le tissu ligneux.

Partout où une blessure est produite, on voit émerger de la zone

1. Les coups de soleil et autres accidents de même nature sont à redouter pour les arbres que l'on transplante, surtout quand on n'a pas pris la précaution de les installer suivant la même orientation que celle qu'ils occupaient avant d'être déplantés ; on évite ces inconvénients en couvrant le fût d'un revêtement de paille qu'on a soin d'arroser pendant les grandes chaleurs.

génératrice, un bourrelet, dit *bourrelet de recouvrement*, qui l'entoure de toutes parts et qui tend à la cicatriser. Mais quand même la bles-

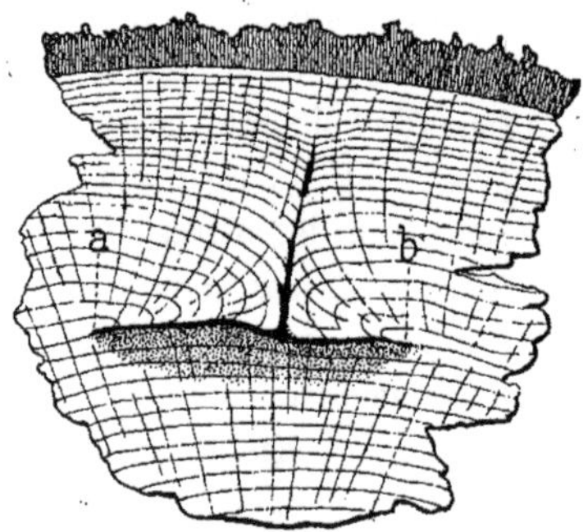

Fig. 16. — Section transversale faite à la hauteur d'une blessure qui, 21 ans avant l'abatage, avait dénudé le corps de l'arbre sur la longueur *a b*.
La zone pointillée représente du bois mort déjà profondément altéré.

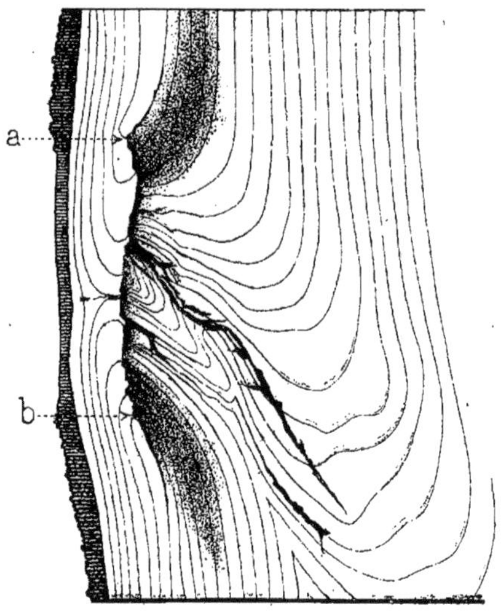

Fig. 17. — Section faite suivant l'axe d'un chêne à la hauteur d'une plaie d'élagage rez-tronc. Le tissu de recouvrement s'est étalé rapidement sur le support que lui offre la surface de section, *a b*; la plaie est complètement cicatrisée 7 ans après l'opération, sans préjudice toutefois des dommages ultérieurs dont on peut déjà constater les effets — gerçures — bois mort atteint de pourriture progressive. (Collection Martinet B. F.)

sure, complètement refermée, serait devenue invisible extérieurement, on en trouvera toujours la trace brune dans l'intérieur du bois, sur une section transversale (*Fig.* 16) ou sur une section longitudinale. (*Fig.* 17.)

C'est ainsi que les lésions diverses, les coups de marteau, les inscriptions dont l'effet se sera étendu jusqu'au delà de la zone génératrice, resteront indéfiniment gravés sur la couche ligneuse qui les aura reçus, quelle que soit la profondeur à laquelle celle-ci se trouvera repoussée sous les accroissements postérieurs successifs.

En fait, une blessure aura toujours pour conséquence une solution de continuité dans la masse ligneuse, et il ne s'établira *jamais* aucune liaison, *jamais* aucune soudure entre l'ancien bois mis à nu et les nouvelles couches de recouvrement. Pour qu'il y ait soudure et par conséquent cicatrisation, il faut que deux tissus vivants, actifs, soient en contact immédiat. C'est ce qui se produit, par exemple, dans la greffe. On remarque de plus que le bois des bourrelets, surtout aux points de jonction, est toujours madré et sujet à se tourmenter.

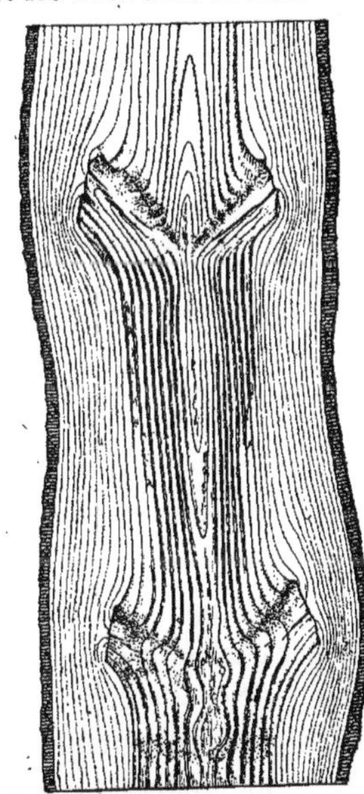

Fig. 18. — Section faite suivant l'axe d'un frêne à la hauteur de branches élaguées rez-tronc. 12 ans après l'opération, toutes les plaies cicatrisées ne sont plus visibles de l'extérieur; mais, à l'intérieur, les traces des amputations rendent le bois impropre à tous usages dans l'industrie. (Coll. E. F.)

Le plus souvent, les portions privées de leur écorce et exposées directement aux influences atmosphériques sont frappées de mort sur une profondeur variable. Malgré le recouvrement ultérieur, ce bois mort se dessèche et se gerce tout d'abord; puis, comme il est placé dans un milieu maintenu constamment humide par la circulation de la sève, il est bientôt atteint par des fermentations successives qui, à la longue, amènent sa pourriture complète. De tels accidents sont d'autant plus dangereux qu'il n'existe plus à l'extérieur aucune trace bien nette de la blessure, et que l'aspect sain de l'arbre *trompe* l'acheteur sur la qualité de la marchandise. (*Fig.* 18.)

La marche du recouvrement est variable, suivant l'activité de la végétation et la profondeur de la blessure. Lorsque celle-ci n'a pas dépassé la première couche ligneuse, le tissu cicatriciel s'étale sur le support que lui présente le bois mis à nu au niveau même de la zone génératrice. Dans ces conditions, on a calculé que la marche du bourrelet sur chacun des bords de la plaie était égale à deux fois et demie l'épaisseur de la couche annuelle correspondante[1] (*Fig.* 17). Mais si la plaie est plus profonde, ce support

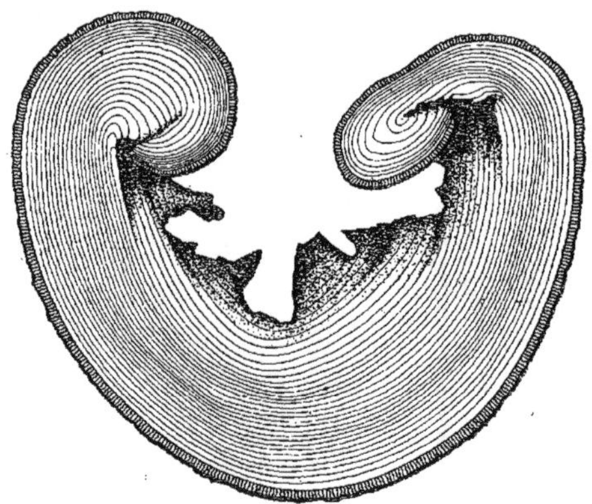

Fig. 19. — Section transversale faite sur le tronc d'un hêtre à la hauteur d'une blessure ancienne et profonde. A défaut de support, le tissu de recouvrement se recourbe en volute. L'accident remonte à 21 ans; la plaie est encore loin d'être refermée et tout le corps ligneux se pourrit. (Collection E. F.)

lui fait défaut, et le bourrelet, manquant de point d'appui, devra se replier en volute sur lui-même (*Fig.* 19); la marche du recouvrement se trouvera, par le fait, fortement ralentie. Si la pourriture gagne la couche d'accroissement et la tue, alors tout recouvrement s'arrête et la plaie ne se referme jamais. Il en résulte de ces trous, souvent habités par des oiseaux et qui, désignés d'habitude sous les noms d'*œil-de-bœuf* ou de *trous de pic*, sont un indice certain de caries profondes. (*Fig.* 20.)

En général, ces trous se produisent à la naissance d'une grosse branche morte, dont la pourriture centrale s'est étendue jusqu'au

1. Martinet, *Considérations et recherches sur l'élagage des essences forestières.* Paris, 1876.

cœur de l'arbre, ou encore au milieu d'une blessure assez large pour que la carie ait eu le temps de l'envahir avant son complet recouvrement.

De tout ce qui précède, il résulte que les plaies sont d'autant plus dangereuses qu'elles sont plus larges, plus profondes, qu'elles présentent des surfaces plus irrégulières, et que les conditions de végétation sont plus mauvaises.

Les contusions peuvent laisser l'écorce intacte, mais souvent les tissus délicats, situés plus profondément, sont foulés et détruits. Le

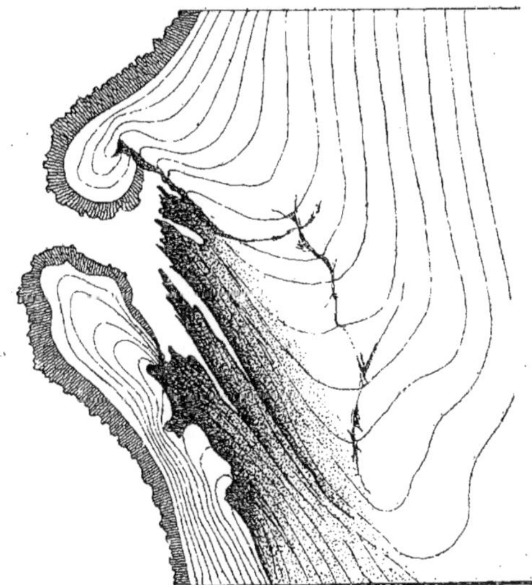

Fig. 20. — Section faite suivant l'axe d'un chêne à la hauteur d'une grosse branche morte. *Œil-de-bœuf* cachant des pourritures intérieures très profondes. (Collection Martinet E. F.)

trouble qu'éprouve la couche d'accroissement à cet endroit, se traduit, dans les parties circonvoisines, par une excitation hypertrophique qui produit un épaississement local de l'anneau ligneux. A ce point de vue, les effets de la grêle sont souvent très préjudiciables aux jeunes peuplements forestiers.

En résumé, que les blessures soient le résultat d'accidents, comme les frottures, les déchirures faites par les pierres roulantes ou la chute d'arbres voisins, les ruptures de branches, ou qu'elles aient des causes volontaires, comme les plaies d'élagage, les coups de marteau, de griffe ou de crampons, il n'y a aucune différence à établir entre elles, ce sont toujours des plaies à cicatriser dans des conditions plus ou moins fâcheuses. De plus, et ce n'est pas là leur moindre danger, toute blessure est une porte largement ouverte à l'invasion des organismes inférieurs.

§ 6. — Vices causés par les champignons et le gui

Les champignons qui vivent au détriment du bois sont en nombre considérable et l'atmosphère des forêts est imprégnée de leurs germes toujours prêts à dévorer la proie que le hasard met à leur portée. Tous sont vulgairement rangés parmi les parasites; toutefois, les uns ne s'attaquent qu'au bois mort, les botanistes les distinguent sous le nom de *Saprophytes;* les autres, *Parasites* proprement dits, ne vivent qu'au détriment des tissus vivants; d'autres, enfin, sont en même temps parasites et saprophytes. A ces espèces dont les premiers développements échappent à tous les regards, il faut en ajouter un certain nombre qui, travaillant au grand jour, engendrent sur les sujets envahis des maladies sérieuses telles que : le *chancre* et le *chaudron.* Enfin, en dehors de la classe des champignons, le *gui* est la seule espèce parasite qui puisse causer au bois quelque dommage.

1° *Champignons saprophytes.* — Les espèces saprophytes ont parfois des effets utiles. En activant la décomposition des débris morts de la forêt, ils facilitent la formation de l'humus. C'est aussi en rongeant, jusqu'à leur base, les petites branches mortes sous l'influence de l'élagage naturel, qu'ils permettent le recouvrement complet de la plaie et sans qu'il en résulte aucune tare apparente dans le corps de l'arbre. Mais, pour que le phénomène se produise, il faut, d'une part, que les branches mortes soient assez petites pour que la surface de leur base puisse être recouverte pendant une saison de végétation; d'autre part, que le tissu de ces branches soit un milieu convenable au développement des champignons. Cette dernière circonstance ne se rencontre pas toujours chez les arbres résineux, aussi voit-on certaines petites branches mortes, fortement imprégnées de résine, persister sur l'arbre presque indéfiniment, sans être jamais atteintes par la pourriture ; ce sont elles qui engendrent les nœuds morts.

Ces mêmes champignons sont, au contraire, nuisibles quand ils parviennent jusqu'aux parties mortes dans le corps d'un arbre (rouge du cœur). Leurs ravages sont d'abord circonscrits, mais bientôt le mal s'étend jusqu'au bois vif qui, mortifié de proche en proche par infiltration, ne tarde pas à être envahi à son tour.

2° *Champignons parasites.* — Les espèces parasites sont toujours dangereuses : elles occasionnent rapidement dans l'arbre le plus vigoureux et le plus sain toutes les formes de la pourriture. Leur mycélium, diversement coloré, suivant les espèces, pénètre à travers les parois des tissus élémentaires qu'il ronge, et, parfois même, se substitue complètement à la masse ligneuse dont il revêt toutes les formes. Ainsi, la matière fibreuse, d'un blanc nacré, phosphorescente, généralement connue sous le nom de *pourriture blanche,* n'est autre chose que le mycélium d'un de ces champignons. Les organes de nutrition de ces parasites se propagent plus ou moins vite, suivant que le milieu leur est plus ou moins favorable. Leur marche est plus rapide dans le sens de la longueur des tiges que dans le sens du diamètre ; parfois, ils envahissent soudainement le corps d'un arbre et le rongent en entier en très peu de temps. Mais quelles que soient leurs allures, ce qui rend surtout ces ennemis dangereux, c'est qu'ils vivent uniquement dans le bois constitué, quelques espèces même ne vivent que dans le bois de cœur ; ils ont cela de commun avec tous les parasites, qu'ils semblent éviter la destruction des organes essentiels, de façon à ne pas compromettre l'existence de leur victime. Rien à l'extérieur ne décèle leur présence jusqu'au moment où ils fructifient. Alors seulement l'apparition du *chapeau*, qui revêt les formes les plus diverses et souvent très volumineuses, ne laisse plus aucune illusion sur la nature de l'ennemi. Les arbres qui portent de tels signes extérieurs, ceux qui ont des *épaulettes,* comme disent les forestiers, sont perdus sans remède et doivent être exploités immédiatement, non seulement parce qu'ils ne peuvent que se dégrader davantage en restant sur pied, mais encore parce qu'ils constituent un véritable foyer d'infection d'où vont s'échapper des millions de spores.

Les champignons parasites n'attaquent jamais l'écorce et c'est toujours par le bois mis à nu qu'ils entrent dans l'arbre ; c'est pour cela qu'il faut se garder des élagages. A ce point de vue également, il ne serait pas sans intérêt d'adopter un autre mode de désignation pour les réserves dans les taillis sous futaie, on éviterait à ces arbres de choix des tares qui les déprécient en même temps qu'elles activent leur dépérissement.

Le plus souvent, c'est par les cassures esquilleuses des grosses branches mortes que les germes s'introduisent. Parfois, le bourrelet de recouvrement referme complètement la plaie et ne fait que tromper davantage sur le degré d'avancement du mal qu'il cache. Il arrive souvent qu'en ouvrant une *loupe* dont l'extérieur n'a rien de suspect, on rencontre des vices qui dégradent l'arbre tout entier. De là cette réputation, d'ailleurs bien méritée, faite aux *chicots*, d'engendrer tout un cortège de maladies, telles que : *gouttières, abreuvoirs, grisettes, huppes,* etc. Certainement, tous ces vices existent, ils ne sont malheureusement que trop fréquents, mais ils ont une seule et même cause : *la pourriture due à la présence d'un champignon.* Seulement cette pourriture prend différents aspects, suivant la coloration du mycélium qui l'habite. D'ailleurs, ces teintes elles-mêmes n'ont rien de bien caractéristique, car deux ou plusieurs champignons d'espèces différentes peuvent se développer ensemble sur le même point.

3° *Le chancre.* — Il n'est pas rare de rencontrer sur les jeunes tiges de certains bois feuillus, notamment de charme, de hêtre et de chêne, des plaies chancreuses qui mettent a nu le bois rongé jusqu'au cœur, en laissant apercevoir la série des couches annuelles hypertrophiées en la forme d'une rosace.

Cette maladie doit être attribuée à des champignons d'espèces variables, suivant les essences attaquées, qui s'installent dans une petite plaie, généralement à la base d'une branche morte, dont le recouvrement s'est incomplètement effectué. Le chancre est plus commun dans les sols pauvres, où la végétation est plus lente que dans les sols fertiles. Il se trouve rarement sur les gros arbres, car les brins viciés disparaissent pour une cause ou pour une autre au fur et à mesure que le peuplement vieillit. Il est parfois assez commun au pied des jeunes tiges dans les cantons parcourus par un incendie. Tout sujet ainsi atteint doit disparaître, car il est sans avenir. (*Fig.* 21.)

4° *Le chaudron.* — On appelle *chaudron* dans les Vosges, *dorge* dans le Jura, un renflement maladif et caractéristique qu'affectent fréquemment les tiges des sapins. Cette déformation est due à un champignon appelé l'*Œcidium elatinum.*

Fig. 21. — Chancre du charme.

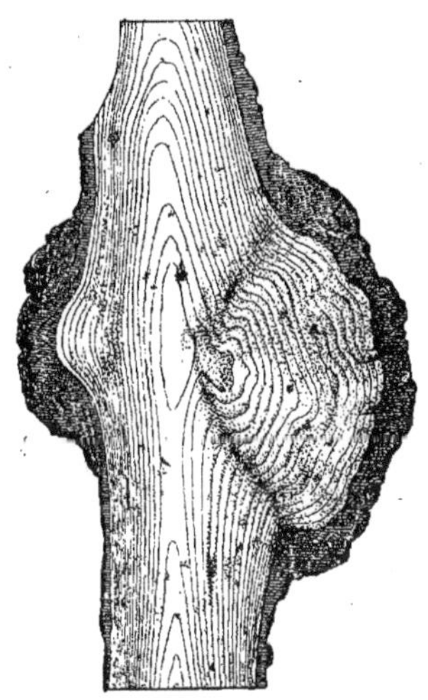

Fig. 22. — Section faite suivant l'axe d'une tige de sapin chaudronnée.

Sur tous les points où le mycélium de ce champignon envahit une tige ou une branche, il fait prendre au bois une épaisseur exagérée. Tant que le bois est protégé par l'écorce, il reste sain, bien que de consistance molle ; mais le développement anormal du tissu ligneux déchire bientôt l'écorce qui se crevasse, et le bois mis à nu se pourrit très vite. La pourriture s'étend à environ $0^m,30$ en dessus et en dessous de l'origine du mal. La partie chaudronnée a ainsi perdu toute sa valeur comme bois d'œuvre ; de plus, si le chaudron s'est produit sur la tige, l'arbre est très exposé à être rompu, en ce point, par le vent. (*Fig.* 22.)

Ce champignon qui, dans sa forme connue, s'attaque exclusivement au sapin pectiné, s'installe sur les feuilles et les jeunes rameaux, et, de là, gagne la couche d'accroissement à travers l'écorce vivante. La fructification de son mycélium a pour effet de produire le développement de nombreux rameaux fasciculés, courts et connus sous le nom de *balai de sorcière.* Chacun de ces balais sort d'une tumeur parfois très petite. Le mycélium peut persister dans la tumeur pendant plus de 50 ans, sans paraître affecter autrement les parties de

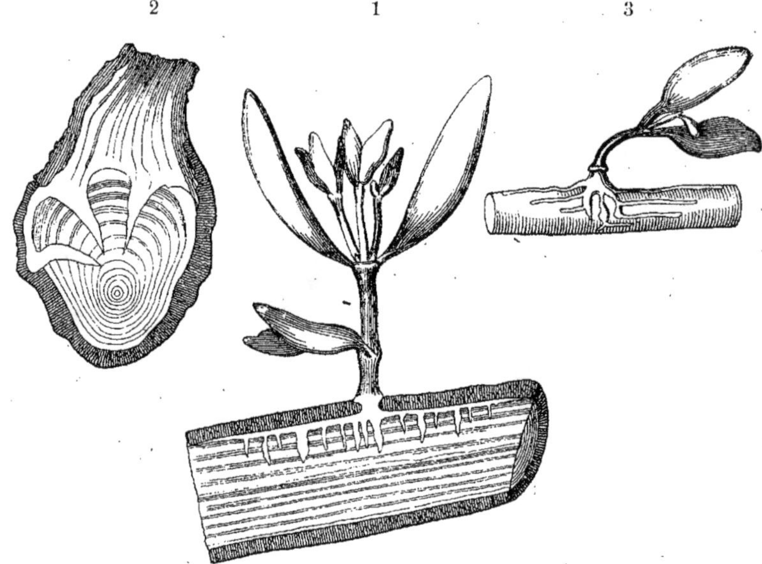

Fig. 23. — LE GUI.

1. Gui de 4 ans sur sapin. Les racines du gui courent entre l'écorce et le bois et les suçoirs pénètrent même dans le bois du sapin.
2. Coupe transversale d'une branche de sapin qui sert depuis 7 ans de support à un gui.
3. Gui de 3 ans fixé sur un rameau de sapin dont l'écorce a été enlevée pour indiquer la marche des racines du parasite.

Grandeur naturelle, d'après Schacht. *L'Arbre* (traduction de Morren, p. 376).

l'arbre qui ne sont pas envahies et qui continuent à pousser normalement.

Les rameaux du balai de sorcière portent des aiguilles courtes, charnues et annuelles. Au commencement de l'hiver, ces aiguilles anormales jaunissent et tombent. Au bout de quelques années, le balai meurt de lui-même, mais le chaudron persiste toujours.

Le chaudron est très commun dans les sapinières des Vosges et du Jura, où, dans certains cantons, on rencontre presque 1/20me des arbres chaudronnés.

L'*Œcidium elatinum* est un de ces champignons à végétation alternante qui ne parcourent sur la même espèce qu'une seule phase de leur évolution, et ont besoin de l'intermédiaire d'une autre plante pour reprendre la forme sous laquelle ils avaient attaqué la première espèce. On ne connaît malheureusement pas la plante sur laquelle l'*Œcidium elatinum* complète son évolution; il faut se contenter dans les éclaircies d'enlever de préférence les tiges chaudronnées au fur et à mesure qu'elles se rencontrent.

5° *Le gui.* — Bien qu'appartenant à une espèce déjà élevée dans la grande famille des végétaux, le gui pousse en parasite sur un grand nombre d'essences; il est extrêmement rare sur le chêne, on en connaît néanmoins quelques exemplaires en France. Il a un port différent suivant les espèces aux dépens desquelles il se nourrit : il est faible et ses feuilles sont étroites sur le pin; il est plus fort que partout ailleurs sur le peuplier noir. Suivant les contrées, le gui habite de préférence des arbres de telle ou telle essence. (*Fig.* 23.)

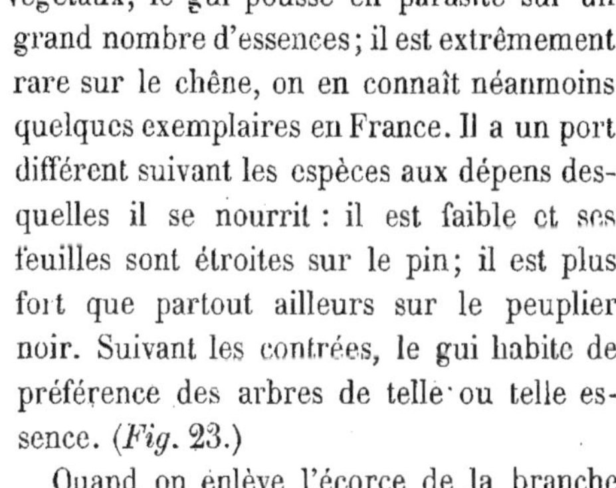

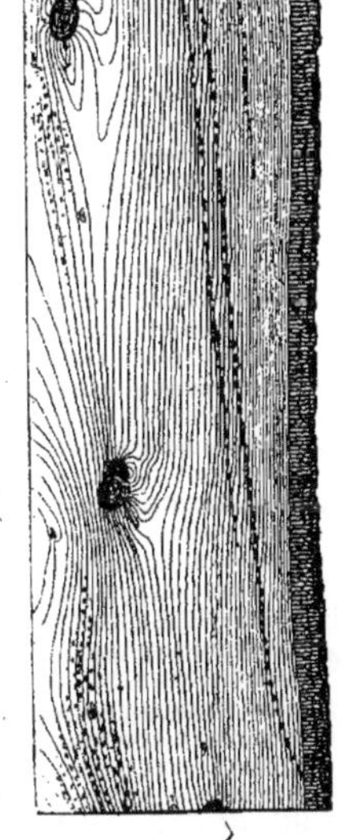

Fig. 24. — Planche de sapin dégradée par les traces des racines du gui.

Quand on enlève l'écorce de la branche envahie par le gui, pour voir comment celui-ci s'y attache, on découvre sous le liber des veines vertes; ce sont les racines du gui qui courent parallèlement à l'axe de la branche nourricière. En quelques endroits, ces racines donnent naissance à des bourgeons adventifs d'où sortent, soit de nouveaux buissons de gui, soit des racines qui, au lieu de s'accroître par l'extrémité, s'allongent par la base au point où elles sont insérées sur la racine longitudinale, de telle sorte que la portion englobée dans une couche est de même âge qu'elle. Au bout d'un certain nombre d'années, les vieilles racines du gui, enveloppées dans le bois dont elles ont l'âge, périssent et sont remplacées par de nouvelles racines superficielles. En raison de leur consistance molle, elles se détruisent et laissent à leur place des trous qui déprécient complètement les parties envahies. (*Fig.* 24.)

En général, le gui vit dans la cime des arbres, où il s'installe aussi bien sur le prolongement de la tige que sur les branches; ses racines traçantes émettent souvent des drageons à une assez grande distance du pied mère. Dans certaines régions, notamment dans le Jura, ce défaut n'est pas à négliger sur les sapins où il dégrade parfois une tronce tout entière.

Le gui se propage d'arbre en arbre, uniquement par la graine, laquelle est transportée par les oiseaux qui se nourrissent des fruits. Cette graine très dure traverse le tube digestif sans perdre ses qualités germinatives et elle est rejetée intacte.

Le seul moyen de se débarrasser du gui, est de couper jusqu'à la base la branche qui le porte. S'il est inséré sur la tige, le mieux est de couper l'arbre.

§ 7. — Dégradations causées par les insectes

En général, les insectes dits xylophages vivent de préférence dans les bois gisants ou dans les bois sur pied dépérissants et présentant déjà des parties complètement mortes; le nombre est assez restreint de ceux qui s'attaquent au bois des arbres sains et en bon état de végétation. Parmi les coléoptères, on ne peut guère citer que le *Bostrichus lineatus* qui, à défaut de bois gisants qu'il préfère toujours, creuse ses galeries dans l'intérieur des sapins et des épicéas, où il cause la *vermoulure noire*. Il faut que leur multiplication exagérée prenne la forme d'une véritable invasion pour qu'ils s'attaquent à des sujets en pleine croissance.

Certaines larves de gros insectes, comme celle du grand capricorne (*Cerambyx heros*), vivent dans les tissus des vieux chênes. Elles y demeurent 4 ou 5 ans rongeant et parcourant le bois dans tous les sens et y creusent des galeries plus ou moins larges, suivant leur âge, et pouvant atteindre le calibre d'un doigt. Ces insectes sont du reste assez rares, et, étant donnée leur manière de vivre, les dommages qu'ils causent aux arbres sont peu importants.

La chenille d'un grand papillon de nuit, le gâte-bois (*Cossus ligniperda*), vit de la même manière pendant trois ans aux dépens de nombreuses espèces parmi lesquelles elle préfère : le peuplier, le saule et l'orme ; elle se développe aussi dans les frênes, les chênes, les fruitiers, les bouleaux et les aunes. Cette espèce s'attaque aux bois de toutes dimensions, aux sujets les plus jeunes, comme aux plus vieux, mais elle est beaucoup plus abondante dans les arbres isolés d'avenues ou de promenades que dans les peuplements forestiers; ses ravages sont du moins peu remarqués dans les forêts.

Il faut encore mentionner certains insectes de l'ordre des hyménoptères, les *sirex,* dont les larves, provenant d'œufs déposés par l'insecte parfait dans les bois résineux gisants, même dans les bois sur pied dépérissants, plus spécialement sur les tronces exploitées en temps de sève, creusent des galeries qui pénètrent jusqu'au cœur du bois. Les pièces attaquées par le sirex sont fort dépréciées. Cette larve continue dans les bois mis en œuvre les ravages commencés en forêt, et il n'est pas rare de voir des insectes parfaits sortir de boiseries mises en place et déjà recouvertes de peintures.

Ce sont les galeries de ces insectes, chenilles ou larves, qui sont connues sous le nom de *trous de vers.*

ARTICLE TROISIÈME

Mise en œuvre des bois viciés[1].

Tous les vices qui se rencontrent dans les bois sur pied, peuvent se rapporter à deux types principaux : la pourriture à ses différents degrés et les solutions de continuité qui déchirent la masse ligneuse suivant les directions les plus diverses : circulaires, rayonnantes ou tangentes.

1° La pourriture a ceci de particulier qu'elle est éminemment contagieuse. La moindre tache de pourriture, quel que soit son degré d'avancement, est un foyer d'infection toujours prêt à continuer son œuvre de destruction dès que les circonstances redeviennent favo-

1. Les conséquences des défauts au point de vue industriel ont été indiquées ci-dessus (art. 1er).

rables au développement des champignons qui la causent; aussi le bois pourri est-il impropre à tous usages et la pièce atteinte doit en être purgée avant son emploi.

Quand il s'agit de faire du sciage, dont le débit met à nu toutes les parties internes de l'arbre, il suffit de rebuter, lors de la mise en œuvre, les échantillons contaminés. Mais il n'en est pas de même pour les pièces employées dans les constructions terrestres ou navales, sous de fortes dimensions en longueur et en équarrissage. Il faut, par un examen attentif, découvrir toutes les traces d'un vice caché qu'elles peuvent contenir.

Si l'on rencontre de l'échauffement ou de la carie intérieure, la bille doit être éboutée jusqu'à ce qu'on trouve le bois sain dans toute son épaisseur. Dès qu'un arbre est tombé, il importe donc de rabattre rez-tronc toutes les branches, bosses ou loupes, et de visiter tous les nœuds, même les plus petits et les moins suspects, avec la tarière ou la gouge, si on veut être parfaitement sûr de la qualité du bois. Si un vice est signalé, on le sonde dans la direction de la branche pour en constater la profondeur, puis on s'assure qu'il n'a pas fait de ravages dans le corps de l'arbre, en entaillant le bois au-dessus et au-dessous du trou de sonde. Si le mal s'étend, il ne reste plus qu'à tronçonner l'arbre à une distance convenable du vice, afin de s'assurer si le cœur lui-même n'est pas attaqué.

Dans la marine, les arbres qui renferment des nœuds ne peuvent être admis en recette qu'après qu'ils ont été sondés et purgés de tout le bois gâté qu'ils pouvaient renfermer.

Si les trous de sonde sont peu considérables, la pièce est admise sans réduction sur l'équarrissage; s'ils sont profonds et de nature à diminuer la solidité de l'ouvrage, elle peut être rebutée, ou réduite dans les dimensions de son équarrissage en proportion de la grandeur des trous de sonde.

Cette nécessité de n'employer que du bois absolument sain amène nécessairement des déchets et des rebuts importants, ce qui augmente considérablement le prix du mètre cube mis en œuvre. D'ailleurs, tous les tronçons rebutés peuvent, dans leurs parties saines, donner soit du sciage, soit du merrain.

2° *Solutions de continuité.* — Si les fentes rayonnantes, résultant d'une gélivure, sont peu prononcées, si elles sont peu nombreuses, le bois en étant d'ailleurs sain et exempt de pourriture, les pièces atteintes n'ont pas perdu beaucoup de leur qualité de résistance et elles peuvent être employées à couvert pour les constructions terrestres. Employées à l'air, on aurait à craindre les conséquences des infiltrations d'eau et la pourriture; la marine elle-même admet les bois gélivés pour certains emplois.

Si les gélivures sont anciennes, fortement accentuées en largeur et en hauteur, la force de résistance des pièces est amoindrie d'une façon notable et les chances de décomposition deviennent plus nombreuses; dans ce cas, on ne doit les employer que dans des constructions peu importantes.

Les pièces gélivées peuvent toujours être utilisées comme bois de travail, soit sous forme de sciage, soit pour la fente. Pour le débit en planches, il suffira de diriger le trait de scie dans le sens de la gélivure; il y a tout au plus à rebuter les deux ou trois planches qui étaient immédiatement en contact avec elle. De même pour la fente, le merrain de ces bois peut être d'excellente qualité, abstraction faite des deux fragments qui ont pour paroi les deux faces de la gélivure.

Il est à remarquer que la sève extravasée autour des crevasses de gélivures donne aux régions qu'elle imprègne une densité notablement supérieure à celle des autres parties de l'arbre. Aussi les marchands de bois de chauffage, qui vendent le bois au poids, recherchent spécialement les tiges ainsi dégradées. Il en est ainsi, du moins, dans la forêt de Fontainebleau où s'alimente le commerce de Paris [1].

La roulure est un des vices les plus fréquents; dans certains cantons, plus de moitié des arbres n'ont que du bois roulé. Elle est d'autant plus à craindre qu'elle se présente toujours dans les plus grosses pièces dont elle dégrade surtout la partie médiane; on ne la rencontre jamais dans l'aubier. Pour les grandes constructions terrestres ou navales, il n'est jamais prudent d'employer des bois rou-

1. Observation due à l'obligeance de M. Croisette-Desnoyers, sous-inspecteur des forêts à Fontainebleau.

lés; car le décollement de deux couches diminue fortement la résistance absolue, et, quand la solution de continuité est complète, la masse ne résiste plus que comme le feraient deux cylindres, dont l'un plein et l'autre creux qui envelopperait le premier. Les billes roulées peuvent être employées soit au sciage, soit à la fente, en donnant dans ces deux débits un déchet plus ou moins considérable, suivant le nombre, la dimension et l'espacement des roulures.

Les pièces atteintes de lunure ou gélure doivent être rebutées pour tous les travaux de quelque importance, parce qu'elles ne présentent aucune garantie de durée. En tout état de chose, lors du débit, elles seront purgées du double aubier.

La trace des blessures se montre toujours suivant une direction tangente à celle des couches. Quand (ce qui est rare) le bois est resté sain sous une blessure recouverte, on peut, sans trop d'inconvénients, employer la pièce comme bois de construction. La solution de continuité et la tache colorée engendrées par la blessure nuisent à la beauté du sciage quand le débit les met à nu, de plus, sur une grande épaisseur, la fibre du tissu de recouvrement est tourmentée et se travaille difficilement; aussi les parties atteintes doivent le plus souvent être rebutées. Les bois qui présentent de telles tares sont absolument impropres à la fente.

Il en est de même de ceux troués par la vermoulure.

CHAPITRE QUATRIÈME

CONSERVATION ET PRÉSERVATION DES BOIS ABATTUS AVANT ET APRÈS LEUR MISE EN ŒUVRE

Connaissant les différentes causes de la dégradation des bois abattus (voir chapitre II, art. 1er), il est facile d'en déduire les précautions à prendre dans l'intérêt de leur bonne *conservation* avant et après leur emploi. Les soins à donner varient suivant qu'il s'agit de bois de feu, de grosses pièces destinées aux constructions terrestres ou navales, ou de bois destinés au travail après avoir subi un premier débit marchand. Si, à la rigueur, des soins purement hygiéniques suffisent pour conserver pendant longtemps les bois employés à l'abri ou dans des milieux sains, ils sont absolument inefficaces lorsqu'il s'agit de bois mis en œuvre dans des conditions mauvaises, c'est-à-dire en plein air, dans le sol ou dans les galeries souterraines. Aussi la cherté relative du bois, les frais qui accompagnent sa mise en œuvre, ont, depuis longtemps, préoccupé les représentants des industries qui font une grande consommation de cette matière, et dans le but d'en prolonger la durée, on a imaginé de lui faire subir certaines préparations plus ou moins coûteuses. C'est ce qu'on entend par procédés de *préservation* des bois.

ARTICLE PREMIER

Conservation du bois.

§ 1er. — Bois de feu

Ces bois doivent être sortis de la forêt avant la fin de l'automne qui suit la saison d'abatage ; ils sont alors suffisamment desséchés. Il faut choisir, sur le parterre des coupes, les emplacements les plus secs pour en faire des lieux de dépôt ou d'empilage. Une bonne précaution est d'empêcher les bois de reposer directement sur le sol humide ; à cet effet, on fait l'empilage sur des pièces, placées en orme de gisants, perpendiculairement à la longueur des bûches.

Cette disposition permet à l'air de circuler librement entre le sol et le bois.

Le bois de quartier fermente moins vite que le bois de rondin sous écorce, chez lequel l'évaporation ne se fait que par les extrémités ; les bois blancs fermentent aussi plus rapidement que les bois durs, l'aubier plus que le bois parfait. Dès que le bois commence à fermenter, il se couvre de moisissures ; on dit alors qu'il est *passé;* dans cet état, il brûle avec peu de flamme et donne moins de chaleur.

Sorti de la forêt, le bois de feu doit être conservé sous des hangars bien aérés et à l'abri des influences atmosphériques ; le sol de ces lieux de dépôt devra être sec et bien drainé.

Une année après la coupe, le bois renferme encore 12 à 15 p. 100 d'eau ; c'est seulement alors qu'il est considéré comme pratiquement *sec* et peut être employé. Deux années sont parfois nécessaires pour dessécher suffisamment certains bois durs, notamment le charme provenant de forêts humides. Passé ce délai, le bois de feu ne peut plus que perdre de ses qualités.

§ 2. — Bois d'œuvre

1° *Bois destinés aux constructions terrestres.* — Les grosses pièces, lorsqu'on les conserve entières et à l'état brut, sont exposées à la pourriture, aux crevasses et la vermoulure. A cause de leurs fortes dimensions, elles ne se dessèchent que lentement et ne sont susceptibles d'être employées avec avantage que 3 ou 4 ans après la coupe.

Il y a lieu de veiller à ce que le desséchement ne se fasse ni trop lentement ni trop vite ; trop lentement, la pourriture a lieu ; trop vite, il se produit des fentes ou des gerçures qui nuisent à la solidité des travaux et à la régularité du débit. C'est pourquoi, dans les climats humides, on cherche à hâter la dessiccation ; on la retarde, au contraire, dans les climats chauds et secs. Les moyens à employer sur le parterre des coupes sont : dans le premier cas, d'écorcer les arbres, pour augmenter la surface d'évaporation ; dans le second, non seulement il convient de ne pas écorcer, mais il est bon d'abriter les tiges contre les ardeurs du soleil à l'aide de branchages, et de disposer des copeaux, des déchets ou des pièces de rebut contre les sections.

Si, malgré ces précautions, l'évaporation est assez rapide pour amener des gerçures, on a recours, peu de temps après l'abatage, à l'emploi de crampons en fer, recourbés en S, et quelque peu tranchants sur l'une de leurs faces. Ces crampons sont enfoncés à coup de maillet en mettant l'S à cheval sur la fente ; on en place autant qu'il y a de crevasses sur la section à protéger.

On peut aussi recouvrir les surfaces de section au moyen d'un enduit de chaux ou de plâtre qui arrête l'évaporation. Les menuisiers et les tourneurs collent simplement une feuille de papier aux deux extrémités des petites billes qu'ils veulent conserver intactes.

Les soins convenables seront continués dans les chantiers d'approvisionnement où les bois sont tout d'abord transportés. Ces chantiers seront des hangars couverts, bien aérés, dont le sol, incliné vers l'extérieur, sera pavé ou bitumé. On prendra soin, en empilant même les plus gros bois, de séparer les assises et de diminuer les surfaces de contact au moyen de cales qui créent des vides à travers lesquels l'air peut circuler.

2° *Bois de marine.* — Ces précautions suffisent, en général, dans les chantiers du commerce où les arbres attendent rarement plus d'une année avant de recevoir une première façon.

Dans les chantiers de la marine, où l'on concentre des approvisionnements considérables pour 10, 15, 20 ans et plus, les bois sont conservés, tantôt à l'air, tantôt enfouis dans le sol. Actuellement, tous les bois résineux sont emmagasinés dans de vastes hangars, dont les faces latérales sont à parois mobiles. Les pièces, poutres ou poutrelles simplement équarries, sont disposées une à une, en évitant soigneusement tous les contacts, sur des cadres de solivages superposés. Les faces de chaque pièce sont ainsi toujours visibles et, par une surveillance constante, on arrête, en temps utile, les accidents de pourriture ou les dégâts d'insectes qui pourraient se présenter. D'ailleurs, suivant les saisons et la température, on établit des courants d'air convenables en ouvrant ou en fermant les cloisons mobiles.

Les bois feuillus, spécialement le chêne et l'orme, sont conservés sous terre de la manière suivante :

On choisit sur la plage, dans les environs des ports, un emplacement d'une étendue de 30 à 50 hectares et assez bas pour être rendu submersible par l'eau de mer au moyen d'écluses. Le sol de cet emplacement qui porte le nom de *mare,* doit être maintenu dans un état d'humidité constante. On obtient ce résultat en ouvrant les écluses plus ou moins souvent, suivant les saisons (en été, généralement, une fois par semaine). Pour éviter les dégâts du taret naval, on diminue le degré de salure en faisant arriver dans la mare un mince filet d'eau douce. Le plus souvent, sur les ports de l'Atlantique, la chute régulière des pluies suffit pour rendre les eaux simplement saumâtres, ou, tout au moins, assez dessalées pour que le taret ne puisse y vivre.

Ces dispositions prises, les pièces sont enfouies une à une dans des fosses séparées et assez profondes pour que chaque bille puisse être recouverte de $0^m,25$ du sable vaseux qui constitue le sol. La mare est partagée en un grand nombre de compartiments séparés entre eux par des fossés d'écoulement ; ces compartiments s'appellent des *dromes*. Chacune de ces dromes renferme des tronces numérotées, de dimensions connues, d'une même essence et enfouies à la même époque. Des poteaux indicateurs facilitent les recherches et portent des signes particuliers correspondant à ceux du registre des entrées et des sorties.

Le bois de chêne n'est jamais employé sans être resté au moins quatre ans à la mare. Du reste, il ne manque pas d'exemple de pièces retirées parfaitement saines et intactes après plus de 50 ans d'enfouissement. Il ne faudrait pas toutefois exagérer cette durée ; car, à la longue, il se produira certainement des modifications chimiques qui réduiront la résistance et surtout l'élasticité du bois.

§ 3. — Bois façonnés pour le travail

Tous les gros bois destinés au travail subissent, avant leur complète dessiccation, une première préparation, et c'est sous forme de madriers, de planches ou de merrains, qu'ils sont empilés dans les chantiers en attendant la livraison.

Les planches fraîchement débitées, lorsqu'elles sont superposées à plat, s'échauffent tout d'abord vers les surfaces en contact, puis le bois se tache et perd son aspect sain ; si ces conditions mauvaises se prolongent, les champignons apparaissent, se propagent entre les planches et déterminent la pourriture. Aussi, pour empêcher la fermentation et le voilement, les planches et les merrains sont disposés en piles triangulaires ou quadrangulaires, dans des conditions telles, que les pièces ne soient jamais en contact que par leurs extrémités. Souvent même, on sépare chaque lit par de petits tasseaux offrant moins de surface que la largeur de la planche. Quel que soit, du reste, le procédé employé, si chaque pile est recouverte d'une assise faite en planches de rebut et inclinée en forme de toit, le bois se dessèche rapidement et peut se conserver longtemps. De la sorte on évite les taches brunes qui se produisent sur le chêne chaque fois que l'eau, s'infiltrant entre deux larges surfaces superposées, séjourne longtemps en contact avec le bois ; de plus, le poids des parties supérieures empêche les pièces inférieures de se voiler et, pour que la pile entière jouisse du même avantage, il suffit de la charger avec de grosses pierres.

On remarque que les bois séchés à l'étuve perdent une partie de leur qualité au point de vue de la résistance à la flexion. Cet inconvénient est d'autant plus grave pour les pièces de charpente, que le bois trop sec casse net, sans commencer par se plier, de sorte qu'on n'est pas averti du moment où la charge approche de son maximum. Il n'y a pas le même danger pour les bois de menuiserie qui, utilisés pour l'aménagement intérieur des habitations, n'ont, en général, aucun poids à supporter ; mais même pour ceux-ci, faute d'expériences bien faites, la question ne peut être tranchée et beaucoup de praticiens sont encore d'avis que le dessèchement par les voies naturelles est préférable à celui obtenu dans les étuves. Quoi qu'il en soit, les bois que l'on a fait macérer pendant un certain temps dans l'eau bouillante, se dessèchent plus complètement que ceux qui n'ont pas subi cette préparation ; ils deviennent aussi moins hygrométriques, et, employés à des ouvrages de menuiserie, ils sont beaucoup moins exposés à se tourmenter et à être attaqués par les insectes.

Le transport des bois de travail, et notamment celui des bois de chêne, doit se faire par wagons et par bateaux, plutôt que par le flottage. La dessiccation extrême qui suit une longue immersion est un premier inconvénient et, de plus, les pièces de chêne maintenues longtemps en contact avec l'eau se tachent d'abord de veines brunes qui les déprécient, et finissent par prendre la teinte uniforme dite du *vieux chêne*. Les maillures y perdent aussi de leur éclat.

On ne connaît aucun moyen pratique de prévenir la vermoulure dans les bois mis en œuvre ; s'il s'agit de petits échantillons, comme ceux d'une collection, on peut employer des substances vénéneuses[1], mais cela est toujours dangereux. Le mieux est d'avoir recours à des fumigations d'acide sulfureux, en plaçant les objets atteints dans des boîtes métalliques dans lesquelles on aura allumé du soufre avant de les fermer hermétiquement.

ARTICLE DEUXIÈME

Procédés de préservation des bois.

Pour augmenter la durée du bois, on a recours à l'une des trois méthodes suivantes : *carbonisation superficielle, — emploi d'enduits extérieurs, — pénétration de liquides antiseptiques.*

§ 1er. — Carbonisation superficielle.

Partant de ce fait d'observation que le charbon est incorruptible et se conserve indéfiniment dans les conditions les plus défavorables, on a eu l'idée de carboniser, en les exposant directement à l'action de la flamme, la surface des pieux ou piquets dans celles de leurs parties destinées à être fixées en terre. Cette pratique a été appliquée de toute antiquité.

Il n'est pas nécessaire que la carbonisation soit poussée bien loin et dépasse la couche superficielle, car l'action préservatrice du feu est due, non seulement à la pellicule carbonisée qui recouvre le bois, mais encore à la présence des produits de la distillation par-

1. Le plus généralement on se sert de protochlorure de mercure (sublimé corrosif).

tielle qui s'opère à la surface; ces produits, tels que la benzine, le goudron et la créosote, sont des antiseptiques très efficaces. Formés à l'état gazeux, ils se liquéfient en pénétrant dans les couches intérieures restées froides et imprègnent le bois à une profondeur plus ou moins grande. De plus, la carbonisation superficielle a pour avantage de détruire les spores des champignons et, d'une façon générale, les germes des parasites, végétaux ou animaux.

Aujourd'hui encore, ce procédé de carbonisation est employé en grand dans l'industrie ; c'est ainsi que la plupart des pièces de raclerie fabriquées en bois de hêtre, telles que : pelles, attelles, bois d'arcole, etc., sont durcies à la flamme avant d'être livrées au commerce ; de même, on a imaginé plusieurs appareils pour faciliter la carbonisation des traverses de chemins de fer, des poteaux télégraphiques et des perches à houblon. Un des plus employés se compose d'un cylindre creux, dans lequel on fait arriver, au moyen d'une soufflerie, un jet enflammé de gaz d'éclairage. On engage la pièce dans l'intérieur du cylindre et, en la tournant lentement, la flamme vient lécher successivement toutes les surfaces à carboniser.

M. de Lapparent, directeur des constructions navales, a introduit une ingénieuse application de ce procédé dans son service. Au moyen des appareils qu'il a perfectionnés, on peut carboniser en grand toute la surface des couples et des bordages qui entrent dans la construction d'un vaisseau. L'opération se fait au moyen du gaz d'éclairage qu'on allume au bout d'un tuyau conducteur, traversé lui-même par un second tuyau communiquant avec une soufflerie. Cette disposition permet de promener la flamme sur toutes les surfaces. Au besoin on obtient le même résultat à l'aide d'une lampe d'émailleur portative, alimentée par des huiles minérales.

On a calculé que la carbonisation de la frégate cuirassée *la Flandre* a consommé 5,000 mètres cubes de gaz, et que la dépense par mètre carré n'a pas dépassé 0 fr. 28. Le mètre cube de gaz figure dans cette évaluation au prix de 0 fr. 25, l'heure de travail à 0 fr. 25 ; un ouvrier carbonise 3 mètres carrés par heure. Avec la lampe d'émailleur, la carbonisation du mètre carré reviendrait à 0 fr. 116[1].

1. Extrait d'une brochure publiée par M. Lapparent. Paris, Arthur Bertrand.

§ 2. — Enduits extérieurs

L'efficacité de la carbonisation superficielle a conduit tout naturellement à l'emploi des enduits préservateurs. Aussi, depuis les époques les plus reculées de la civilisation, on a eu recours, pour préserver le bois, à différentes substances insolubles et imputrescibles, comme les huiles, les goudrons, les vernis et les laques. Ces enduits remplissent parfaitement leur rôle quand ils sont appliqués sur des bois convenablement desséchés, que ceux-ci soient employés à l'intérieur ou à l'extérieur des bâtiments; il faut seulement avoir le plus grand soin, pour ces derniers surtout, de remplacer par de nouvelles couches celles détruites par le temps, et de boucher les crevasses qui ne manquent jamais de se produire sur les surfaces directement exposées aux influences de l'air. Mais, autant ces enduits sont utiles quand les bois sont convenablement desséchés, autant ils deviennent nuisibles s'ils sont appliqués sur des pièces encore humides; car alors, en s'opposant à l'évaporation, ils ne font qu'augmenter les chances de décomposition.

§ 3. — Pénétration de liquides antiseptiques

Des deux moyens de préservation qui viennent d'être étudiés, le premier n'est pas applicable dans toutes les circonstances, le second, l'emploi des enduits, revient souvent beaucoup trop cher. D'ailleurs tous deux n'agissent que sur les surfaces, ou tout au moins sur une très faible épaisseur relativement à la masse totale du bois mis en œuvre; de plus, ils n'empêchent pas la formation des crevasses sous l'influence desquelles l'eau peut pénétrer dans l'intérieur bien au delà des couches garanties. On a donc cherché à étendre l'action préservatrice à toute la masse et on a été amené à injecter des matières antiseptiques dans les tissus.

Le problème à résoudre se présentait sous cette double forme : 1° trouver une substance énergique et assez bon marché pour être utilisée dans tous les cas sans occasionner une dépense exagérée; 2° inventer un procédé pratique pour la faire pénétrer régulièrement dans les régions les plus internes du bois. On arrive à ces résultats au moyen des appareils imaginés, l'un par le docteur Boucherie, de Bordeaux, et l'autre par MM. Légé et Fleury-Pironnet.

Quelquefois aussi on peut se contenter d'une simple immersion.

1° *Appareil du docteur Boucherie.* — L'invention du docteur Boucherie a été le point de départ de tous les procédés de péné-

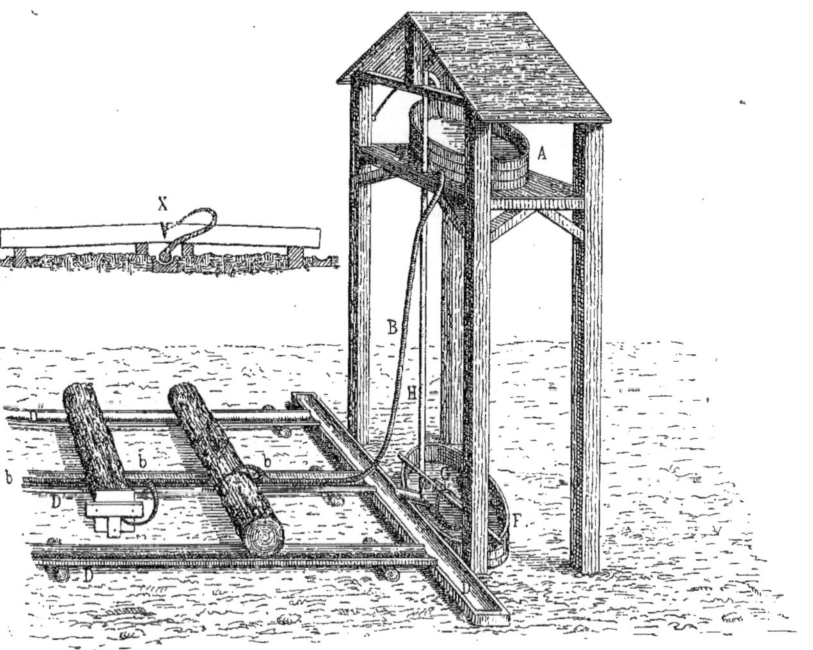

Fig. 25. — Disposition de l'appareil du Dr Boucherie.

tration ; elle repose sur ce principe, que le liquide destiné à donner au bois les propriétés cherchées doit remplacer la sève en pénétrant dans tous les espaces dont elle aura été complètement expulsée.

M. Boucherie s'était d'abord servi de la force ascensionnelle due à la transpiration des feuilles pour injecter une tige dont la section était plongée dans le bain préservateur immédiatement après la coupe. Bientôt il vit qu'une faible pression de 3 ou 4 mètres d'eau pouvait remplacer l'appel des feuilles et qu'il suffisait d'agir sur du bois de fraîche coupe pour que le liquide pût pénétrer dans son tissu, faire couler la sève, en occuper la place et y déposer les matières antiseptiques. En opérant sur des bois abattus depuis deux ou trois mois au plus, sous cette faible pression, la pénétration se faisait dans un temps variant entre quelques heures et deux jours.

Après avoir essayé un grand nombre de substances, l'inventeur s'est arrêté au sulfate de cuivre (le vitriol bleu de commerce), comme étant celle qui avait le plus d'action dans les limites du prix où on devait se renfermer. L'appareil employé présente les dispositions suivantes. (*Fig.* 25) :

Au milieu d'un chantier assez spacieux, s'élève à environ 10 mètres au-dessus du sol, une plate-forme destinée à supporter une cuve A d'une capacité de plusieurs hectolitres et renfermant une dissolution saturée de sulfate de cuivre. Un tube descendant B ramène le liquide au niveau du sol et permet, au moyen de rallonges et d'embranchements *b*, *b*, *b*, de le distribuer dans toutes les directions.

Dans le chantier on a placé des gouttières D, D', D'' disposées parallèlement entre elles et espacées d'une distance égale à la longueur des billes à injecter; on donne à ces gouttières une légère pente vers la plate-forme. Elles sont destinées à ramener dans une cuve F, placée dans le sol au-dessous de la première, les liquides qui s'écoulent du bois après l'avoir traversé. Une corbeille G, toujours remplie de cristaux, baigne dans cette cuve et permet à la liqueur affaiblie de se saturer de nouveau; enfin une pompe foulante H met les deux cuves en communication et aide à remplir celle du haut.

Les tronces à injecter sont amenées sur le chantier munies de leur écorce, de façon à empêcher la déperdition du liquide pendant son passage à travers le bois. Chacune est ensuite mise au chantier perpendiculairement à la direction des gouttières, ses deux extrémités étant placées exactement au-dessus de celles-ci. Ces précautions prises, pour procéder à l'injection, on scie la pièce en son milieu dans presque toute son épaisseur, en ne laissant à sa partie inférieure que 4 à 6 centimètres de bois intact pour réunir les deux tronçons; on la soulève ensuite avec des cales et, sur le pourtour de la fente ainsi ouverte, on fixe une corde lâchement tordue, puis on enlève les cales. Par son poids, la tronce se rabaisse et les deux surfaces de la section, s'appuyant fortement sur la corde, ferment complètement l'ouverture en laissant entre elles un vide complètement étanche. Avec une tarière on perce un trou oblique près de la section jusqu'à la rencontre du vide intérieur et il suffit d'engager dans ce trou, en l'y fixant avec une pression convenable, l'anche qui termine un des tuyaux d'amenée pour mettre les deux surfaces de la section médiane en communication avec la cuve supérieure (*x*, *Fig.* 25). Un simple jeu de robinet amène le liquide qui, poussé par une pression égale à une atmosphère, pénètre rapidement dans les tissus en chassant devant lui la sève qu'ils renferment. Quand l'opération est terminée, ce dont on juge à la coloration spéciale que prennent les sections libres, on arrête l'écoulement; on achève de scier la bille et on la remplace par une autre qui sera traitée de la même façon.

Quand les morceaux sont trop courts pour être sciés dans leur milieu, on opère d'une manière analogue en comprimant fortement, au moyen de crampons, un solide plateau de bois sur l'une des extrémités, dont le pourtour aura été préalablement garnie d'une corde.

Ce procédé n'est applicable qu'aux tiges brutes et munies de leur écorce; les déchets qui doivent tomber dans le débit sont eux-mêmes injectés, ce qui constitue une perte de 20 à 30 p. 100 sur le sulfate réellement utilisé. C'est pour éviter ces inconvénients qu'on a été amené à ne préparer les bois qu'après leur débit, en opérant en vase clos au moyen de fortes pressions.

2° *Procédé de MM. Légé et Fleury-Pironnet.* — Les conditions économiques cherchées ont été réalisées par MM. Légé et Fleury-Pironnet. Leur appareil se compose d'un cylindre en forte tôle, terminé à une de ses extrémités par une calotte hémisphérique, à l'autre, par un obturateur mobile. Ce cylindre est en communication, d'une part, avec une cuve renfermant le liquide préservateur, d'autre part, avec un générateur à vapeur, et en troisième lieu, avec une pompe foulante; enfin, à sa partie inférieure se trouve un robinet purgeur. Les bois à injecter sont disposés sur de petits wagonnets et introduits dans une étuve chauffée à 60° ou 70° et dans laquelle ils séjournent pendant deux jours, temps nécessaire pour amener une dessiccation complète[1]. De l'étuve ils passent directement dans le

1. Actuellement, dans de nombreux chantiers, on se dispense de cette première opération.

cylindre à injection. Ce récipient étant hermétiquement fermé, on y fait le vide avec des pompes à air. On établit alors la communication avec le liquide à injecter; celui-ci, poussé par la pression atmosphérique, se précipite dans le cylindre. On achève de remplir au moyen de la pompe et on continue la pression jusqu'à ce que le manomètre marque 5 ou 6 atmosphères. Au bout d'un temps plus ou moins long (10 à 25 minutes), l'opération est terminée; il ne reste plus qu'à vider le cylindre par le purgeur et à sortir le wagonnet.

L'appareil d'injection en vase clos, en restreignant la dépense de liquide à la quantité strictement nécessaire pour pénétrer le bois réellement utilisé, a permis d'employer des antiseptiques d'un prix plus élevé que celui du sulfate de suivre. D'ailleurs on n'avait pas tardé à s'apercevoir que ce dernier ne rendait pas tous les services qu'on en attendait tout d'abord. En effet, ce sel ne se combine pas avec le bois, il ne fait que se déposer sous forme de cristaux, de telle sorte que si les parties injectées sont exposées à l'action de l'eau, le sulfate est dissous et le bois revient à son état primitif.

Le sulfate de cuivre n'est plus guère employé que pour les bois mis en œuvre à l'intérieur du bâtiment ou dans les caves; cependant on s'en sert encore pour la préservation des poteaux télégraphiques et des traverses en pin. Les principaux antiseptiques substitués au sulfate de cuivre sont : le chlorure de zinc et certaines substances extraites des goudrons de houille, comme la créosote et le coaltar. Ces dernières se combinent avec le bois et ne sont plus entraînées par l'eau; aussi, malgré le prix élevé de la créosote (45 à 50 fr. les 100 kilogr.), certaines compagnies lui donnent la préférence pour la préparation des traverses [2]. Il faut toutefois faire remarquer que la créosote étant très inflammable, l'usage des bois qui en sont imprégnés augmente les dangers d'incendie.

Il y a quelques années, M. Hatzfeld, ingénieur civil, propriétaire d'une importante scierie mécanique à Nancy, a imaginé d'employer le tannate de peroxyde de fer; mais, comme cette matière est extrêmement dure et insoluble, il fallait avoir recours à un moyen dé-

---

2. Le bois de chêne ne contenant que peu d'aubier, absorbe 5 kilogr. de créosote par traverse, celui de hêtre en retient 2 ou 3 fois plus.

tourné pour l'injecter dans le bois. Sachant que le tannate de protoxyde est soluble, mais que, très avide d'oxygène, il se transforme rapidement, à l'air, en tannate de peroxyde, il suffira d'injecter le bois, en vase clos, au moyen d'une dissolution de tannate de protoxyde pour que la couche superficielle, lorsqu'elle sera exposée à l'air, soit immédiatement pénétrée de tannate de peroxyde.

L'inventeur se sert de l'appareil Légé et Fleury. Après avoir tout disposé comme cela vient d'être dit, il a recours à une double opération. Il imprègne le bois d'une première dissolution d'acide tannique (extrait de châtaignier du commerce) ; puis il vide l'appareil et recommence dans la même forme une injection de protoxyde de fer (on emploie à cet effet le pyrolignite qui joint à l'avantage d'être peu coûteux celui de ne pas attaquer la fibre du bois). La réaction chimique s'opère dans l'intérieur du bois où il se produit du tannate de protoxyde qui, dès l'ouverture de l'appareil, subit la transformation désirée.

Cette méthode semble devoir donner d'excellents résultats. On l'expérimente dans les chantiers du génie militaire, dans ceux des chemins de fer, et certaines compagnies houillères commencent à se servir d'étançons ainsi préparés.

Depuis quelques années on a proposé, comme antiseptique, l'emploi d'un grand nombre d'autres substances. Le temps seul et l'usage pourront décider de leur efficacité.

3° *Pénétration par simple immersion.* — Une quantité considérable de bois est employée sous forme d'étais de mines pour soutenir les galeries souterraines ; rien qu'en France, on en consomme annuellement plus de 800,000 stères. Ces bois sont placés dans les conditions les plus fâcheuses et il est extrêmement rare qu'une pièce choisie, même parmi celles des essences les plus résistantes, ne soit pas mise hors de service après 4 ou 5 ans

Pour augmenter la durée de ces bois sans altérer leur force de résistance, on ne pouvait évidemment songer aux procédés d'injection ci-dessus décrits, ni aux autres méthodes analogues. Leur application à des fragments si nombreux et de dimensions relativement si faibles, exigerait des installations trop considérables, trop compliquées : bref, infiniment trop onéreuses.

Étant donné qu'on utilise pour cet usage des essences de qualité inférieure et d'un prix généralement peu élevé, on ne pouvait avoir recours qu'à des préparations simples comme, par exemple, l'immersion à froid ou à chaud dans un liquide antiseptique.

Les substances expérimentées peuvent être classées dans l'ordre suivant, d'après leur effet sur la durée des bois employés dans les galeries :

1° Chlorure de zinc ;
2° Sulfate de cuivre ;
3° Créosote du commerce ;
4° Sulfate de fer ;
5° Goudron chauffé à 140°.

Les trois premières de ces substances ont l'inconvénient d'être chères et surtout vénéneuses à un très haut degré ; aussi y a-t-on renoncé pour employer le sulfate de fer et le goudron qui, au risque de moindres dangers ou inconvénients, produisent de bons résultats.

On a également expérimenté la durée nécessaire de l'immersion.

On a constaté qu'un séjour trop prolongé du bois en contact avec les liquides antiseptiques, tout en le préservant mieux, le rend plus fragile et plus cassant ; aussi, se trouvant dans l'impossibilité de réunir à la fois au plus haut degré, toutes les conditions suffisantes, on se borne à ne donner à l'opération qu'une durée de 24 heures, temps jugé le plus convenable pour obtenir une pénétration efficace sans trop amoindrir les qualités mécaniques demandées aux étais.

La liqueur la plus généralement adoptée est une solution de sulfate de fer dosée à raison de 150 grammes par litre d'eau[1].

On se sert de procédés analogues, pour injecter de matières colorantes certains bois employés dans les ouvrages d'ébénisterie et de marqueterie, lorsqu'on veut simuler, à bas prix, des espèces exotiques. Mais, quel que soit le procédé employé, quel que soit le but poursuivi, il faut être bien convaincu de ce fait, que le liquide

1. Thelu, *Notice sur les étais de mines en France*. Paris, Imprimerie nationale, 1878.

injecté pénètre seulement les tissus parcourus par la sève. Ainsi, chez les arbres dont l'aubier et le bois parfait forment deux zones bien distinctes, comme : le chêne, le mélèze, les pins, etc., l'*aubier seul peut être injecté*. Au contraire, les bois dans lesquels la différence entre l'aubier et le bois parfait n'est pas sensible, comme : le charme, le hêtre, le sapin, l'épicéa, etc., sont pénétrés dans toute leur épaisseur.

Néanmoins, on observe que, parmi ceux-ci, toutes les parties ne sont pas également imprégnées, et c'est là, peut-être, une des causes qui influent sur le plus ou moins d'efficacité des procédés d'injection.

II. — LES PRODUITS ACCESSOIRES

On confond généralement, sous le nom de *produits accessoires*, certaines substances que l'on tire des arbres dans la forêt même, et dont la valeur industrielle acquiert parfois une importance suffisante pour engager à modifier, en vue de leur plus grande production, le traitement des essences qui les fournissent.

Les *écorces* et les *résines* sont les seuls produits accessoires exploités en France.

CHAPITRE PREMIER

LES ÉCORCES

Avec diverses écorces on fabrique principalement : du *tan*, du *liège* et de la *matière textile*.

ARTICLE PREMIER

Les écorces à tan.

§ 1er. — Généralités

En France[1], les quatre espèces de chêne : rouvre, pédonculé, tauzin et yeuse sont les seules essences feuillues[2] qui fournissent des écorces à tan.

Parmi les résineux, on n'utilise que l'écorce de l'épicéa et celle du pin d'Alep.

1. En Algérie, on extrait une grande quantité de matières tannantes des couches libériennes du chêne-liège ; cette exploitation est regrettable, car, partout où elle est pratiquée, elle supprime la production du liège qui est beaucoup plus lucrative que celle du tan.

2. En Russie, les cuirs sont tannés avec des écorces de saules (*S. caprea* ou *fragilis*) et de sumac ; pour leur donner l'odeur qui les caractérise, on les prépare ensuite avec une huile essentielle extraite de l'écorce de bouleau. L'écorce d'aune fait prendre aux cuirs une couleur brune assez recherchée ; elle n'est pas employée en dehors de l'Europe septentrionale.

En ce qui concerne spécialement les chênes, deux procédés sont actuellement en présence pour opérer la levée des écorces à tan, ce sont :

1° L'écorçage en temps de sève des bois sur pied ou fraîchement abattus ;

2° L'écorçage à la vapeur des bois de coupe déjà ancienne.

Les écorces des bois résineux sont toujours détachées en forêt lors de l'exploitation des arbres.

§ 2. — Écorçage du chêne en temps de sève

Peuplements à écorcer. — Les couches vivantes de l'écorce sont les seules qui renferment du tanin en assez grande abondance pour être utilement exploitées. Dès que l'épiderme nacré qui recouvre les couches subéreuses des jeunes chênes commence à se fendiller, l'eau des pluies, pénétrant dans les crevasses, vient dissoudre le tanin qu'elle rencontre et l'entraîne dans son écoulement; le rhytidome qui constitue la vieille écorce morte ne renferme, pour ainsi dire, plus de tanin. C'est donc sur les arbres jeunes, et autant que possible munis de leur épiderme intact, qu'il faut récolter les écorces à tan ; par conséquent, les peuplements à écorcer doivent être traités en taillis simple à courtes révolutions.

Saison favorable à la levée. — La saison favorable pour la levée des écorces est variable suivant les régions et, dans une même région, suivant que l'année est plus ou moins précoce; elle doit coïncider avec l'ouverture des bourgeons à feuille, alors que les cellules du liber, gonflées de sève, se déchirent facilement et se détachent sans effort des couches ligneuses sous-jacentes.

Cette saison dure de trois à quatre semaines au plus, et encore cette courte durée n'est-elle pas exempte de contretemps; car le froid arrête le mouvement de la végétation et souvent, sous l'influence d'un abaissement subit de la température, la sève qui *marchait* bien la veille, ne *va* plus le lendemain.

La levée des écorces sur pied est donc une opération assez délicate, qui demande beaucoup de soin et de surveillance ; elle nécessite un personnel nombreux, de façon à enlever rapidement la besogne quand le temps est propice. Il faut également considérer que, le tanin étant très soluble dans l'eau, il est prudent de ne pas opérer par la pluie. Toutes ces circonstances réduisent fortement les 25 ou 28 jours en dehors desquels on ne peut rigoureusement plus écorcer.

Quant à l'influence défavorable, attribuée par les croyances populaires à la présence d'un troupeau de moutons dans les environs des chantiers d'écorçage, il ne lui faut accorder aucune importance. On peut dire seulement que le piétinement des moutons rend le sol moins perméable à l'eau et que la circulation de la sève dans les arbres est toujours moins active quand la terre est tassée que quand elle ne l'est pas.

Manière de procéder à l'écorçage. — Autrefois, on se contentait de faire au pied de la tige, et au niveau du sol, une incision annulaire assez profonde pour pénétrer jusqu'au bois, puis, avec la pointe d'une serpe bien tranchante, on pratiquait une coupure longitudinale perpendiculaire à la première. Au point de rencontre de ces deux lignes, on soulevait l'écorce avec le dos de l'outil et on la détachait sur une largeur suffisante pour pouvoir la saisir avec les deux mains. En tirant à soi, on arrachait, de bas en haut, des lanières de longueur et de largeur irrégulières. Ce procédé primitif, qui donnait des échantillons de toutes les formes, difficiles à lier en faisceaux et à dessécher convenablement, est à peu près abandonné.

Fig. 26. — Perches de taillis préparées pour l'écorçage sur pied.

Aujourd'hui, dans presque toutes les régions, pour donner aux feuillets d'écorce une longueur uniforme, on répète sur le fût, à une hauteur convenable[1], une incision annulaire semblable à celle primitivement ouverte au niveau du sol. (*Fig.* 26.)

---

1. Le plus souvent de $1^m,14$ à $1^m,17$, correspondant à 3 pieds et demi.

On trace ensuite la coupure longitudinale entre ces deux traits, et, avec le manche de l'instrument, on soulève l'écorce en la décollant sur toute la périphérie, de manière à l'enlever d'un seul morceau. L'écorce ainsi détachée se replie sur elle-même dans le sens de sa largeur et c'est sous cette forme dite *en canon,* qu'on la transporte sous les abris où elle sera desséchée.

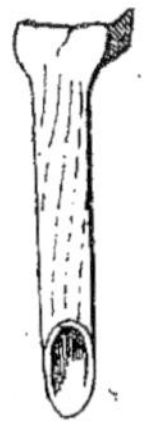

Fig. 27.

L'outil dont on se sert dans la région des Ardennes est un tibia d'âne ou de cheval dans la tête duquel on a fixé une lame d'acier bien tranchante ; l'autre extrémité est amincie en forme de spatule. (*Fig.* 27.)

La première levée ainsi faite jusqu'à hauteur d'homme, on abat la tige et on continue à l'écorcer de la même façon quand elle est à terre. Il faut poursuivre l'opération dès que les bois sont abattus, sous peine, faute de sève, de ne plus pouvoir les écorcer quelques heures plus tard. Au contraire, on peut, si cela est nécessaire, laisser sur pied pendant 2 ou 3 jours encore les perches dont on aurait détaché un premier *canon;* car la sève qui circule dans l'aubier suffit pour entretenir les parties non écorcées dans un état de fraîcheur convenable.

Il faut reconnaître que l'écorçage sur pied est toujours dangereux en ce qu'il permet à des ouvriers négligents de ne pas pratiquer d'incision au niveau du sol. Alors on risque, en arrachant l'écorce en dessous du collet de la racine, de rendre impossible la production des rejets. Après chaque exploitation de ce genre, on trouve un certain nombre de souches ainsi dégradées ; aussi, il est toujours préférable, dans l'intérêt de la bonne conservation des taillis, d'écorcer les perches sur toute leur longueur après les avoir abattues.

Soins à donner à l'écorce. — Pour dessécher les écorces, on dispose les canons par couches peu épaisses contre des supports élevés de 1 mètre environ au-dessus du sol, en donnant à chaque canon une inclinaison suffisante pour faciliter l'écoulement de l'eau et, en ayant soin que la partie interne soit toujours maintenue à l'abri de la pluie. Après trois ou quatre jours d'exposition à l'air, par un beau temps, elles sont assez sèches pour être liées *en bottes,* opération qui se fait après avoir raclé leur partie externe, de façon à enlever les mousses et les lichens qui peuvent y adhérer.

Lors du transport des écorces hors de la forêt, il faut avoir soin de les couvrir avec des bâches ou de la paille, si le temps est à la pluie. On les emmagasine dans des hangars bien aérés jusqu'au moment de les conduire au moulin, où elles seront réduites en une poudre grossière, qui n'est autre chose que le *tan* employé au *tannage* des peaux.

Influence de l'écorcement sur la régénération des taillis. — Quand on se borne à écorcer les bois abattus, il ne semble pas que la pratique de l'écorçage en temps de sève, qui a toujours pour conséquence de retarder de quelques semaines l'exploitation des taillis, exerce une influence bien fâcheuse sur le nombre et la vigueur des rejets.

Les observations faites par M. Bouvart[1], celles poursuivies à la station d'expériences de l'École forestière, ne laissent aucun doute à cet égard ; aussi, on peut admettre que, dans les régions septentrionales de la France, l'exploitation en temps de sève ne tue pas plus de souches que n'en font périr les gelées d'hiver dans les taillis recepés en automne.

Toutefois, la circulation continuelle des ouvriers employés au façonnage, au séchage et à l'enlèvement des écorces occasionne une fatigue considérable au jeune recru naissant, dans le moment où il serait nécessaire de laisser le parterre des coupes dans le repos le plus absolu. C'est là le véritable et peut-être le seul inconvénient de l'écorçage en temps de sève ; c'est aussi de ce côté que devront être apportées les restrictions les plus sévères de manière à diminuer autant que possible la durée du séjour des ouvriers en forêt, en se maintenant cependant dans les limites compatibles avec la bonne exécution du travail.

§ 3. — Écorçage du chêne a la vapeur

Les procédés d'écorçage à la vapeur, qui permettent l'extraction des écorces en toute saison, sur des bois de vieille coupe, rentrent

1. *De l'Écorçage du chêne* (*Revue des Eaux et Forêts,* t. V, 1866).

plutôt dans le cadre des exploitations industrielles que dans celui des exploitations forestières. Ils constituent néanmoins, au point de vue cultural, un véritable progrès et les propriétaires de *haies* à écorces ne peuvent qu'en désirer la généralisation.

En 1864, M. Maitre, maître de forge à Châtillon (Côte-d'Or), frappé des inconvénients que présente l'écorçage en temps de sève, a imaginé de couper et de façonner en hiver les bois destinés à être écorcés. Ceux-ci, transportés à l'usine, sont conservés sous écorce jusqu'au moment où le ralentissement des travaux de la campagne rend les ouvriers disponibles. Alors les rondins bruts sont exposés dans des caisses fermées à l'action d'un courant de vapeur d'eau bouillante. Après 40 minutes d'immersion, l'écorce se détache facilement du bois et, ainsi préparée, elle présente, selon lui, au point de vue de la teneur en tanin, les mêmes qualités que les écorces levées en temps de sève par les anciens procédés.

Six ans plus tard, vers 1871, M. de Nomaison, ingénieur civil, a modifié l'appareil Maître en le rendant plus léger, facilement transportable en forêt et en remplaçant la vapeur humide par un courant de vapeur sèche obtenu dans un cylindre surchauffeur. L'appareil de M. de Nomaison ne pèse que 240 kilogr.; avec une équipe composée de trois hommes et d'un jeune garçon, on peut écorcer en une journée de 15 à 18 stères de bois donnant environ 1,000 kilogr. d'écorce. Pour faire ce travail, on consomme un stère de bois et 6 hectolitres d'eau, ce qui occasionne une dépense moyenne de 40 à 50 fr.[1].

Ces chiffres permettent de calculer rapidement le bénéfice ou la perte que peut produire l'application de cette méthode, suivant les ressources que présente chaque région. Quant à la qualité des écorces levées à la vapeur, il en sera question dans le paragraphe suivant.

§ 4. — Qualité, rendement et mode de vente des écorces de chêne

Le tanin exposé aux influences atmosphériques a peu de fixité ; en présence de la chaleur et de l'humidité, il prend une teinte foncée

1. *Bulletin de la Société des agriculteurs de France*, mai 1873.

et se décompose facilement; aussi, une année après sa levée, l'écorce a déjà perdu environ moitié de ses qualités tannantes; au bout de deux ans, elle ne vaut plus rien.

A l'examen extérieur d'une écorce, on reconnaît qu'elle est de bonne qualité, si elle présente les caractères suivants : elle doit avoir la cassure nette, blanchâtre et montrer à l'œil nu, sur toute son épaisseur, des cristaux de tanin blancs et nombreux. La couleur rousse indique qu'elle est vieille et qu'elle a subi un commencement de fermentation. Elle doit provenir d'arbres jeunes et encore recouverts de leur épiderme brillant et argenté. Celle des sujets d'âge moyen, dont le rhytidome est déjà formé, ne renferme plus que les deux tiers du tanin contenu dans un poids égal d'écorce jeune; celle provenant d'ún vieux chêne contient à peine un tiers de la même quantité. La qualité de l'écorce est d'autant meilleure qu'elle vient de tiges ayant crû dans un sol sain, à une exposition chaude et bien éclairée.

Mais tous les renseignements fournis par ces signes extérieurs ne sont que de simples indications; pour déterminer exactement les qualités tannantes d'un lot d'écorces, il n'est pas d'autre procédé que l'analyse faite dans un laboratoire au moyen de liqueurs titrées. Une écorce, pour être réputée bonne, doit contenir de 50 à 70 grammes d'acide tannique par kilogramme de matière sèche.

La question devait tout naturellement se poser de savoir si les écorces obtenues par les procédés à la vapeur sont de même qualité que les autres. Les opinions les plus contradictoires, basées sur des expériences plus ou moins bien conduites, ont été émises à ce sujet; il résulte d'analyses faites dans le laboratoire de M. Grandeau, sur des écorces de même provenance, levées, les unes en temps de sève, les autres à la vapeur, que, toutes choses égales d'ailleurs et les écorces étant également bien soignées, il n'y a pas une différence bien sensible à établir entre l'un ou l'autre des procédés. Ces résultats sont tout à fait à l'avantage de la méthode à la vapeur, car celle-ci permet de tirer parti d'écorces que, dans bien des cas, il eût été absolument impossible d'utiliser; et, de plus, elle n'offre aucun danger au point de vue cultural.

Dans les taillis de chêne exploités vers l'âge de 20 ans, le rendement est en moyenne de 100 à 106 kilogr. par mètre cube plein de bois à écorcer. Si l'on adopte pour terme de comparaison le stère empilé de bois de chauffage, il faut tenir compte de la grosseur, de la qualité et de la forme des bûches ; car, suivant que les bois s'empilent plus ou moins bien, les résultats varient entre 45 et 62 kilogr. par stère, c'est-à-dire que, pour obtenir 1,000 kilogr. d'écorce, il faut de 16 à 22 stères de bois à écorcer. Le rendement à l'hectare varie nécessairement avec l'âge du peuplement et la quantité de tiges qu'il renferme. D'après les expériences faites par M. Bouvart dans les forêts du Nord de la France, cette production, les autres conditions restant d'ailleurs identiques, s'accroît avec l'âge dans les proportions suivantes : si un taillis de chêne pur, exploité à 15 ans, fournit 3,000 kilogr. d'écorce, le même taillis, exploité à 30 ans, en donnera 5,000 kilogr.

D'après les recherches faites par M. Antonin Rousset, les écorces du chêne yeuse sont plus riches en tanin que celles des chênes à feuilles caduques. Quand l'écorce jeune de ces derniers contient en moyenne 5.25 p. 100 de tanin, la teneur de celle des chênes yeuses s'élève jusqu'à 6 et 7 p. 100, parfois même jusqu'à 10 p. 100 pour les écorces dites *noires*, provenant du bois de souches.

La richesse en tanin de ces écorces suit une marche fortement ascendante jusqu'à l'âge de 13 ans environ, puis se maintient à peu près stationnaire jusqu'à l'âge de 25 ans, après quoi on constate une diminution bien marquée. La production moyenne maxima se réaliserait donc vers 18 ans.

Le bois perd par l'écorçage environ 1/6 de son volume, de sorte que 6 stères de bois non écorcé sont réduits à 5 stères de bois *pelard*[1].

L'écorce se vend au poids ou au cent bottes, ce qui revient du reste au même, puisque la botte, dont les dimensions sont fixées en général à $1^m,17$ de longueur sur $1^m,17$ de tour, a un poids moyen de 18 à 20 kilogr.

1. On désigne ainsi le bois dépouillé de son écorce et destiné au chauffage.

Jusqu'à ces derniers temps, le prix de vente des écorces s'est maintenu entre 10 et 15 fr. les 100 kilogr., soit 200 à 300 fr. le cent de bottes. Si l'on tient compte du déchet et de la moins-value que l'écorçage fait subir au bois dit pelard, les frais d'exploitation et de façon s'élèvent à 100 ou 120 fr. par cent bottes, ce qui établit la valeur nette de l'écorce sur pied à environ moitié du prix de vente dans les conditions ci-dessus indiquées.

Mais depuis un certain nombre d'années, ces prix sont soumis à des fluctuations importantes, qui, parfois, ont pris des proportions dangereuses pour l'industrie des écorces. Les principales causes des mouvements de baisse ont été les suivantes :

La concurrence que les cuirs d'Amérique viennent faire sur nos marchés aux cuirs indigènes ; la menace continuelle de la découverte possible de procédés chimiques de tannage, plus rapides et moins coûteux que ceux actuels ; enfin l'emploi de liqueurs chargées de l'acide tannique extrait directement du bois de chêne[1].

Le rendement annuel des forêts de la France en écorce à tan d'essence chêne, peut être évalué à 400 millions de kilogrammes, dont 50 millions environ fournis par les forêts soumises au régime forestier ; de ce dernier nombre, 44 millions de kilogrammes proviennent de chênes rouvres et pédonculés, et 6 millions de chênes yeuse et tauzin.

---

1. Pour préparer ces liqueurs, analogues à celles qui se fabriquent depuis longtemps déjà avec le bois de châtaignier, on découpe le bois de chêne, par des moyens mécaniques puissants, en copeaux grossiers de 2 à 4 millimètres d'épaisseur. Ces copeaux sont empilés dans de grandes cuves en bois, où de l'eau est maintenue bouillante par un courant de vapeur, pendant un temps suffisant pour dissoudre tout le tanin. Les jus clarifiés sont évaporés jusqu'au moment où ils marquent à l'aréomètre 20 p. 100 d'acide tannique ; ainsi titrés, ils sont employés directement au tannage des cuirs. Pour cette fabrication, on se sert de toutes les chutes provenant de l'exploitation des gros chênes, des branches, des souches même, de toutes les parties enfin impropres à d'autres usages que le feu. Il est à remarquer que le bois parfait renferme beaucoup plus de tanin que l'aubier.

M. Luc, tanneur à Malzéville, près Nancy, à l'obligeance duquel nous devons ces renseignements, vient d'établir une usine très importante de ce genre dans laquelle il consomme déjà plus de 8,000 stères de bois de chêne par an.

Une compagnie anglaise dirige en Hongrie une grande fabrique qui exporte des quantités considérables de liqueur tannante dans tous les pays du monde, jusqu'en Australie.

§ 5. — Écorçage des essences résineuses

Dans les régions montagneuses des Alpes, de la Savoie et du Jura, où le chêne fait défaut, on utilise pour la tannerie les écorces d'épicéa, levées sur des arbres abattus en été, quel que soit l'emploi auquel on les destine.

Ces écorces renferment trois fois[1] moins de tanin que celles du chêne (1 à 2 p. 100); elles n'ont aussi qu'une faible valeur et ne se paient pas plus de 5 fr. les 100 kilogr.

L'écorce du pin d'Alep, utilisée accidentellement et dans les mêmes conditions que celles de l'épicéa, sert au tannage des cuirs algériens, auxquels elle donne leur couleur jaune. Réduite par la mouture en une poudre très fine, d'une couleur rouge, elle sert aussi à la teinture et à la préservation des filets de pêche. Sous cette forme, elle se vend à Marseille 8 fr. les 100 kilogr.

Travaux et ouvrages consultés.

Bouvart. — *De l'Écorçage des chênes* (*Revue des Eaux et Forêts*, t. V, 1866).

Antonin Rousset. — *Recherches expérimentales sur les écorces à tan du chêne yeuse*. Brochure présentée à l'Exposition de 1878. (Imprimerie nationale.)

De Kirwan. — *Notice sur l'industrie des écorces à tan*. Brochure présentée à l'Exposition de 1878. (Imprimerie nationale.)

ARTICLE DEUXIÈME

Les écorces à liège.

§ 1er. — Généralités

Le liège du commerce n'est autre chose que l'écorce produite, dans certaines conditions d'exploitation, par le chêne-liège (*Quercus suber*) et le chêne occidental (*Quercus occidentalis*) qui croissent spontanément dans les régions méridionales de la France.

Dans la Gascogne, les arbres à liège sont le plus souvent cultivés

1. Il faut environ 635 kilogr. d'écorce de chêne contenant 44 kilogr. de tanin pour transformer en cuir 100 kilogr. de peau fraîche et débourrée; 2,000 kilogr. d'écorce d'épicéa sont nécessaires pour obtenir le même résultat.

à l'état isolé, à la façon des arbres fruitiers dans un verger. Ils croissent aussi dans les forêts spontanées et alors ils vivent en mélange avec des arbres et arbustes d'espèces différentes suivant les régions : en Provence, ce sont des pins maritimes avec des sous-bois de cystes et de bruyères arborescentes ; en Algérie, ils sont surtout associés à des oliviers et d'autres arbustes spéciaux à la contrée. Partout, ces arbres forment rarement massif, ils développent une cime amplement arrondie et leur fût dépasse à peine 3 à 4 mètres de hauteur.

La formation du liège est due à un développement anormal, monstrueux de la couche cellulaire de l'écorce ; mais le liège naturel, celui qui n'a pas encore été exploité, est tout à fait impropre aux usages pour lesquels cette substance est généralement recherchée.

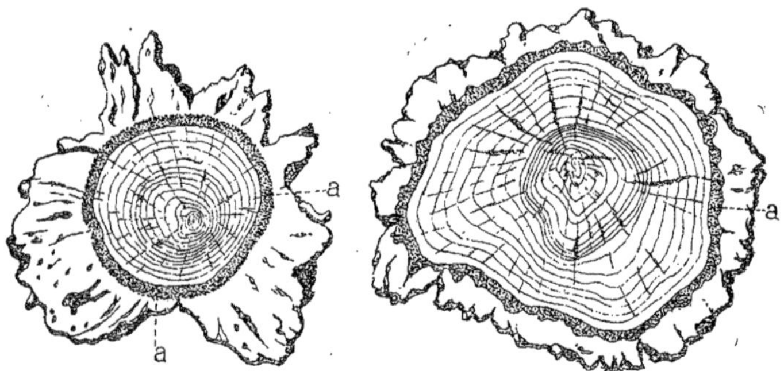

Fig. 28. — Spécimens de liège naturel ou liège mâle.
a. Couche d'accroissement appelée le *lard* ou la *mère*. Échelle de 1/10.

Il est grossier, fendillé ; il présente des lacunes, des incrustations siliceuses et, parfois même, il est tellement ligneux et compacte qu'il ne flotte pas. Ce liège primitif, sauvage, se nomme *liège mâle ;* il continue à se développer dans sa forme irrégulière et gercée tant que l'arbre vieillit et son épaisseur atteint parfois $0^m,20$ à $0^m,25$. (*Fig.* 28.)

Pour obtenir un liège de bonne qualité, il faut enlever à l'arbre son écorce naturelle, et c'est seulement à la suite de cette première opération, qui porte le nom de *démasclage,* que les formations nouvelles fourniront le liège du commerce. Aussi, contrairement à ce qui se fait pour les écorces à tan, il faut avoir le plus grand soin, chaque fois qu'on fait *la tire* ou *la levée* du liège, de n'enlever que la partie supérieure de l'écorce en respectant la couche d'accroissement; car, si on venait à entamer ou seulement à blesser celle-ci, on détruirait la zone génératrice et, dans les parties enlevées ou lésées, l'écorce ne se reproduirait plus. Le même inconvénient se présente quand, le démasclage étant mal opéré, il reste des plaques de liège mâle adhérentes au liber. Du reste, le décollement des deux couches corticales se fait assez facilement en temps de sève et des ouvriers expérimentés, les *rusquiers,* comme on les nomme dans le Var, font l'opération sans jamais endommager cette zone génératrice qu'ils appellent *le lard* ou *la mère* (voir *a, fig.* 28). Pour faciliter l'enlèvement, souvent ils frappent l'écorce tout autour de l'arbre avec un maillet.

Qu'il s'agisse du liège mâle ou du liège de reproduction, on constate que, immédiatement après chaque levée et pendant les premières années qui la suivent, les couches ligneuses sont beaucoup plus larges que celles correspondant aux années précédentes, et que cette épaisseur va sans cesse en diminuant jusqu'à ce qu'on revienne faire une nouvelle levée. Il devient dès lors facile de suivre sur une section transversale les traces des différentes récoltes de liège que l'arbre a subies. Toutes les autres conditions de la vie des arbres restant identiques, après comme avant l'opération, c'est à celle-ci seulement qu'il faut attribuer ces modifications dans l'épaisseur des couches ligneuses; le fait s'explique d'ailleurs par la résistance plus ou moins grande que présente l'écorce à l'expansion de ces couches, suivant qu'elle est plus ou moins épaisse.

§ 2. — Récolte du liège

Dans les forêts à liège, on commence généralement le démasclage sur les arbres ayant de 30 à 45 centimètres de tour. Le cahier des charges imposé aux adjudicataires ou concessionnaires l'autorise pour les arbres de $0^m,30$ et le prescrit pour ceux de $0^m,45$.

On choisit pour démascler la saison d'été, de la mi-juin à la fin d'août, en évitant les moments de la pleine activité de la sève, les temps pluvieux, les vents secs et violents, afin que la mère, gorgée de sève et formée de tissus à peine organisés, ne soit pas exposée à être arrachée, ni surprise par les intempéries, ou desséchée à l'ardeur trop vive du soleil.

Le premier démasclage se fait sur une zone d'un mètre environ de hauteur. On le pratique en ouvrant sur l'arbre, au moyen d'une petite hache spéciale (*fig.* 29), deux incisions annulaires, une à son pied et une sur le tronc à la hauteur convenable ; on réunit ces deux incisions par un trait longitudinal perpendiculaire à leurs plans. On soulève ensuite l'écorce avec le manche de la hache dont l'extrémité est amincie à cet effet, et, en la détachant de proche en proche, on l'enlève en la forme d'un cylindre creux qui aura pour hauteur la distance entre les deux entailles, et pour développement, celui du pourtour de l'arbre. Quand cette zone est ainsi démasclée et présente la mère bien intacte, on fait sur celle-ci un trait vertical en forme d'incision, jusqu'à l'aubier, pour débrider la couche d'accroissement et permettre à l'arbre de grossir sans trop gercer le nouveau liège qui va se reproduire et portera, dès ce moment, le nom de *liège femelle* (*fig.* 30). Le liège femelle se développe du dedans au dehors par couches annuelles successives, les lignes séparatives entre ces couches restent d'ailleurs visibles et permettent de compter son âge. On le laisse ainsi s'accroître jusqu'à ce qu'il ait atteint l'épaisseur minima demandée par le commerce, environ 23 millimètres ; pour cela, il faut, en France, de 7 à 10 ans. On lève alors ce liège femelle de la même manière qu'on a levé le liège mâle en prenant les mêmes précautions à l'égard de la mère, et en

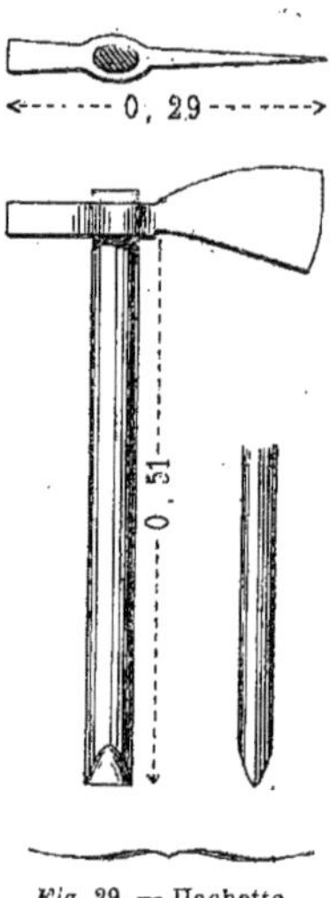

Fig. 29. — Hachette du rusquier.

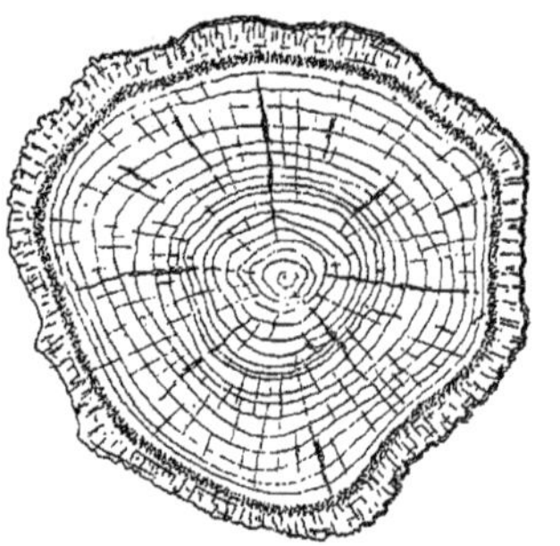
Fig. 30. — Liège *femelle* ou de *reproduction* ayant atteint l'épaisseur requise pour être levé.

s'appliquant à obtenir des cylindres entiers et d'un seul morceau qui forme ce qu'on appelle un *canon*. Généralement, on profite de la levée du liège femelle pour démascler une seconde zone de $0^{m},50$ au-dessus de la première. On continue ainsi, en revenant tous les 8 à 10 ans, jusqu'à ce qu'on atteigne la hauteur des branches principales. Il arrive souvent que celles-ci prennent un diamètre suffisant pour être elles-mêmes démasclées; on traite alors chaque branche comme cela vient d'être dit pour le fût.

Afin de ne pas dénuder les tiges sur de trop grandes surfaces, ce qui peut compromettre la vie des arbres, il serait prudent d'alterner les levées, de les aménager en quelque sorte sur un même arbre, de façon à ce que son fût ne présente jamais à la fois plusieurs zones fraîchement démasclées.

Le liège femelle est exposé à des altérations assez nombreuses pendant sa période de formation; parmi ses ennemis les plus dangereux il faut citer: la fourmi *ronge-bois* (*Formica ligniperda*, Latr.), le *ver* (larve du *Corœbus undatus*, F.) et certains champignons appartenant à des espèces encore incomplètement étudiées.

Le liège est livré au commerce en *planches* rectangulaires de dimensions proportionnées à la grosseur des arbres. On le façonne ainsi, au fur et à mesure de l'exploitation, en disposant les canons développés par lits superposés sur une aire en bois; on charge chaque pile avec de grosses pierres et le liège, en se desséchant sous pression, conserve la forme plane. On l'assouplit ensuite en le trempant dans l'eau bouillante.

Perfectionnement Capgrand-Mothe. — Quelles que soient les précautions prises lors du démasclage ou de la tire du liège femelle, l'opération expose la couche libérienne à l'action desséchante des vents et du soleil ; il y a toujours pour l'arbre écorcé une crise fâcheuse à traverser et qui, pour un certain nombre de sujets, devient mortelle. On peut évaluer à 2 p. 100 le nombre des arbres tués après chaque démasclage.

D'autre part, la couche superficielle de la mère se dessèche, se gerce, s'imprègne des grains de sable soulevés par le vent et se transforme en une couche impropre à tous usages, épaisse de plusieurs millimètres. Cette *croûte*, qui se trouve toujours à la surface du liège femelle, doit être enlevée et il en résulte un déchet de 15 à 18 p. 100 du poids total du liège produit.

Pour se mettre à l'abri de ces inconvénients, M. Capgrand-Mothe a imaginé de protéger, au moyen d'une enveloppe protectrice, les parties de l'arbre fraîchement privées de leur écorce, après avoir préalablement pratiqué sur la mère un certain nombre d'incisions longitudinales dans le but d'éviter les crevasses lors du grossissement. Ces enveloppes sont formées avec les canons remis en place immédiatement après la levée et fixés par un lien en fil de fer ; une lame de carton bitumé couvre le joint de manière à obtenir une obturation complète.

Au dire de l'inventeur, cette précaution, d'ailleurs peu coûteuse, aurait pour résultat d'augmenter le rendement des forêts de chêne-liège dans la proportion du simple au double [1]. La question ne semble pas encore résolue d'une manière bien péremptoire [2].

§ 3. — Rendement des forêts a liège

Dans une forêt de chêne-liège en plein rapport, on peut compter par hectare environ 120 arbres assez gros pour être démasclés ; on estime par arbre une production moyenne de 10 kilogr. d'écorce lors de chaque levée ; mais comme cette production ne s'acquiert que dans une période de 10 ans, les 1,200 kilogr. se réduisent à 120 kilogr. par hectare et par an.

Le liège en planches se vend 50 cent. le kilogramme, ce qui constitue un revenu minimum de 60 fr. par hectare, chiffre qui peut s'élever jusqu'à 100 fr. dans les peuplements complets et en bon état d'entretien. C'est là un fort beau rendement que les meilleures forêts exploitées au point de vue de la production ligneuse atteignent rarement.

Le liège façonné vaut 1 fr. le kilogramme ; il double ainsi de valeur par le travail industriel. Le prix du liège se maintient et tend même à s'élever, car tous les jours on trouve de nouveaux emplois

1. Voir le rapport de M. Chatin à la Société d'encouragement pour l'industrie nationale. Paris, Bouchard-Huzard, 1882.

2. *Revue des Forêts* (décembre 1885 et janvier 1886).

pour cette substance. Cela ne peut qu'encourager les propriétaires de la Provence et de l'Algérie à mettre en plein rendement les forêts à liège de ces régions.

Le liège mâle n'a qu'une valeur insignifiante; il est employé pour faire des bouées, des flotteurs pour les filets de pêche, etc. Brûlé en vase clos, il produit un charbon fin qu'on pulvérise et qui sert à la peinture, sous le nom de *noir d'Espagne;* on en fabrique aussi le *noir de fumée.*

C'est avec un mélange de rognures de ce liège, finement râpées, et d'huile de lin qu'on fabrique les tapis dits de *linoleum.*

TRAVAUX ET OUVRAGES CONSULTÉS.

MATHIEU. — *Flore forestière.*

BAGNERIS. — Cours enseigné à l'École forestière de Nancy.

Nicolas EYMARD. — *Culture du chêne-liège dans le Var* (*Annales forestières,* mai 1884).

JAUBERT DE PASSA. — *Notice sur le chêne-liège* (*Annales forestières,* avril, mai et juin 1842).

E. LAMBERT. — *Exploitation des forêts de chêne-liège* (Paris, Édouard Blot, 1860).

LAMEY. — *Le Chêne-liège en Algérie* (Alger, Gojosso et Cie, 1879).

ARTICLE TROISIÈME

Les écorces à tille.

Dans le centre de la France et tout particulièrement en Champagne, l'écorce du tilleul est utilisée comme matière textile; son usage est d'ailleurs très répandu en Russie.

Le tilleul, lorsqu'il est exploité en vue de cette production, est traité en taillis simple à des révolutions variables entre 15 et 25 ans.

L'écorce est levée en temps de sève, sous forme de longues lanières de dimensions indéterminées; elle est ensuite réunie en bottes, puis trempée dans de l'eau où on la laisse macérer pendant quelques mois. Cette macération ou ce *rouissage* permet d'en séparer facilement le liber, qu'on détache en rubans avec une lame tranchante. Les filaments obtenus, auxquels on donne le nom de *tille,* sont tordus au tour du cordier, puis façonnés en cordeaux qu'on assemble entre eux pour former des cordes de diverses grosseurs. A Troyes, la corde ordinaire est tressée de 4 cordeaux et sa longueur est de $6^m,66$ (20 pieds). Une botte d'écorce de 2 mètres de longueur sur 1 mètre de tour fournit 9 cordes ; il faut en moyenne 31 stères empilés provenant de taillis de 25 ans pour produire 100 bottes d'écorce. Ces cordes sont surtout employées pour la batellerie et pour tirer l'eau des puits.

Dans le seul département de l'Aube, on utilise ainsi annuellement plus de 230,000 kilogr. d'écorce de tilleul. Cette industrie, restée jusqu'alors localisée sur certains points du territoire de la France, serait susceptible de recevoir une plus grande extension.

On se sert encore de l'écorce de tilleul découpée en longues lanières et sans aucune autre préparation, pour consolider les caisses d'emballage ; en Champagne, on l'emploie comme liens à serrer les gerbes de blé et les laines brutes[1].

1. Extrait d'une notice présentée à l'Exposition de 1878, par M. Rivet, sous-inspecteur des forêts. Imprimerie nationale.

CHAPITRE DEUXIÈME

LES RÉSINES

ARTICLE PREMIER

Généralités.

On appelle *résine* ou *gemme* la substance visqueuse qui s'écoule de toute incision faite sur l'écorce de certains conifères, et assez profonde pour pénétrer jusqu'au bois. L'opération qui consiste à exploiter la résine se nomme *gemmage*.

Parmi les espèces résineuses indigènes, le pin maritime est celle qui peut être le plus avantageusement *gemmée;* ce pin donne ses produits les plus abondants en résine sur le littoral de l'Océan, entre Bayonne et l'embouchure de la Charente et, principalement, dans les dunes et les landes de Gascogne. Sur tous les autres points du territoire français où il est répandu, soit à l'état spontané, soit comme espèce introduite, le gemmage n'en est plus assez rémunérateur pour être avantageusement appliqué.

Bien que les autres conifères puissent aussi fournir de la résine, ils n'en donnent pas assez pour être, à ce point de vue, l'objet d'une exploitation régulière. En France, du moins, leur bois a aussi trop de valeur pour qu'on puisse leur faire subir avec profit les dégradations qui accompagnent toujours le gemmage. Toutefois, le résinage étant parfois pratiqué en délit sur le sapin, l'épicéa, le mélèze, le pin noir et le pin d'Alep, il est bon de connaître la manière dont il peut être appliqué à ces essences. Le pin sylvestre, le pin de montagne et le pin cembro ne se résinent pas.

ARTICLE DEUXIÈME

Résinage du pin maritime dans les landes de Gascogne.

§ 1er. — Principe et opération du gemmage

Le pin maritime renferme des canaux résinifères très gros et très abondants ; or, la circulation des sucs résinifères étant beaucoup plus active dans l'aubier que dans le bois parfait, les incisions verticales, peu profondes, en tranchant ces canaux, feront écouler la gemme que l'on pourra récolter. Tel est le principe sur lequel repose l'opération.

Vers la fin de février ou au commencement de mars, dans le but d'empêcher les débris du rhytidome de se mélanger avec la résine, on prépare le travail en amincissant l'écorce si rugueuse du pin maritime, de manière qu'il ne reste plus sur l'aubier que les dernières couches corticales; celles-ci présentent alors une surface régulière, unie et rougeâtre. On ne doit disposer de la sorte que les parties de la tige destinées à être gemmées pendant la saison suivante.

Du 1er au 10 mars, le *résinier* ou *gemmier,* armé d'un outil spécial, fait, au pied de l'arbre et à la place préparée, une incision convexe à sa partie supérieure ayant environ $0^m,10$ de largeur, $0^m,03$ de hauteur et $0^m,01$ de profondeur. Cette incision prend, dès lors, le nom de *carre* ou de *quarre,* nom qu'elle conservera pendant toute la durée de l'opération. Dans cette carre, la gemme suinte en gouttelettes de térébenthine, visqueuses et transparentes qui s'épaississent au contact de l'air; une partie se fige et reste collée à la surface de la carre; l'autre, plus liquide, s'écoule dans un récipient disposé à l'avance pour la recevoir.

Toutes les semaines et, dans la saison où les pins *donnent* le plus abondamment, tous les cinq jours, la carre est rafraîchie par le *piquage,* c'est-à-dire par l'enlèvement d'un mince copeau à sa partie supérieure. La hauteur de la carre augmente ainsi progressivement, en conservant une largeur à peu près constante ou même décroissante. A mesure que la carre vieillit, elle cesse de suinter; aussi, en faisant le piquage, le gemmier ravive le haut de la carre sur une longueur de $0^m,10$ à $0^m,12$; mais il a soin, et c'est en cela que consiste son habileté, de n'enlever à chaque passage qu'une pellicule d'aubier extrêmement mince, de façon à pouvoir recommencer l'opération plusieurs fois, sans jamais dépasser la profondeur de $0^m,01$. Le piquage se fait ainsi de 40 à 45 fois dans la saison.

La carre se continue dans la même forme les années suivantes jusqu'à la hauteur de 3 à 4 mètres environ.

Quand les récipients sont suffisamment remplis, le résinier en vide le contenu dans une sorte de seau auquel il donne le nom d'*escouarte,* et le porte dans de grands réservoirs appelés *barcous,* qui sont construits en bois et en brique, çà et là dans la forêt. La gemme reste dans les barcous jusqu'au moment de la transporter à l'usine.

Primitivement, la gemme d'une carre était recueillie dans un simple trou, creusé dans le sable au pied de l'arbre et auquel on donnait le nom de *crot.* Cette méthode, qui n'est plus guère employée aujourd'hui que dans les environs de Mont-de-Marsan, présente des inconvénients sérieux. Le sable dans lequel est creusé le crot absorbe une grande quantité de résine; de plus, lorsque la carre est déjà élevée, la résine, en s'écoulant, doit la parcourir dans toute sa longueur avant d'arriver au récipient. Pendant ce long trajet, elle perd une grande quantité de son essence volatile, elle se durcit, se charge de grains de sables soulevés par le vent, des débris d'aiguilles et d'écorce, d'eau et d'une foule de matières étrangères qui ne font qu'augmenter en chemin son état d'impureté.

Vers 1860, pour atténuer ces différentes causes de perte, un inventeur nommé M. Hugues a imaginé d'arrêter l'écoulement de la résine immédiatement au-dessous des surfaces de suintement, au moyen d'une gouttière ou collerette en zinc fixée en travers de la carre, et de recueillir les produits dans un vase en poterie vernissée, de forme conique, ayant $0^{m},14$ de diamètre sur $0^{m},14$ de hauteur et $0^{m},08$ de largeur au fond. Ainsi, quand on ouvre une carre, on fixe la collerette à sa partie inférieure, et le pot est posé dans le sable immédiatement au-dessous d'elle. Chaque printemps, on relève tout l'appareil jusqu'au sommet de la partie devenue stérile, où la carre s'arrêtait l'année précédente. (*Fig.* 31.)

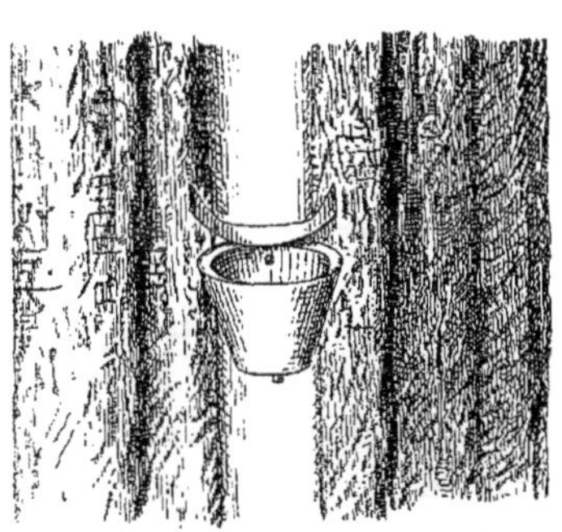

Fig. 31. — Système Hugues. (Collection E. F.)

Pour fixer la collerette, il suffit de l'introduire dans une rainure creusée au moyen d'un fer tranchant et de forme courbe. On suspend le pot en le maintenant serré entre la collerette et un clou planté dans l'arbre à sa partie inférieure. Chaque pot est percé, à quelques centimètres au-dessous du bord, d'un trou qui donne la faculté, si on le juge convenable, de le suspendre et permet, en tout état de choses, l'écoulement des eaux de pluies avant que le vase soit trop plein pour déborder. Souvent pour empêcher l'évaporation de l'essence de térébenthine le pot est recouvert en partie d'une mince planchette de pin.

Tous ces perfectionnements introduits par le *système Hugues* augmentent le rendement dans la proportion de 3 à 4 $^1/_2$ p. 100 ; ils donnent aussi une gemme beaucoup plus pure et qui se vend 10 fr. la barrique plus cher que celle récoltée au crot.

On a vu que les parties les plus fluides de la gemme parviennent seules jusqu'au récipient, le reste se solidifie en route à la surface de la carre. La portion supérieure de cette croûte solide se détache facilement à la main ; elle est récoltée par le résinier et on lui donne le nom de *galipot*[1]. La partie immédiatement en contact avec le bois est beaucoup plus dure et ne peut s'enlever qu'avec des instruments dont on use à la façon de racloirs. Cette substance, mélangée avec des copeaux qui se détachent avec elle, constitue le *barras*.

Le système Hugues ne produit guère, comme résidu, que du barras et fort peu de galipot.

§ 2. — Les outils du résinier[2]

Pour ouvrir les carres, récolter les différents dépôts et transporter les produits, le gemmier est muni des instruments suivants :

La cognée n'a rien de spécial ; en même temps que pour couper les arbres, on l'emploie pour écorcer l'emplacement des carres exploitables jusqu'à hauteur d'homme et pour pratiquer les entailles basses.

L'abchot ou *achotte* est une sorte de cognée à lame concave et à manche courbe. C'est le principal instrument du résinier ; il sert exclusivement à l'ouverture et au ravivage des carres. Sa lame doit

1. Dans certaines régions, le commerce appelle cette marchandise le *galipot milarmeux*.

2. Tous les outils sont représentés à l'échelle de $\frac{1}{10}$.

être tranchante comme celle d'un rasoir, afin que la section des canaux résinifères soit aussi nette que possible. Sa forme, irrégulière dans le manche et le tranchant, en fait un instrument difficile à construire et surtout difficile à employer; ce n'est qu'après un

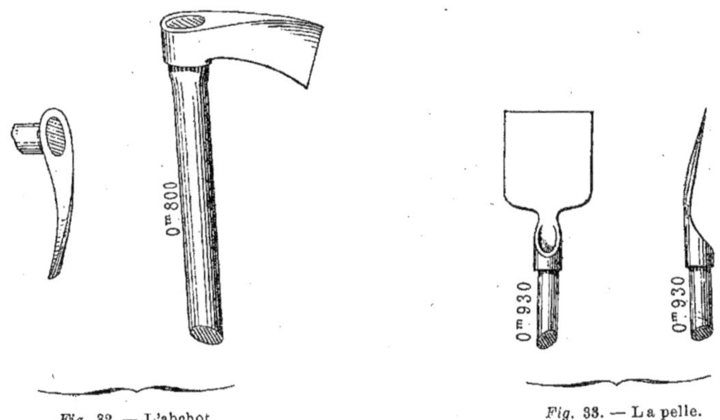

Fig. 32. — L'abchot. Fig. 33. — La pelle.

long apprentissage qu'on parvient à le manier avec sûreté et dextérité. (*Fig.* 32.)

La pelle est en fer avec tranchant en acier; elle est fixée à l'extrémité d'un manche en bois de $0^m,90$ de longueur. Elle sert à nettoyer les parties basses des carres, à creuser les crots et surtout à retirer la résine de ces réservoirs. (*Fig.* 33.)

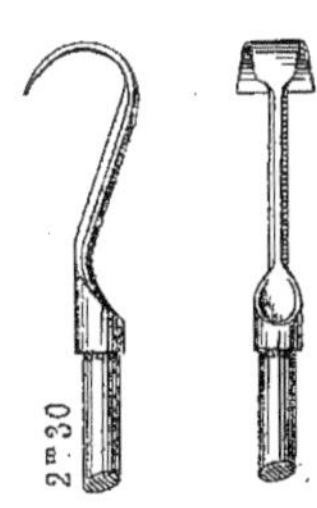

Fig. 34. — La barrasquite.

La barrasquite, dont la lame est acérée, étroite et courbée en arc de cercle, est munie d'un manche de $1^m,50$. Avec cet instrument on pratique l'écorçage des arbres pour les surfaces de hauteur moyenne qui ne sont plus à portée de la cognée; il est aussi employé à récolter le barras dans ces mêmes régions. (*Fig.* 34.)

Le rasclet est une sorte de barrasquite très tranchante dont le manche, d'une longueur de $1^m,80$, est muni d'un échelon; dans certaines régions, on l'utilise pour continuer les carres au-dessus de la hauteur d'homme. Souvent aussi, le gemmier, soutenu sur le manche du rasclet, travaille avec l'abchot. (*Fig.* 35.)

La pousse est employée aux mêmes usages que la barrasquite, seulement elle est adaptée à un manche de 2m,40 de longueur qui permet d'atteindre la plus grande hauteur des carres; sa lame est inclinée de façon à permettre au résinier de manier l'instrument à quelque distance du pied de l'arbre de manière à ne pas recevoir sur la tête les éclats d'écorce ou de barras. (*Fig.* 36.)

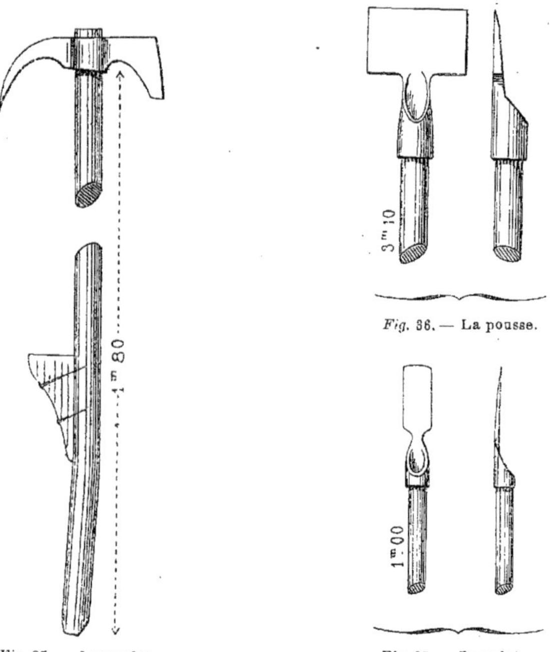

Fig. 35. — Le rasclet.

Fig. 36. — La pousse.

Fig. 37. — Le palot.

Le palot est de forme analogue à la pousse, mais son manche n'a pas plus de 0m,90 de longueur; il remplace la pelle partout où l'introduction du système Hugues a supprimé les crots. Le palot est également employé comme repiquoir pour semis en place de glands ou de graines de pin maritime. (*Fig.* 37.)

Le résinier est aussi muni d'une sorte d'échelle formée par une tige de pin dans laquelle on a taillé des degrés prismatiques distants de 0m,30 entre eux. Chacun de ces degrés est renforcé par un clou pour éviter les ruptures. Il faut une grande habitude pour se maintenir en équilibre sur cette échelle en ayant les deux mains occupées à manier l'abchot. (*Fig.* 38.)

Fig. 38. — Forêt usagère de la Teste (canton de Cormeau).

Dans l'*escouarte,* le résinier transporte les produits recueillis dans les crots ou pots jusqu'au réservoir (barcous) établi en forêt. C'est une sorte de panier, d'une capacité de 20 litres environ, formé d'un canon de liège brut simplement cerclé en bois ; le fond est une plaque arrondie et fixée avec des chevilles ; l'anse est en osier.

L'espatule, comme son nom l'indique, sert à enlever la résine qui adhère sur les parois des pots ou de l'escouarte. (*Fig.* 39.)

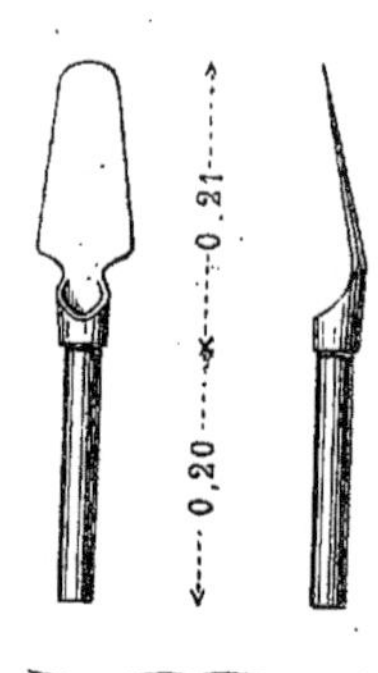

Fig. 39. — L'espatule.

Le gemmier fabrique lui-même son échelle, son escouarte et différents autres instruments destinés à faciliter le déplacement des pots qu'on ne peut plus atteindre avec la main ; il achète les autres outils aux prix suivants :

La cognée et l'abchot (1 fr. 50 c. le kilogr.), soit 6 à 7 fr. l'un ; la barrasquite, 2 fr. ; la pousse, 2 fr. 50 c. ; le palot, 1 fr. 50 c. ; la pelle, 2 fr.

§ 3. — Conduite des carres ; leur nombre sur un même arbre

A partir de son ouverture au niveau du sol, la carre présente à la fin de chaque année les hauteurs suivantes :

A la fin de la 1re année.	0m,55
— 2e —	1 ,30
— 3e —	2 ,05
— 4e —	2 ,80
— 5e —	3 ,80

On fera donc :

Pendant le cours de la 1re année, une incision de	0m,55
— 2e — —	0 ,75
— 3e — —	0 ,75
— 4e — —	0 ,75
— 5e — —	1 ,00

La largeur de la carre est fixée à 0m,09 pour les quatre premières années et réduite à 0m,08 pour la dernière. Enfin, la profondeur ne doit jamais dépasser 0m,01, mesure prise sous corde tendue en travers de l'entaille, à la naissance des tissus rouges de l'écorce.

Le nombre des carres ouvertes en même temps sur un même arbre, varie suivant que celui-ci est gemmé *à vie* ou *à mort*.

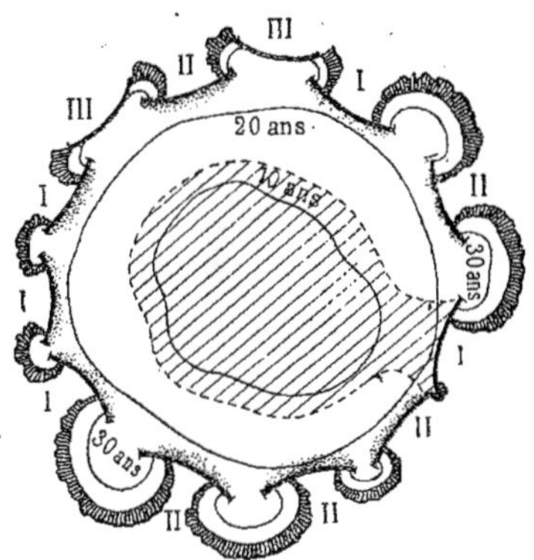

Fig. 40. — Section transversale faite sur la tige d'un pin gemmé à mort.
5 carres (I, I, I...) ouvertes à l'âge de 24 ans.
5 — (II, II, II...) ouvertes à l'âge de 28 ans.
2 — (III, III) ouvertes à l'âge de 34 ans.
La zone hachurée représente le bois parfait.

Le *gemmage à mort* s'applique aux pins que l'on veut faire disparaître dans les éclaircies, et à ceux qui sont arrivés au terme de leur existence utile. Dans ces conditions, les pins ne doivent plus rester sur pied qu'un petit nombre d'années, et il y a lieu d'en extraire rapidement la plus grande quantité de résine possible. Dans ce but, on ouvre à la fois 2, 3, 4, 5 et jusqu'à 9 carres sur le même arbre, suivant sa grosseur. (*Fig.* 40.)

Le *gemmage à vie* est pratiqué sur les pins qui sont conservés pour vieillir dans le peuplement. Il faut donc gemmer ces *pins de place* de manière à ne pas compromettre leur existence, ni même à trop entraver leur végétation. Dans ce but, il est toujours prudent de n'ouvrir qu'une seule carre à la fois sur le même arbre. Quand, au bout de 5 ans, celle-ci a atteint la hauteur de $3^m,80$, on laisse reposer l'arbre pendant quelques années, puis on ouvre une autre carre soit à $0^m,15$ ou $0^m,20$ de celle abandonnée, soit à l'extrémité opposée du même diamètre. Avec le temps, on fait ainsi le tour de l'arbre, on reprend ensuite les intervalles restés intacts entre les anciennes entailles. Au moyen de ces périodes alternées de gemmage et de repos, on récolte la résine tout en conservant les pins sur pied pendant une longue période de production. (*Fig.* 41 et 42[1].)

Quand la vigueur exceptionnelle d'un arbre, ou une pratique mal

1. Dans le canton du Cormeau de la forêt usagère de la Teste, on peut voir encore quelques vieux pins dont les fûts, renflés à leur base en la forme de fuseaux, portent les traces apparentes de plus de cinquante carres, ce qui permet de leur attribuer près de 200 ans d'existence. (*Fig.* 38.)

raisonnée conduisent à lui faire porter deux carres à la fois, on fait en sorte que celles-ci soient en activité à des hauteurs différentes.

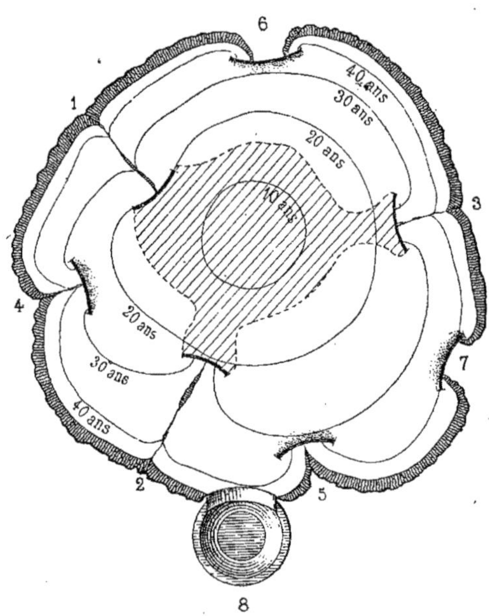

Fig. 41. — Section transversale faite sur la tige d'un pin de place coupé pendant la période de production.

1. Carre ouverte à l'âge de	19 ans.	5. Carre ouverte à l'âge de	34 ans.
2. — —	22 —	6. — —	38 —
3. — —	27 —	7. — —	42 —
4. — —	31 —	8. — —	46 —

Cette dernière était en production. (Collection E. F.)

§ 4. — Exploitation et rendement des forêts gemmées

Dans les forêts soumises au régime forestier, l'exploitation de la gemme est mise en adjudication et les conditions du marché sont réglées par un cahier des charges général, lequel est complété et adapté aux conditions locales par un cahier des clauses spéciales proposé par le Conservateur et approuvé par le Directeur des forêts. Les principales de ces clauses portent sur la manière de conduire les carres, sur les arbres désignés pour être gemmés à mort ou à vie et sur l'indication des saisons d'exploitation.

Dans les bois appartenant à des propriétaires particuliers, les produits résineux sont, en général, partagés par moitié entre le propriétaire et le résinier.

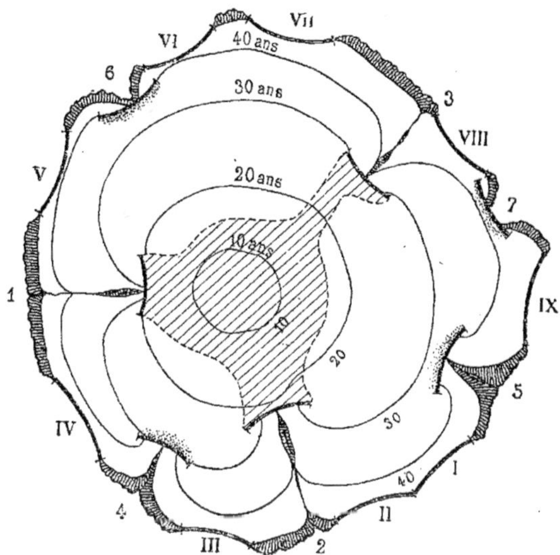

Fig. 42. — Section transversale faite sur la tige d'un pin gemmé d'abord *à vie*, puis *à mort*.

Période à vie.

1. Carre ouverte à l'âge de 21 ans.	5. Carre ouverte à l'âge de 37 ans.
2. — — 25 —	6. — — 41 —
3. — — 29 —	7. — — 45
4. — — 33 —	

Gemmage à mort.

I à IX. 9 carres ouvertes en même temps à l'âge de 51 ans ont amené la mort de l'arbre. (Coll. E. F.)

Dans un peuplement âgé de 45 ans, chaque arbre fournit de 3 à 4,5 kilogr. de gemme par saison. Le rendement à l'hectare varie suivant le nombre des arbres gemmés à vie ou à mort, suivant aussi l'âge des peuplements. De plus, la nature du sol[1] et les soins apportés à l'opération influent sur le rendement qui peut osciller entre 240 kilogr. et 450 kilogr. par hectare et par an.

La valeur de la gemme est d'ailleurs très variable suivant les années et suivant les saisons[2].

1. On a constaté que les pins de la *dune* fournissent plus que ceux de la *lande*.

2. Au printemps 1885, la barrique de gemme, du poids de 235 kilogr. (dans la Gironde), se vendait à l'usine 40 et 45 fr. ; ces prix sont tombés à 30 et 35 fr. pendant l'automne.

Ces dernières fluctuations sont d'ailleurs normales et s'expliquent par ce fait que la gemme *pure* du printemps donne des produits supérieurs à ceux de la gemme d'automne, toujours plus ou moins additionnée du barras qu'on recueille surtout dans cette dernière saison. Le gemmier fait lui-même le mélange dans les barcous à raison de 50 kilogr. de barras par barrique; ces résines de moindre qualité sont distinguées à l'usine sous le nom de *crottage*.

§ 5. — Extraction industrielle des produits de la gemme

La résine ou gemme amenée à l'usine est formée par le mélange de térébenthine et de matières étrangères solides ou liquides qui se déposent lors de l'exposition de la gemme à l'air pendant un temps plus ou moins long.

La térébenthine n'est en somme que de la résine ou de la gemme purifiée. Elle est elle-même formée de deux corps distincts: l'un liquide et volatil, l'*essence de térébenthine,* et l'autre solide à la température ordinaire, la *colophane*.

Les principes qui permettent de séparer ces différentes substances sont les suivants :

1° Par liquéfaction et filtrage de la gemme, on sépare la térébenthine de l'eau, du sable, des esquilles d'écorce, de bois et des autres matières étrangères [1] ;

2° En distillant la térébenthine, on peut recueillir séparément l'*essence* et la *colophane* qui entrent en ébullition à des températures différentes.

La gemme brute, placée dans une chaudière ouverte à sa partie supérieure, est chauffée à feu nu jusqu'à ce que la matière soit bien liquide. On laisse reposer; les substances se décantent par ordre de densité; les plus lourdes, telles que le sable et les corps étrangers, restent au fond; les plus légères, comme l'eau, les esquilles de bois et d'écorce, montent à la surface; au milieu se trouve la térébenthine presque pure.

Pour compléter la séparation, on filtre la térébenthine sur des claies en paille disposées au-dessus de réservoirs en bois.

1. Grand nombre d'insectes et principalement des chenilles.

La térébenthine est ensuite placée dans la cornue d'un alambic, pour être distillée. L'essence volatile passe dans un serpentin pour être recueillie au delà du réfrigérant; la colophane liquéfiée est soutirée par un robinet placé au bas de la cornue et ensuite filtrée sur un tamis métallique.

Les différents produits tirés de la gemme sont :

Le galipot,
L'essence de térébenthine,
Les colophanes,
Les brais,
Les pâtes de térébenthine,
La résine jaune,
Le goudron.

L'industrie les utilise de diverses manières, ainsi :

Le galipot entre dans la composition de certains vernis; il est aussi employé dans la marine, surtout en Hollande, pour peindre la coque des navires et les mâts.

L'essence de térébenthine sert à la fabrication des couleurs à l'huile, et à une foule d'autres emplois; en médecine, elle est aussi donnée comme remède.

La colophane entre dans la composition des pâtes à papier, dans celle des savons; on en fait de la cire à cacheter, etc. Les brais qui se distinguent en *brais clairs, brais secs, brais gras* ou *poix noire,* suivant le mode de fabrication, s'obtiennent soit par la combustion en vase clos des claies en paille sur lesquelles on a filtré la térébenthine pour la clarifier, soit par la distillation des souches de pins. En général, ces brais servent à la fabrication des résines jaunes du commerce employées pour faire des torches, pour coller des papiers communs, ou encore comme fondants pour souder les métaux; ils donnent aussi les poix noires, les goudrons employés dans la marine.

Les pâtes de térébenthine servent à composer des vernis, des cires à cacheter, des encres lithographiques. On distingue trois sortes de ces pâtes qui empruntent leur nom aux procédés de leur extraction.

La pâte de térébenthine *à la chaudière* n'est autre chose que la partie la plus pure de la gemme fondue et filtrée sur des claies en paille. Celle dite *au soleil* est fabriquée en laissant exposée à la chaleur du soleil la gemme brute placée dans des caisses percées de trous à travers lesquels s'écoulent les parties les plus fusibles. Pour faire les pâtes *de Venise,* on place les barriques remplies de gemme sur des chevalets; on se contente de recueillir les produits qui, à la température ordinaire, s'écoulent à travers les intervalles entre les douelles. Les pâtes ainsi obtenues sont en très faible quantité, mais elles sont de qualité exceptionnelle. Les chiffres suivants donnent d'ailleurs la valeur relative de ces trois derniers produits :

Quand la pâte de térébenthine *à la chaudière* vaut 37f les 100 kilogr.
celle — *au soleil* — 40 —
celle — *de Venise* — 250 —

En brûlant les souches et les résidus de fabrication dans des chambres en maçonnerie fermées et séparées par des diaphragmes métalliques, on récolte du *noir de fumée.* Enfin, on en obtient aussi par distillation certaines huiles dites huiles de pin qui, depuis quelque temps, sont employées pour l'éclairage et, comme antiseptiques, pour la préservation des bois employés à l'air.

ARTICLE TROISIÈME

Gemmage des autres essences résineuses.

Gemmage du sapin. — Chez le sapin, la térébenthine est surtout abondante dans l'écorce, où elle s'accumule dans de petites tumeurs ou ampoules qui apparaissent en saillie à l'extérieur de l'arbre. On la récolte en piquant simplement ces ampoules avec le bec acéré d'un petit vase en fer-blanc, afin de recueillir les quelques gouttes de liquide qui s'en échappent. Cette pratique, peu productive et de plus en plus délaissée, produisait la térébenthine dite *de Strasbourg.*

Gemmage de l'épicéa. — On résine l'épicéa par des entailles longitudinales, longues et étroites, faites dans toute l'épaisseur de l'écorce ; les larges canaux rayonnants du liber laissent suinter la térébenthine avec abondance. Il suffit de rélargir l'entaille de temps

1. Une importante usine, établie à Sainte-Eulalie-en-Born (Landes), fabrique ces produits en même temps que du charbon de bonne qualité, par distillation en vase clos de bois de cœur de pin gemmé.

à autre, à travers les nouvelles couches libériennes qui s'organisent, pour continuer la récolte pendant de longues années. Cette opération assez lucrative pour être appliquée dans les forêts du Nord de l'Europe où les bois n'ont encore que peu de valeur, est très préjudiciable aux forêts. En France, elle n'est pratiquée que par les délinquants qui abîment les arbres d'autant plus qu'au lieu d'entailler simplement l'écorce, ils incisent profondément et inutilement le corps ligneux sans aucun souci de la valeur du bois. (*Fig.* 43.)

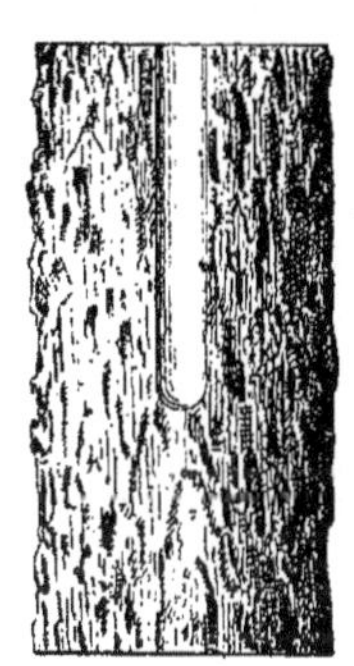

Fig. 43.
Gemmage de l'épicéa.

Gemmage du mélèze. — L'Autriche produit la majeure partie de la résine de mélèze livrée au commerce. D'après M. Marchand[1], deux procédés d'extraction y sont en usage, ce sont :

1° *Le procédé styrien.* — Au moyen d'une tarière dont la mèche présente un diamètre de 0m,26 environ au milieu, et une longueur qui varie entre 0m,80 et 1m,20, on fore dans le tronc de l'arbre, le plus près de terre possible, un trou dirigé de bas en haut, allant jusqu'au cœur ou même le dépassant. Ce collecteur provoque l'écoulement de la résine qui vient s'amasser dans un récipient placé au-dessous de l'ouverture, à l'orifice de laquelle est ajustée une petite lamelle d'épicéa formant gouttière. On abrite le tout contre les impuretés au moyen d'une branche d'épicéa bien feuillée ou d'un fragment d'écorce. (*Fig.* 44.)

Le gemmage épuise les mélèzes ; aussi, pour ne pas les faire périr trop rapidement, on ne récolte la résine que pendant une saison, à laquelle on fait succéder une période de repos dont la durée varie de 2 à 6 ans, suivant les régions. Pour mettre un arbre en chômage, on bouche hermétiquement le trou avec un tampon en bois, qu'il suffit d'enlever dès qu'on veut rétablir l'écoulement. Avec ces précautions on peut prolonger le résinage pendant 30 années et plus.

1. *Mission forestière en Autriche.* Arbois, imprimerie Javel, 1869.

2° *Procédé tyrolien.* — En se servant d'une tarière d'un calibre un peu plus fort ($0^m,03$), on perce, au pied de l'arbre, un trou

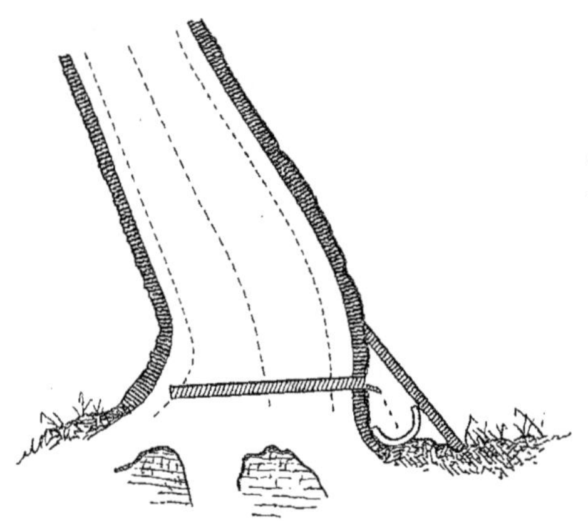

Fig. 44. — Gemmage du mélèze. Procédé styrien, d'après M. Marchand.

dirigé horizontalement ou incliné de haut en bas vers le centre; cette opération terminée, on bouche le trou à l'aide d'une cheville.

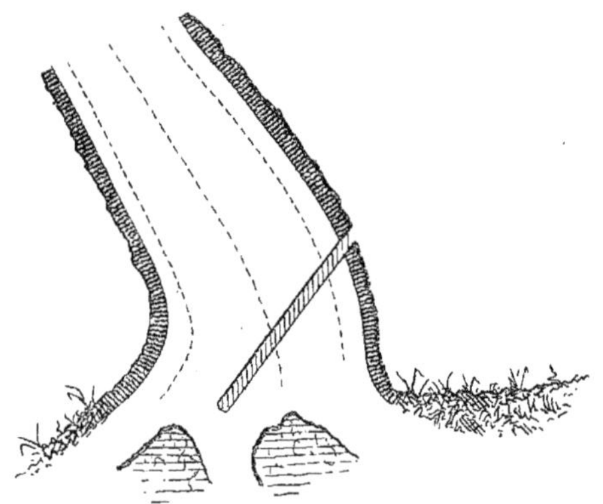

Fig. 45. — Gemmage du mélèze. Procédé tyrolien, d'après M. Marchand.

En automne, on enlève, au moyen d'une cuillère de forme spéciale, la résine qui s'est amassée dans la partie vide. (*Fig.* 45.)

Comme dans le procédé styrien, à des années d'activité succèdent des périodes de repos ; mais le procédé tyrolien qui fournit davantage au début, fatigue plus les arbres et ne peut pas être appliqué au delà de 15 à 20 ans.

Le résinage du mélèze ne donne qu'un très mince profit au propriétaire, de 0 fr. 05 c. à 0 fr. 07 c. par arbre et par an, dit M. Marchand. C'est bien peu, surtout si on considère le préjudice causé au bois par cette opération qui, d'ailleurs, ne peut être appliquée qu'aux mélèzes âgés de 150 à 200 ans.

Gemmage du pin noir d'Autriche. — Dans le Wienerwald on résine le pin laricio en faisant sur son fût une large entaille qui embrasse à peu près le tiers de la circonférence et entame l'écorce dans toute son épaisseur, sans pénétrer dans le corps ligneux simplement dénudé. Au pied de cette carre dont la hauteur au début ne dépasse pas 7 à 8 centimètres, on creuse dans le tronc un réservoir dans lequel la résine vient se rassembler en suivant les deux rigoles inclinées en forme de V qui terminent l'entaille. On rafraîchit la carre par le haut plusieurs fois dans la saison. Les années suivantes, on continue le gemmage en ayant soin, à la reprise de chaque opération, de fixer dans l'arbre deux petites gouttières en bois qui rassemblent la résine sur un même point et lui permettent d'arriver plus rapidement au réservoir inférieur sans se diffuser sur toute l'entaille où elle se dessécherait trop rapidement. L'entaille s'élève de $0^m,40$ à $0^m,50$ par an, de telle sorte qu'au bout de 10 ans, durée moyenne du gemmage appliqué au même arbre, elle atteint de 4 à 5 mètres.

Ces larges entailles ne se recouvrent pour ainsi dire jamais et elles dégradent complètement le sujet, au point de vue de ses emplois comme bois d'œuvre. Les produits en résine sont, d'ailleurs, beaucoup inférieurs en quantité à ceux fournis par des pins maritimes de même dimension.

Gemmage du pin d'Alep. — Le pin d'Alep était autrefois résiné par des procédés analogues à ceux employés pour le pin maritime. Ce résinage, qui ne donnait que des produits peu abondants, est tombé en désuétude. C'est seulement dans quelques forêts des Bouches-du-Rhône que l'on voit encore *surler* ou gemmer ces pins.

TRAVAUX ET OUVRAGES CONSULTÉS.

MATHIEU. — *Flore forestière.*

BAGNÉRIS. — *Cours enseignés à l'École forestière.*

BOITEL. — *Du Pin maritime et de sa culture dans les dunes* (Paris, Bouchard-Huzard, 1848).

Éloi SAMANOS. — *Traité de la culture du pin maritime* (Paris, librairie agricole, 1863).

CROISETTE-DESNOYERS. — *Gemmage du pin maritime.* Brochure présentée à l'Exposition de 1878. (Imprimerie nationale.)

MARCHAND. — *Mission forestière en Autriche.* Arbois, 1869.

DEUXIÈME PARTIE

DÉBIT EN BOIS MARCHANDS

CHAPITRE PREMIER

ABATAGE ET FAÇONNAGE DES BOIS. — CUBAGE DES ARBRES ABATTUS

ARTICLE PREMIER

Outillage des bûcherons.

Les bûcherons sont exclusivement chargés d'*abattre* les arbres et de *façonner* les portions destinées à être employées comme combustible ou comme menu bois de service. Ils ne font que préparer les grosses pièces propres à l'œuvre et dont le débit marchand sera ultérieurement confié à des ouvriers spéciaux.

Les outils du bûcheron, comme tous ceux servant à travailler le bois, peuvent être rapportés à deux types principaux dérivés du coin : 1° les outils *tranchants*, 2° les outils *raclants*.

Les premiers ont le fer taillé en biseau et terminé par une arête unie et aussi bien avivée que possible. Ils agissent en même temps à la manière des coins proprement dits, pour fendre le bois dans le sens des fibres, et comme couteau pour le trancher sous un angle quelconque. Telles sont : les *serpes* et les *haches* ou *cognées*.

La lame des scies a ses deux faces parallèles ; elle est dentée d'un côté, et fortement tendue dans un châssis rigide. Les dents travaillent, à la façon des grattoirs, pour user et *râper* la fibre.

1° *Outils tranchants.* — Les serpes varient peu dans leur forme. (*Fig.* 46[1].) Elles servent au façonnage en même temps qu'à l'exploitation des brins trop faibles pour supporter le choc de la hache.

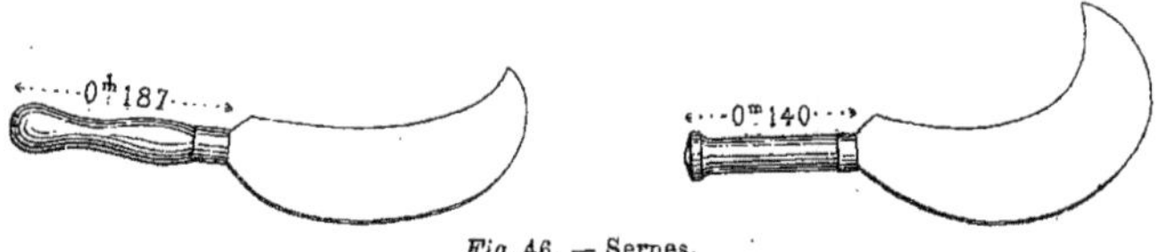

Fig. 46. — Serpes.

Les haches ont le tranchant large et bien affilé. Leur fer affecte les formes les plus diverses; mais, en général, c'est dans les régions

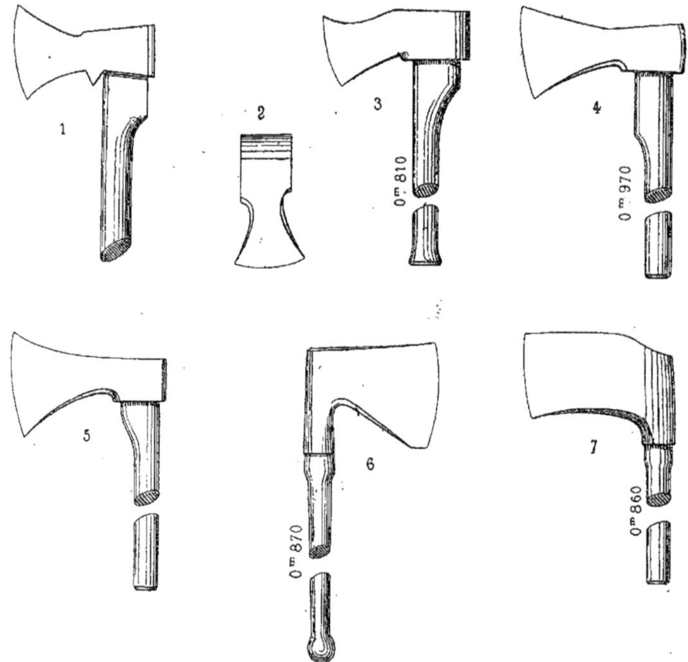

Fig. 47. — Différents types de haches.
1. 2. Haches des Vosges. — 3. Hache du Dauphiné. — 4. Hache de Lorraine. — 5. Hache du Charolais. — 6. Hache des Landes (Saint-Sever). — 7. Hache de Bretagne.

forestières du Nord et de l'Est de la France ou dans les pays de mon-

1. Tous les outils sont exactement réduits à l'échelle de $\frac{1}{10}$.

tagnes que ces outils sont le mieux compris et le mieux fabriqués. (*Fig.* 47.)

On donne souvent le nom de cognées à des haches dont le fer est long et étroit. Elles sont assez lourdes et leur tête aplatie peut servir de masse. On les emploie surtout dans les futaies du Centre, de l'Ouest et du Nord, où elles conviennent spécialement pour le mode d'exploitation en terre. Le type de la cognée est à peu près

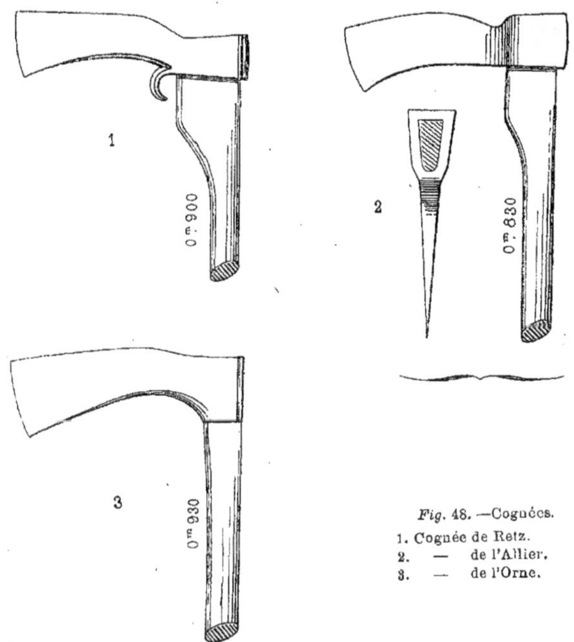

Fig. 48. — Cognées.
1. Cognée de Retz.
2. — de l'Allier.
3. — de l'Orne.

constant et, d'une contrée à l'autre, sa forme ne diffère que par des détails de fabrication. (*Fig.* 48.)

2° *Outils raclants.* — On distingue deux espèces de scies : celles dites *passe-partout* qui servent à l'abatage et à la découpe des grosses tronces, sont tantôt rectilignes, tantôt légèrement convexes. Leurs dents sont taillées de telle façon qu'elles peuvent travailler dans les deux sens du mouvement de va-et-vient qui leur est imprimé. (*Fig.* 49.)

Les *scies à mains* servent à la découpe des bûches de moyenne et

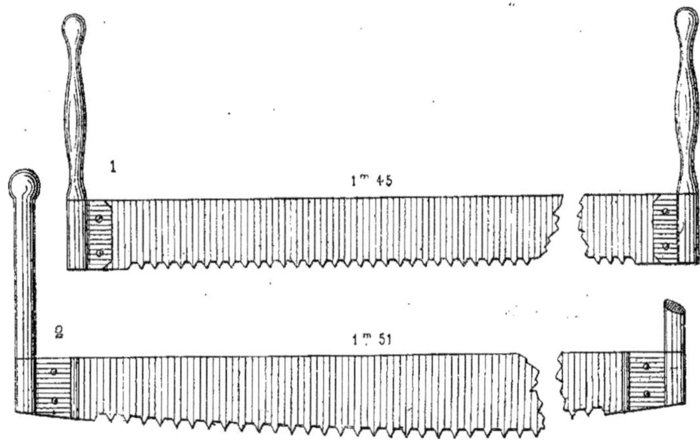

Fig. 49. — Scies passe-partout.

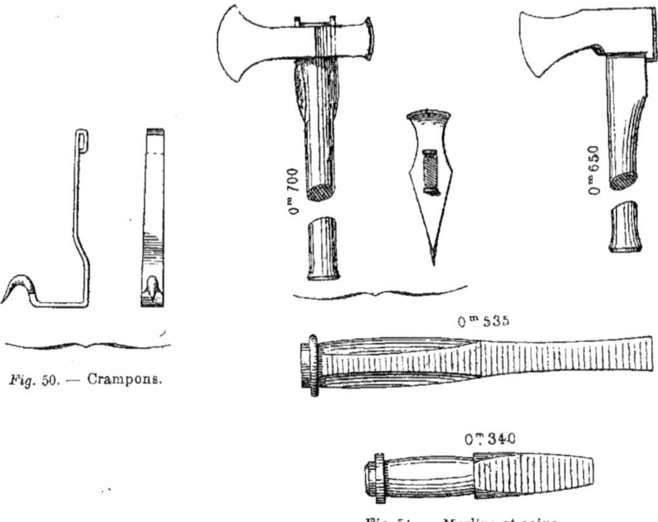

Fig. 50. — Crampons.

Fig. 51. — Merlins et coins.

de petite grosseur; elles sont maniées par un seul ouvrier, et leurs dents inclinées ne travaillent que dans le sens de la poussée.

L'ouvrier ébrancheur est muni de *crampons* (*fig.* 50), qu'il s'attache aux pieds pour monter sur les arbres, et d'une hachette dont la forme réduite est calquée sur celle de la hache en usage dans la contrée.

Chaque chantier est également pourvu d'un *merlin* (sorte de hache, peu tranchante, formant masse) et de *coins* en bois ou en fer. (*Fig.* 51.)

Si on ajoute à ces instruments une meule en grès, une pierre à aiguiser, une lime tiers-point pour affûter les scies et une tarière, on aura l'outillage complet du bûcheron ; car celui-ci fabrique sur place, au moyen de morceaux de bois choisis dans la coupe, les différents chevalets dont il aura besoin.

ARTICLE DEUXIÈME

Opération de l'abatage.

L'abatage des bois se fait différemment, suivant qu'il s'agit : 1° de *perches* ou brins de taillis dont la régénération doit être obtenue par rejets de souches ; 2° d'*arbres*[1], quelle que soit leur origine.

L'exploitation des produits dans les coupes dites d'amélioration n'exige aucune précaution spéciale autre que celles nécessaires pour éviter d'endommager les tiges d'avenir qui entourent celles à abattre.

§ 1er. — Abatage des perches ou brins de taillis

L'abatage se fait avec des instruments bien tranchants, afin de ne pas faire éclater la souche et l'écorce qui la recouvre. Les perches ayant un décimètre de tour et au-dessus doivent être coupées à la hache ; pour les brins plus faibles, il est préférable d'employer la serpe, afin d'éviter l'ébranlement et surtout la rupture des racines, accidents que le choc de la hache occasionne aisément. Qu'on se serve de la hache ou de la serpe, il faut avoir soin, pour éviter les déchirures et les décollements du liber au-dessous de la section d'a-

1. Le nom d'*arbre*, pris dans son sens général, s'applique ici à tout sujet ayant au minimum $0^m,30$ de diamètre, c'est-à-dire 1 mètre de tour à hauteur d'homme.

batage, de trancher bien nettement l'écorce sur tout le pourtour du collet avant de faire tomber la perche. L'exploitation doit également se faire aussi près de terre que possible, afin d'obtenir de véritables rejets de souches, et on donnera à la section d'abatage une forme telle que les eaux pluviales ne puissent y séjourner. C'est ce que l'on nomme exploiter *en talus,* par opposition à l'exploitation dite *en gouttière* qu'il ne faut jamais pratiquer. (*Fig.* 52.) D'ailleurs les ouvriers abattent les bois *à tire et aire,* c'est-à-dire de proche en proche et dirigent la chute des brins vers les parties déjà exploitées, de façon à ne pas embarrasser ni briser les bois sur pied.

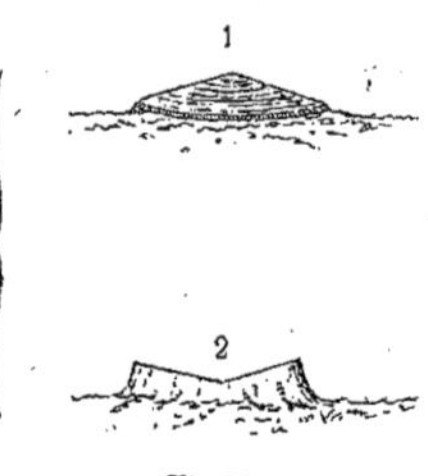

Fig 52.
1. Exploitation en talus.
2. Exploitation en gouttière.

§ 2. — ABATAGE DES ARBRES

L'exploitation des arbres ne demande pas qu'on donne à la section d'abatage les soins exigés pour les perches et les brins de taillis, puisqu'on n'a pas à ménager les souches en vue d'une régénération par rejets. Par contre, d'autres précautions sont à prendre.

Avant de procéder à l'abatage d'un arbre, il faut déterminer exactement le point où on le fera tomber. Si le terrain est en pente, il faudra toujours diriger la chute du côté d'amont pour diminuer autant que possible la violence du choc. Le cas échéant, on s'arrangera de façon à ne pas endommager les cimes des réserves voisines, tout en choisissant les points où les semis auront le moins à souffrir. C'est pour éviter les dégradations de ce genre que, le plus souvent, on est conduit à ébrancher complètement les arbres avant de les abattre. Dans certaines régions, cette opération s'appelle *botter* un arbre. D'ailleurs, par l'ébranchage ou le *bottage,* un ouvrier habile peut, à son gré, en conservant certaines branches, déplacer le centre de gravité de l'arbre dans un sens favorable à la direction qu'il désire lui imprimer.

Il est également prudent de veiller à ce que l'arbre tombe sur une surface aussi unie que possible, car, trop souvent, une grosse pierre, un tronc gisant et qu'on a négligé de détourner, sont la cause de dégradations assez importantes pour amener le déclassement des pièces les plus précieuses.

Que l'on ait affaire à des réserves sur taillis ou à des arbres crus en futaie, l'abatage peut se faire de trois manières différentes : *à la hache, à la scie,* ou *par extraction de souches.*

1° *Abatage à la hache.* — Dès que l'arbre est ébranché, le bûcheron fait à son pied, du côté où il veut le faire tomber, une première entaille (A, *fig.* 53), dont le fond sera autant que possible réglé perpendiculairement au plan de chute. Puis il en fait une seconde (B) du côté opposé et qu'il approfondit à la rencontre de la précédente.

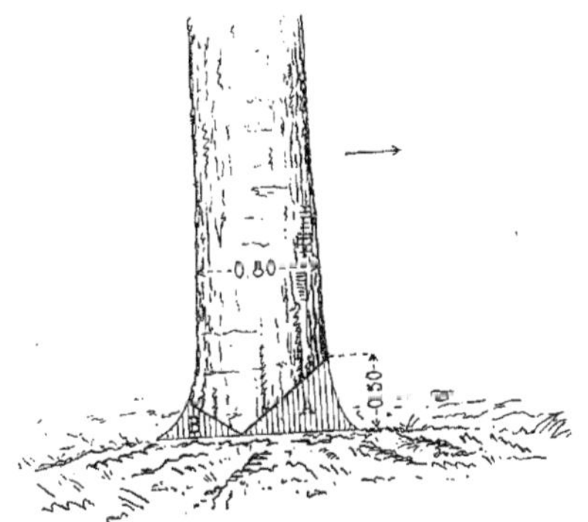

Fig. 53. — Abatage à la hache.

La première entaille sera toujours assez profonde pour dépasser sensiblement le cœur de la tige, d'abord pour assurer la chute du côté voulu, et ensuite pour éviter les arrachements en longs éclats qui se produisent dans la zone centrale plus facilement que partout ailleurs.

Si la verticale passant par le centre de gravité tombe dans la grande entaille, la chute se fera naturellement du côté voulu. Dans le cas contraire, on devra imprimer à l'arbre un premier mouvement dans le sens convenable, au moyen d'efforts exercés à une hauteur suffisante avec des cordes ou des perches à crochets.

Il arrive parfois, surtout quand les arbres ne sont pas suffisamment ébranchés, qu'un coup de vent les renverse dans une direction mauvaise où ils commettent des dégâts plus ou moins graves. Un bûcheron prudent évitera ces accidents en étayant ou en soutenant avec des liens les arbres dont il n'a pu connaître suffisamment les conditions d'équilibre.

Il faut toujours faire la section le plus près possible du sol, afin de profiter de toute la longueur des fûts. Mais, quelles que soient les précautions prises à cet égard, l'abatage à la hache occasionne un déchet d'autant plus considérable que l'arbre est plus gros. La portion perdue comme bois d'œuvre a souvent une hauteur égale à celle de l'ouverture de la plus grande entaille ; en moyenne, elle peut être évaluée comme suit :

Pour un arbre de	$0^{m},30$	de diamètre à	$0^{m},25$	de hauteur.
—	0 ,40	—	0 ,30	—
—	0 ,50	—	0 ,35	—
—	0 ,60	—	0 ,40	—
—	$0^{m},70$ à $0^{m},80$	—	de $0^{m},45$ à $0^{m},50$	de hauteur.
—	0 ,90 à 1 ,00	—	de 0 ,50 à 0 ,55	—

A côté de ce grave inconvénient, l'abatage à la hache est aussi l'occasion de gaspillages inutiles de la part des bûcherons à qui on

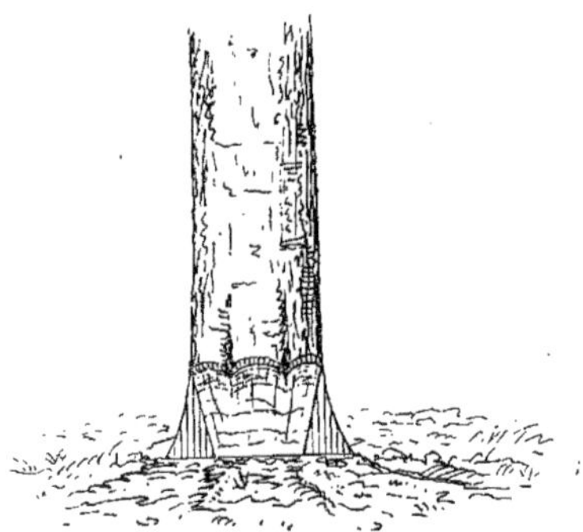

Fig. 54. — Abatage à la scie.

abandonne, comme acompte sur leur salaire, les copeaux d'abatage ; aussi ne devrait-il être toléré que pour les arbres destinés à être convertis entièrement en chauffage. Pour tous ceux susceptibles de donner du bois d'œuvre, on devra préférer l'un des modes suivants.

2° *Abatage à la scie.* — Dans les forêts situées en plaine, on prépare l'arbre ébranché en rabattant à la hache l'empâtement dû aux plus fortes racines[1], de façon à prolonger la forme cylindrique de la tige jusqu'au niveau du sol. (*Fig.* 54.) On détermine ensuite la ligne de chute, et on commence à scier du côté opposé en disposant le trait de scie perpendiculairement à la direction choisie. On remédie à la pression que le poids de l'arbre exerce sur l'outil, en chassant fortement des coins dans le trait et en arrière de la lame. A mesure

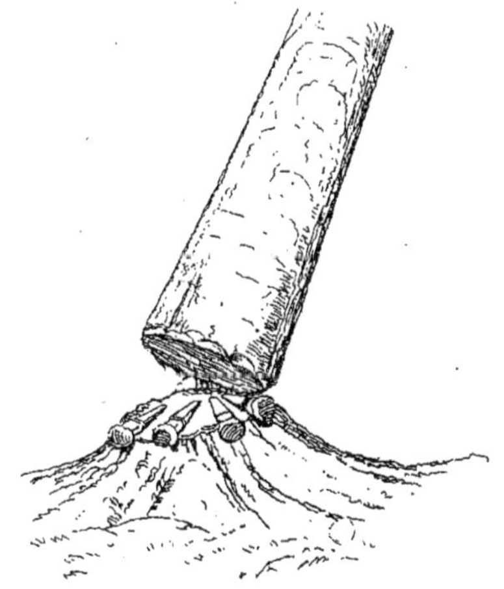

Fig. 55.

que la scie pénètre, on chasse les coins davantage et on force l'arbre à s'incliner du côté où on veut le faire tomber. Généralement il est nécessaire d'employer trois ou quatre coins (*Fig.* 55) convenablement espacés, et, avec cette disposition, des ouvriers habiles, en frappant tantôt sur un coin, tantôt sur l'autre, arrivent à diriger la chute avec une précision mathématique. Dans les fourrés et les gaulis, les bûcherons tracent à l'avance le sillon dans lequel chaque

1. Dans les régions montagneuses, sur les versants rapides, on se dispense de cette première opération. (*Fig.* 55.)

arbre viendra se coucher et maintiennent, inclinés à droite et à gauche, au moyen de harts, les jeunes brins les plus beaux qu'ils veulent préserver.

3° *Abatage par extraction de souche.* — Les deux procédés d'abatage dont il vient d'être question sont dits à *culée blanche,* parce qu'ils laissent sur le sol la trace blanche de la souche fraîchement coupée; par opposition, on appelle à *culée noire* l'abatage par extraction de souche tel qu'il va être décrit.

Dans certains pays de la France où le chêne domine et où l'on

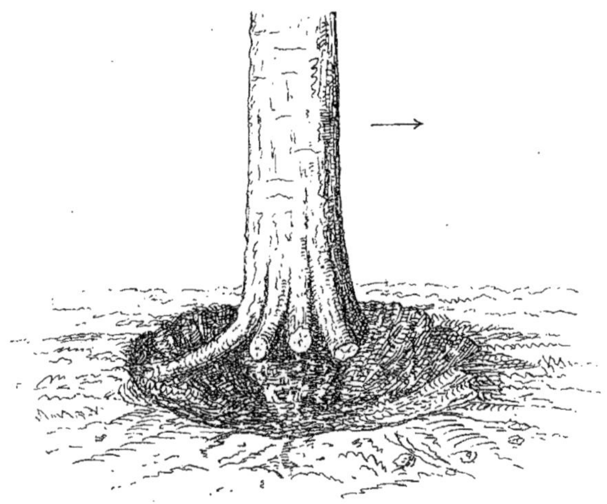

Fig. 56. — **Abatage par extraction de souche.**

cherche à tirer de chaque arbre de cette précieuse essence le plus de bois d'œuvre possible, on coupe la tige en terre. Pour cela, on commence par creuser le sol dans un rayon d'un mètre environ tout autour de l'arbre de façon à découvrir ses racines; on coupe à la cognée celles qui se rencontrent du côté choisi pour la chute et on continue la fouille pour mettre à nu le pivot que l'on tranche à une profondeur convenable. On termine l'opération par la résection des autres racines, en conservant pour la dernière celle directement opposée à la ligne de chute. (*Fig.* 56.) L'arbre est d'ailleurs maintenu et dirigé par des cordes ou des perches à crochets. Mais ce procédé, malgré les avantages qu'il présente, ne peut être employé dans les coupes de futaie marquées en délivrance; il en est de même dans les sols rocheux et dans ceux sujets à des éboulements.

Aucun des moyens mécaniques inventés depuis quelque temps pour abattre rapidement les arbres n'est appliqué, en France, dans les forêts. Ces procédés sont d'ailleurs peu compatibles avec les théories actuelles de traitement qui toutes reposent sur la régénération naturelle.

§ 3. — Tronçonnement des arbres sur pied

Dans les belles futaies de chênes du Centre et de l'Ouest de la France, où les arbres de cette essence atteignent une hauteur de fût de 25 à 30 mètres, avec un diamètre relativement faible, on tronçonne les tiges sur pied par billons de 6 à 8 mètres de longueur, dans la crainte de les voir se briser lors de leur chute. L'ouvrier ébrancheur monte sur l'arbre avec des crampons (*Fig.* 57); quand il est arrivé à la hauteur voulue, il s'attache avec une corde de façon à avoir les deux bras libres et, ainsi suspendu sur ses crampons, il coupe la tige à la hauteur de ses épaules. Sous l'impulsion qui lui est donnée, la partie détachée tombe verticalement et la pointe en bas, pénètre dans le sol à plusieurs décimètres de profondeur et y reste fixée debout. Ces énormes pieux donnent parfois un singulier aspect aux coupes ainsi exploitées.

Fig. 57. Tronçonnement des arbres sur pied.

ARTICLE TROISIÈME

Façonnage des produits.

Pour maintenir l'ordre dans les exploitations et ne pas trop encombrer le parterre des coupes, il est nécessaire de faire immédiatement subir aux produits un premier façonnage.

Au fur et à mesure de l'abatage, les brins de taillis et les perches de grosseur équivalente, quelle que soit d'ailleurs la nature des coupes, sont façonnés en la forme que comportent les différents emplois auxquels on les destine. Les bois à brûler sont découpés à la scie jusqu'à la grosseur minima adoptée par les usages locaux, puis empilés par catégories de marchandises. Certains menus bois d'œuvre tels que : perches à mines, perches à houblon, sont éboutés à la longueur convenable et, après avoir partiellement enlevé leur écorce suivant des flaches longues et étroites, afin de faciliter leur dessiccation, on les dispose en meules verticales. D'autres, comme les bois d'échalas, sont coupés en bûches d'une certaine longueur, puis empilés suivant l'usage adopté pour les bois de feu. Les cimes, les branches et les petites tiges de grosseur trop faible pour entrer dans le bois de corde sont disposées par tas entre piquets, en attendant qu'on vienne les façonner en fagots ou en bourrées, suivant les cas.

Dans les coupes de taillis sous futaie, on termine généralement le façonnage du sous-bois avant d'abattre les arbres.

Quand les arbres sont ébranchés sur pied, les produits de l'ébranchage doivent être façonnés avant la chute de l'arbre. Dès que l'arbre est tombé, on *ravale*, à la hache et rez-tronc, les chicots d'ébranchage.

La tige étant ainsi *parée*, on sépare, s'il y a lieu, le tronc (partie propre à l'œuvre) du cimeau qui ne donne que du bois de feu. Parmi les branches on choisit, pour les tronçonner dans la même forme, toutes celles qui, par leur grosseur et leur régularité sont susceptibles de donner du bois d'œuvre. Les extrémités de ces grosses branches et le surplus du houppier sont de suite découpés en billes de chauffage et les *remanants* sont empilés pour être fagotés ultérieurement.

Quand l'arbre dans son entier doit être converti en bois à brûler, on procède immédiatement aux opérations que ce genre de débit comporte.

Les copeaux d'abatage (*ételles* dans certaines contrées), les chicots, les débris de toute sorte sont réunis par tas.

Pour éviter que ces déchets ne se multiplient d'une manière exagérée, il faut, autant que possible, faire toutes les découpes à la scie.

ARTICLE QUATRIÈME

Cubage des bois abattus.

§ 1er. — Méthode générale de cubage

Cuber une pièce de bois c'est évaluer le volume de la matière ligneuse qu'elle renferme.

Il est évident, tout d'abord, que la partie aérienne d'un arbre, quel qu'il soit, ne saurait être comparée à aucun des volumes géométriques connus et que, pour la cuber, on sera nécessairement conduit à la décomposer suivant ses différents éléments pour considérer, séparément, la tige et chacune des branches.

Mais la tige, qui de toutes les parties de l'arbre est, sans contredit, la plus régulière, est elle-même loin d'affecter dans son ensemble une forme géométrique : ce n'est ni un cône, ni un tronc de cône, ni un cylindre. C'est de la forme conique que la majorité des tiges se rapproche le plus; mais, suivant l'âge, suivant l'espèce et les circonstances de végétation, chacune s'éloigne plus ou moins de ce type. La forme la plus habituelle est celle d'un cône renflé vers son sommet.

Il en résulte qu'on ne peut calculer exactement le volume d'une tige en fonction de sa longueur et de sa grosseur à la base. Ce qui est vrai pour la tige, se dirait avec bien plus de raison pour les branches qui affectent les dispositions les plus irrégulières et parfois même les plus bizarres.

Mais, si aucune des parties de l'arbre ne présente dans son ensemble une régularité convenable, on peut admettre que, si l'on tronçonne une tige ou une branche en billons de faible longueur, on ne commettra pas d'erreur sensible en assimilant ceux-ci à des solides géométriques, d'autant plus qu'il s'établira des compensations entre les erreurs commises sur chacun des billons. Tel est, en effet, le moyen détourné auquel on a recours pour cuber un arbre, en réduisant la longueur des billons d'autant plus qu'on désire obtenir des résultats plus exacts.

Toutefois, dans les parties constituantes de l'arbre, si le plus grand nombre a des dimensions suffisantes pour justifier un calcul individuel, il en est d'autres, et notamment les ramilles, dont le cubage par sectionnement serait beaucoup trop long eu égard au degré d'exactitude obtenu. Pour simplifier l'opération, on est convenu de calculer par cubage direct seulement les plus grosses parties de la tige et des branches jusqu'à un minimun de 0,20 de circonférence et d'évaluer toutes celles d'une grosseur moindre au moyen du procédé mixte par pesées et par immersion dans l'eau. Les premières de ces parties composent le *bois plein* (Derbholz, en Allemagne), par opposition aux secondes qui forment le *menu bois* (Reisholz).

§ 2. — Instruments employés pour le cubage

Après avoir fait les découpes nécessaires, on se sert, pour cuber un arbre, des instruments suivants : *mètre, ruban gradué, compas forestier, xylomètre, balance* (bascule ou romaine), afin de faire des pesées, plus une *griffe* ou *roanne.*

Mètre. — Le mètre le plus commode est celui muni à chacune de ses extrémités de pointes en acier qui permettent de le fixer horizontalement dans l'écorce des arbres.

Les rubans. — Les rubans servent à mesurer les circonférences. Les uns sont en toile, les autres en cuir, d'autres entièrement en acier; ces derniers ont l'inconvénient d'être d'un prix élevé et assez fragiles. Les meilleurs sont formés d'un tissu mélangé dont la chaîne est en laiton et la trame en fil. On évite, au moyen de cette disposition, les allongements qui sont à craindre dans tous les rubans que le commerce fournit à bon marché.

On se sert aussi utilement de petites chaînettes en acier dont les mailles ont un centimètre de diamètre; les décimètres y sont marqués par des anneaux de laiton. Une des extrémités de cette chaînette est munie d'une pointe en acier qui permet de la fixer dans l'écorce.

Le *compas forestier* sert à mesurer les diamètres. Cet instrument, d'un usage très répandu dans la pratique des estimations, se compose d'une règle graduée portant, à angle droit, deux branches plus petites : l'une, mobile, glisse à frottement doux le long de la grande règle, l'autre est fixe à son extrémité. (*Fig.* 58.) La règle est divisée

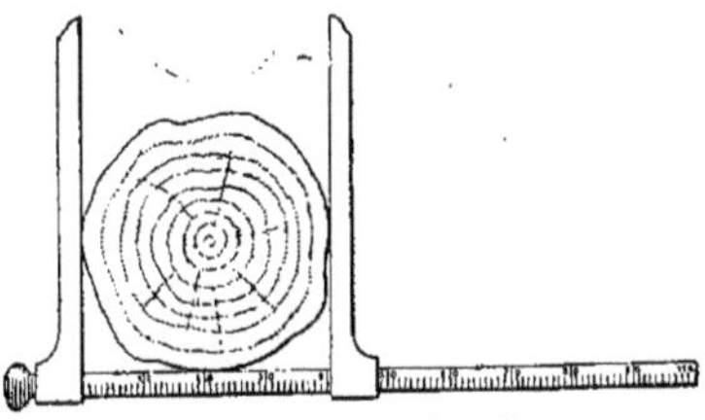

Fig. 58. — Compas forestier.

en centimètres à partir de la branche fixe; on lui donne ordinairement un mètre de longueur, les deux branches n'ayant pas plus de $0^m,60$. On prend la précaution de construire l'instrument avec du bois bien sec et qui se déjette le moins possible sous l'influence de la chaleur et de l'humidité[1].

Le xylomètre. — Il existe un grand nombre de xylomètres de différentes formes et de différents systèmes; il suffira de décrire celui adopté par la station d'expériences de l'École forestière de Nancy. Ce modèle, emprunté à la station bavaroise, est d'ailleurs un des plus commodes et des plus usités.

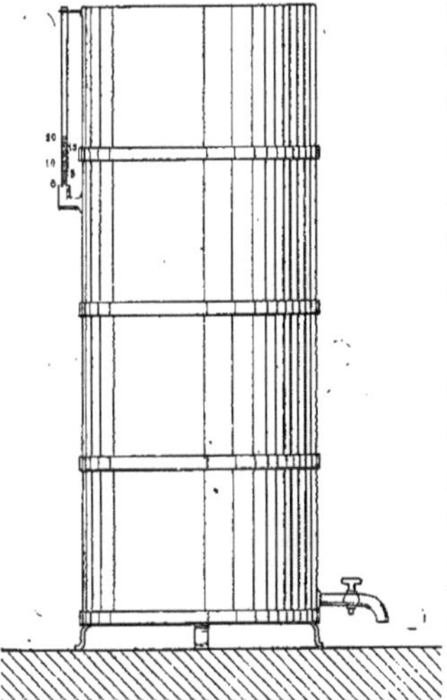

Fig. 59. — Xylomètre.

Cet instrument, fondé sur le principe des vases communiquants, se compose d'un récipient en zinc muni à sa partie supérieure d'un tube indicateur mobile. Ces deux pièces sont réunies par un ajustage en cuivre sur lequel se visse la garniture qui termine la partie inférieure du tube en verre. Celui-ci, dans le but d'éviter les accidents, s'engage à sa partie supérieure dans un anneau fixé au sommet du

1. Généralement on fait la règle en frêne ou en noyer et les branches en hêtre ou en érable.

récipient. Un robinet de fond permet de vider l'appareil ou de modifier le niveau de l'eau qu'il renferme. (*Fig.* 59.)

Le récipient, de forme cylindrique, est renforcé par quatre frettes en fer; il repose sur le sol au moyen de quatre pieds. Son diamètre intérieur est de $0^m,50$ et sa hauteur de $1^m,30$, de sorte que sa capacité est d'environ 250 litres ou un quart de mètre cube.

Le tube indicateur n'a que $0^m,35$ de longueur et $0^m,012$ de diamètre intérieur. Il est gradué dans des conditions telles que chacune des divisions et demi-divisions correspond exactement à un déplacement d'un litre et d'un demi-litre dans l'intérieur du cylindre. Ces divisions sont d'ailleurs numérotées de bas en haut et de cinq en cinq litres seulement.

La manœuvre de cet instrument est des plus simples. La différence entre deux lectures faites, l'une avant, l'autre après l'immersion, donne, en demi-décimètres cubes, le volume des corps plongés dans le récipient.

A défaut de xylomètre, on peut se servir d'une simple cuve. On la remplit d'eau jusqu'à un certain niveau qu'on fixe sur les parois intérieures, soit au moyen de pointes, soit par des traits au crayon. On plonge dans la cuve les pièces à cuber de façon à ce qu'elles soient complètement immergées et, avec un récipient de capacité connue, un litre, par exemple, on enlève de l'eau de manière à ramener le niveau dans ses repères. La quantité de litres enlevés représente le volume des pièces immergées.

Les balances ou bascules sont celles en usage dans le commerce et ne présentent rien de spécial.

Tous les forestiers connaissent les griffes ou roannes.

§ 3. — Cubage du bois plein

Toute l'opération se résout à cuber géométriquement le volume de billons supposés assez courts pour être de forme régulière.

A ce sujet, la question suivante se présente tout d'abord : faut-il prendre pour donnée le mesurage des diamètres ou celui des circonférences?

Pour tenir compte de ce fait que les billons n'ont presque jamais une section parfaitement circulaire, on est tenu, quand on adopte le diamètre pour base des calculs, de mesurer cette dimension dans deux directions perpendiculaires entre elles et de prendre la moyenne arithmétique des deux lectures. Aussi, quand il s'agit de bois de faibles dimensions et faciles à manier, l'emploi du compas ne procure pas une économie de temps sensible sur l'emploi du ruban. C'est seulement quand on a affaire à de grosses pièces, pesant lourdement sur le sol, que l'usage du compas sera préférable; mais encore faut-il faire observer que, dans ce cas, il faut se contenter de mesurer le diamètre sur l'un des côtés, la double opération étant impossible. Aussi, le plus souvent, même dans ces conditions, on procède par mesurage des circonférences. Pour cela, l'opérateur se munit d'une ficelle attachée à une tige de laiton recourbée et qu'il fait glisser sous la pièce à chacun des points où il veut en prendre le tour.

En ce qui concerne le degré d'exactitude des mesurages, il est clair que, si les deux instruments présentent la même unité de division (un centimètre par exemple), c'est le ruban qui, toutes choses égales d'ailleurs, fournira la plus grande approximation, car le diamètre, déduit de la circonférence pour obtenir la surface du cercle, sera approché d'un sixième de centimètre environ $\left(\frac{1}{2\pi}\right)$, tandis que le diamètre mesuré directement ne sera obtenu qu'à un demi-centimètre près.

Par contre, on peut dire que le mesurage de la circonférence donne toujours des résultats trop forts. En effet, les tiges ou branches sont plus ou moins *méplates*[1]; si donc, pour obtenir la surface géométrique, on déduit le diamètre de la mesure prise sur le tour du billon assimilé à une circonférence, on aura, au lieu du diamètre d'un cercle équivalent à la section réelle, un diamètre supérieur, puisque de toutes les courbes de même développement c'est la circonférence qui enferme la plus grande surface[2].

L'un et l'autre des modes de mesurage présente donc des incon-

1. On dit qu'un arbre est méplat, lorsqu'il existe une différence sensible entre deux diamètres perpendiculaires mesurés sur le même point.

2. Les marchands de bois, qui connaissent très bien ce fait, ont l'habitude de dire que la circonférence *ramasse du bois*.

vénients et des causes d'erreur; aussi est-il nécessaire, lorsqu'on fait des expériences demandant un certain degré d'exactitude, d'indiquer la manière dont on a opéré, afin que, en cas de vérification, les erreurs étant toujours commises dans le même sens, les résultats restent comparables.

La forme géométrique, dont l'immense majorité des billons se rapproche le plus, est celle du tronc de cône. Mais on sait que le calcul d'un tel solide est toujours assez long et qu'il n'est pas possible d'en généraliser les résultats, car une table des volumes tronconiques n'est pas à construire. Aussi, pour simplifier les opérations, on est convenu de considérer ces volumes comme des cylindres à chacun desquels on donnera pour base: soit la surface du cercle résultant d'un mesurage à mi-longueur, soit celle du cercle ayant pour diamètre la moyenne des diamètres extrêmes, ou, enfin, celle donnée par la moyenne arithmétique entre les surfaces des deux extrémités. Ces trois modes sont suffisamment approchés pour être employés indifféremment dans un cas donné. Toutefois, il y a lieu de faire remarquer que, quand les billons ont exactement la forme d'un tronc de cône, les deux premiers modes, absolument équivalents, donneront un résultat inférieur au volume tronconique réel[1], tandis que le troisième donnera un résultat plus élevé[2]; l'écart sera

---

1. Soient D et d les diamètres du billon, au gros et au petit bord, H sa longueur. Le volume cylindrique sera :

$$\frac{\pi}{4}\left(\frac{D+d}{2}\right)^2 H \quad ou \quad \frac{\pi}{16} H (D+d)^2;$$

et celui du tronc de cône :

$$\frac{1}{3}\frac{\pi}{4}(D^2+d^2+2Dd)\,H.$$

Il s'agit de démontrer que les résultats fournis par la première de ces formules sont plus faibles que ceux fournis par la seconde ; il suffit de développer pour que le fait devienne évident :

$$\frac{1}{16}\pi H (D^2+d^2+2Dd) < \frac{1}{12}\pi H (D^2+d^2+2Dd).$$

2. Il suffit de démontrer que le volume cylindrique obtenu par ce mode,

c'est-à-dire : $$\frac{\pi}{8} H (D^2+d^2) > \frac{1}{12}\pi H (D^2\ d^2+2Dd)$$

ou que : $$3D^2+3d^2 > 2D^2+d^2+2Dd$$

ou que : $$(D-d)^2 > 0.$$

d'autant plus fort que les diamètres extrêmes seront plus différents. Par conséquent, sur ce point encore, s'il s'agit d'expériences à poursuivre, il sera bon d'indiquer par quel procédé ont été obtenus les résultats donnés.

Cela étant posé, les calculs s'opèrent très rapidement à l'aide de tables donnant le volume des cylindres à bases variables sur 1 mètre de longueur.

§ 4. — Cubage du menu bois

Le menu bois est formé de ramilles, faciles à maintenir en forme de faisceau au moyen d'un simple lien, et de déchets ou copeaux qui ne peuvent être maniés qu'en les renfermant dans une bourse en filet ou en osier.

Les ramilles sont façonnées en faisceaux d'un diamètre assez faible pour qu'on puisse les introduire dans le cylindre du xylomètre et dont les volumes seront évalués individuellement au moyen de cet instrument. On peut toutefois se dispenser d'immerger tous les faisceaux en procédant de la manière suivante : les ramilles, façonnées en fagots ou bourrées de dimensions marchandes, sont pesées en bloc ; soit P leur poids total. On pèse ensuite une quelconque de ces unités : soit p son poids. On détermine au xylomètre le volume exact v du faisceau pesé à part et on obtient le volume total des ramilles au moyen de la proportion $\frac{p}{P} = \frac{v}{x}$.

Les copeaux peuvent être évalués par immersion, ou mieux encore au moyen de pesées, après avoir déterminé leur densité moyenne au moment où l'on opère. Pour calculer cette densité, il suffit, tous les copeaux étant pesés, de prélever dans le tas un lot suffisant que l'on renferme dans une bourse à mailles larges, dont le volume et le poids seront négligeables ; on pèse ce lot et on en détermine le volume au xylomètre. Le volume divisé par le poids donnera la densité, d'où l'on déduira le volume de tous les copeaux pesés [1].

---

1. Partant de la formule

$$P = Vd \text{ on a } V = P \times \frac{1}{d}$$

ou le poids $\times$ le facteur inverse de la densité.

§ 5. — Renseignements pratiques sur la manière de procéder.

Pour cuber dans son entier un arbre abattu, on commence par couper toutes les branches au moyen de sections bien nettes, faites rez-tronc, et de façon à conserver la tige dans toute sa longueur jusqu'à la dernière pousse.

On découpe ensuite toutes les branches à la scie en tronçons de 1 mètre de longueur[1], on arrête le débit aux bûches ayant une grosseur minima de 0m,20 de circonférence au petit bout. Ces tronçons réunis constituent le bois plein du houppier; les menus bois sont liés en faisceaux d'un diamètre assez faible pour entrer dans le xylomètre.

Tous les copeaux d'abatage et les autres déchets sont entassés ensemble.

Opérant d'abord sur la tige, en même temps qu'on mesure sa longueur totale, on trace sur l'écorce, au moyen de la roanne, des repères espacés entre eux de la longeur qu'on veut donner aux billons, généralement 1 mètre. Cette division est arrêtée à l'extrémité du billon ne présentant plus 0m,20 de circonférence au petit bout; la section faite à ce point séparera le bois plein du menu bois de la tige.

On prend ensuite, successivement, le diamètre ou la circonférence au milieu de chacun des billons, en ayant soin d'éviter les empâtements de branches susceptibles de donner des résultats exagérés. Toutes ces données sont inscrites, au fur et à mesure, sur un calepin et en regard de chacune d'elles on porte le volume cylindrique correspondant fourni par les tables[2]. Ces derniers chiffres totalisés donnent le volume du bois plein de la tige. Si l'on veut en avoir le volume *total,* il suffit d'ajouter à ce résultat le volume de son menu bois après l'avoir cubé séparément au xylomètre.

Au moyen d'un ruban gradué ou d'un compas, on mesure de même la circonférence moyenne ou le diamètre moyen de chacun

1. On peut éviter ce travail en marquant simplement, à la roanne, le milieu ou les extrémités de chaque billon, c'est-à-dire les points où la grosseur est à mesurer.

2. Voir Appendice. — Table des volumes cylindriques pour 1 mètre de longueur.

des billons provenant des branches, en portant sur un calepin préparé à l'avance le nombre des bûches entrant dans chacune des catégories de grosseur. Chaque bûche, après avoir été mesurée, est marquée d'un signe apparent, de façon à ce qu'on ne soit pas exposé à la compter deux fois. En multipliant le nombre des bûches inscrit dans chaque catégorie par le volume correspondant à l'unité (volume donné par les tables) et en faisant la somme des résultats obtenus, on aura le cube total du bois plein des branches.

Le menu bois (brindilles et copeaux) se mesure suivant l'un des procédés indiqués ci-dessus.

Tous ces volumes partiels réunis donneront le cube total de l'arbre.

Si les expériences sont faites en vue d'obtenir des coefficients à employer pour des estimations à faire en nature et en argent, on peut, dans le cours de l'opération, émarger les volumes correspondants à chacune des unités marchandes de différentes valeurs. Distinguer, par exemple, le volume du bois d'œuvre, O, de celui du bois de feu, F, celui des fagots et bourrées, R, et calculer tous les coefficients désirables par rapport au volume total V.

Cette méthode de cubage est nécessairement beaucoup trop longue et trop délicate pour être employée par le commerce des bois; aussi, dans la pratique, on adopte, suivant les diverses catégories de marchandises, des procédés de mesurage beaucoup plus expéditifs et qui seront indiqués plus loin. Mais, le volume réel, calculé comme il vient d'être dit, étant le seul qui donne des résultats exacts et comparables d'une région et d'un opérateur à un autre, le forestier est obligé d'y avoir recours dans nombre de circonstances dont il suffira d'énoncer les principales :

1° Pour comparer entre elles les différentes méthodes de cubage adoptées par le commerce, constater leur degré d'approximation et établir les coefficients dont chacun des résultats devra être affecté pour obtenir le volume réel;

2° Pour établir des tables ou tarifs de cubage en vue de l'application des aménagements par volume;

3° Pour faire les expériences de toute nature que comporte l'étude de la production ligneuse dans un arbre considéré isolément ou dans un massif tout entier.

Cubage d'un arbre en vue d'expériences.

1° BOIS PLEIN.

Billes de 1 mètre de longueur.									
	TIGE.			BRANCHES.					
	Circonférence au milieu.	Nombre de billes.	Volume.	Circonférence au milieu.	Nombre de billes.	Volume.	Circonférence au milieu.	Nombre de billes.	Volume.
	mètres.		m. c.	mètres.		m. c.	Report. .	144	2,355
Bois d'œuvre : 14 mètres.	3,00	1	0,716	0,20	1	0,003	0,70	1	0,039
	2,68	1	0,572	0,22	5	0,019	0,72	»	»
	2,50	1	0,497	0,24	4	0,018	0,74	3	0,131
	2,38	1	0,451	0,26	10	0,054	0,76	2	0,092
	2,32	1	0,428	0,28	14	0,037	0,78	1	0,048
	2,28	1	0,414	0,30	6	0,043	0,80	2	0,102
	2,34	1	0,436	0,32	9	0,073	0,82	1	0,054
	2,30	1	0,421	0,34	7	0,064	0,84	1	0,056
	2,14	1	0,364	0,36	7	0,072	0,86	»	»
	2,08	1	0,344	0,38	7	0,081	0,88	»	»
	1,82	1	0,264	0,40	8	0,092	0,90	»	»
	1,72	1	0,235	0,42	3	0,042	0,92	»	»
	1,80	1	0,258	0,44	11	0,169	0,94	1	0,070
	1,34	1	0,143	0,46	6	0,101	0,96	»	»
Bois à brûler : 5 mètres.	1,14	1	0,103	0,48	3	0,055	0,98	1	0,076
	0,94	1	0,070	0,50	7	1,393	1,00	»	»
	0,62	1	0,031	0,52	4	0,086	1,02	1	0,083
	0,56	1	0,025	0,54	6	0,150	1,04	»	»
	0,42	1	0,014	0,56	5	0,125	1,06	»	»
Cône : 2 mètres.	Pour mémoire	»	»	0,58	7	0,187	1,08	»	»
		»	»	0,60	5	0,143	»	»	»
		»	»	0,62	3	0,092	»	»	»
		»	»	0,64	2	0,065	»	»	»
		»	»	0,66	3	0,104	»	»	»
		»	»	0,68	1	0,037	»	»	»
				A reporter.	144	2,355			
Totaux. .		19	5,786					158	3,106

Essence : Chêne	Age	160 ans.
	Longueur totale	21 mètres.
	Diamètre à $1^m,30$	$0^m,86$.
	Surface terrière	$0^m,580$.

2° MENU BOIS.

DÉTERMINATION DES DENSITÉS.

QUANTITÉS pesées.	VOLUMES immergés.	DENSITÉS.
	Ramilles.	
kilogr. 97,4	litres. 106	0,919
	Déchets.	
47,2	50,5	0,935

CALCUL DES VOLUMES.

DÉTAIL des pesées.	POIDS.	FACTEUR inverse de la densité.	VOLUME.
	Ramilles.		
1—183,5 2—227,8 3—114,4	kilogr. 525,7	1,088	m. c. 0,572
	Déchets.		
1—125,4 2—150,4	275,8	1,070	0,295

RENSEIGNEMENTS DIVERS.

a. Données.

					m. c.
Bois plein. . .	Tige	Bois d'œuvre . . .	5,543	. . .	8,892
		Bois à brûler . . .	0,243		
	Branches. . .	Id.	3,106		
Menu bois . .	Ramilles (tige et branches[1]) . . .		0,572	. . .	0,867
	Déchets.		0,295		

1° . . . . Volume total 9,759

2° Nombre de stères empilés de chauffage (tige et branches) . . . $5^{st},75$
3° Nombre de fagots ou bourrées 24
4° Diamètre au milieu . . . . $0^m,73$

b. Déductions.

1° Proportion de bois d'œuvre par rapport { au volume de la tige. . . 96 p. 100 ; au volume total. . . . . 57 p. 100 }
2° Quantité de bois de corde par mètre cube de bois d'œuvre. . . . 1 stère.
3° Nombre de bourrées par stère de bois de corde 4
4° Facteur d'empilage. (Cimeau.) . . . . $\dfrac{0,243 + 3,106}{5,75} = 0,60$
5° Coefficient de décroissance 0,85
6° Volume cylindrique. . . . . $0,580 \times 21 = 12^{mc},18$
7° Volume conique . . . . $0,580 \times \dfrac{21}{3} = 4\ ,06$
8° Coefficients de forme. . . . . »
9° . . . . »
10° . . . . »

1. Le menu bois provenant de la tige représente, en général, un volume très faible et qu'il est inutile de considérer isolément.

CHAPITRE DEUXIÈME

DÉBIT ET MODE DE VENTE DES PRINCIPALES UNITÉS DE MARCHANDISES

Considérés au point de vue industriel, les produits ligneux des forêts sont classés en deux grandes sections distinctes :

1° Les bois à brûler;

2° Les bois d'œuvre.

Dans chacune de ces catégories, les bois reçoivent des débits marchands différents suivant l'emploi qu'on veut ou qu'on peut leur donner.

Ire SECTION

BOIS A BRULER

Parmi les bois utilisés sous forme de combustible, on distingue : d'une part, les *bois de feu,* c'est-à-dire ceux qui sont consommés dans les foyers à l'état naturel; d'autre part, les *bois à charbon,* dont la substance est modifiée avant leur emploi.

ARTICLE PREMIER

Bois de feu.

Les bois de feu se débitent en *bois de corde,* en *fagots* et en *bourrées.*

§ 1er. — Découpe et dressage du bois de corde

Toute pièce, tige ou branche, que l'on convertit en bois de feu est, tout d'abord, découpée en billons ou *bûches* qu'on sépare des *rames* destinées à entrer dans les fagots. Cette découpe se fait dans les conditions indiquées au chapitre précédent; le plus souvent, on l'arrête vers le point où le diamètre des brins descend au-dessous de $0^m,05$ à $0^m,06$.

Suivant les errements établis par des usages locaux, la longueur des bûches varie entre 0m,50 (Caudebec) et 1m,45 (Cantal). Les dimensions les plus usitées sont 1 mètre, 1m,14 et 1m,16.

Le bois de corde doit rester un certain temps empilé sur le parterre des coupes pour subir une première dessiccation; après 5 ou 6 mois d'été, il a déjà perdu 20 p. 100 d'eau. On évite ainsi les transports de poids mort, et les bois qu'on conserve en magasin sont moins exposés à la moisissure. Les petites bûches ayant 0m,06 à 0m,12 de diamètre se dessèchent assez facilement; d'habitude, on les livre à la consommation sous leur forme ronde; de là le nom de *rondins* qu'on leur donne généralement. Pour faciliter la dessiccation des billons plus gros, on les fend sur place, au moyen de coins en bois ou en fer que l'on chasse dans le bois à coups de masse ou de merlin; cette opération doit être faite immédiatement après l'abatage, parce que le bois vert se fend plus facilement que le bois sec. Suivant leur grosseur, les billons sont partagés en deux, en quatre, en huit morceaux, en continuant le débit jusqu'à ce que chaque secteur ne présente pas plus de 0m,06 à 0m,12 d'épaisseur, mesure prise sur l'écorce. Les bois ainsi fendus s'appellent *bois de quartier*.

Rondins et quartiers forment le *bois de corde.*

Aussitôt après le façonnage, ces bois sont relevés et empilés. En général, ils sont groupés par catégories de produits ayant même valeur marchande (bois durs, bois blancs). On sépare également le bois de rondins du bois de quartier qui se vend le plus cher. Dans certaines localités, il est d'usage de mélanger avec le bois de quartier un certain nombre de rondins pour former ce qu'on appelle le *bois mêlé*.

Chaque qualité de marchandise est réunie par tas ou piles plus ou moins considérables qui, dans plusieurs régions forestières, reçoivent le nom de *rôles*. Lors du *dressage,* les dimensions des rôles sont calculées de telle sorte que chacun d'eux renferme un nombre exact de fois l'unité de mesure.

§ 2. — Mode de vente des bois de corde

Le *stère* est l'unité de mesure prescrite par la loi du 4 juillet 1837, complétée par l'ordonnance du 16 juin 1839 et les instructions du ministre du commerce en date du 15 septembre suivant. Deux multiples du stère, le *double-stère* et le *demi-décastère* sont également reconnus comme unité légale.

En théorie, le stère est un volume de bois empilés, ayant un mètre de largeur, un mètre de hauteur et un mètre de profondeur ou de longueur de bûche ; c'est-à-dire les dimensions du mètre cube. Dans la pratique, la loi admet certaines tolérances, afin de permettre au commerce de conserver pour la longueur des bûches les dimensions consacrées par les usages locaux. Les bois étant régulièrement empilés, la largeur des tas ou *longueur de couche* doit être : 1 mètre pour le stère, 2 mètres pour le double-stère, 3 mètres pour le demi-décastère, la hauteur étant réglée en raison inverse de la longueur des bûches, conformément aux indications du tableau ci-après[1] :

LONGUEUR des bûches.	HAUTEUR du stère et double-stère.	HAUTEUR du demi-décastère.	LONGUEUR des bûches.	HAUTEUR du stère et double-stère.	HAUTEUR du demi-décastère.
mètres.			mètres.		
1,00	1,000	1,667	1,22	0,820	1,367
1,02	0,981	1,634	1,24	0,807	1,345
1,04	0,962	1,603	1,26	0,794	1,323
1,06	0,944	1,573	1,28	0,782	1,303
1,08	0,926	1,544	1,30	0,770	1,283
1,10	0,910	1,516	1,32	0,758	1,263
1,12	0,893	1,489	1,34	0,747	1,244
1,14	0,878	1,463	1,36	0,736	1,226
1,16	0,863	1,437	1,38	0,725	1,208
1,18	0,848	1,413	1,40	0,715	1,191
1,20	0,834	1,389			

L'intervention de la loi était indispensable en pareille matière, car la variété des volumes correspondant à une même dénomination parmi les anciennes unités de vente était de nature à faire naître partout la confusion et la fraude. On peut s'en faire une idée en consultant les chiffres suivants qui reproduisent les différentes valeurs attribuées à une même unité, la *corde*[2], usitée en Champagne,

1. Quand les bois sont empilés à l'état frais, il faut donner aux rôles 4 ou 5 centimètres de plus que la hauteur réglementaire, pour tenir compte du tassement et du retrait que le bois prend en se desséchant.

2. De là les expressions *bois de corde, corder le bois.*

en Lorraine, dans l'Ile-de-France et dans d'autres localités du bassin d'alimentation de la ville de Paris.

	Stères.
La corde usuelle représentait, en volume actuel.	3,00
— de Lorraine, id.	2,97
— de Clermont en-Argonne, id..	2,86
— de Bar, id.	2,30
— d'affouages (Vosges), id	4,114
— de bois marchands (Vosges), id.	3,366
— de bois à charbon (Vosges), id.	2,244
— des eaux et forêts, id.	3,839
— de grand bois, id.	4,387
— des ports, id.	4,799
La voie de Paris, id.	1,920

Les dimensions de quelques-unes de ces cordes étaient les suivantes :

	LONGUEUR de couche.	LONGUEUR des bûches.	HAUTEUR des rôles.	VALEUR de la mesure linéaire.
	pieds.	pieds.	pieds.	
Corde usuelle	9	$3\,^1/_2$	$2\,^2/_3$	Pied usuel.
Id. de Lorraine.	8	4	4	Pied de Lorraine.
Id. des eaux et forêts . .	8	$3\,^1/_2$	4	Pied de Roi.
Id. des grands bois . . .	8	4	4	Id.
Id. des ports	8	$3\,^1/_2$	5	Id.
Voie de Paris	4	$3\,^1/_2$	4	Id.

Le pied, subdivision de la corde, n'était pas représenté par un cube mesurant un pied sur chacune de ses trois dimensions, mais par un parallélipipède rectangle ayant pour base un pied carré et pour hauteur la longueur de bûche. Ainsi la corde de Lorraine se subdivisait en 32 pieds, la corde de port en 40 pieds, la voie de Paris en 20 pieds, etc. [1]. Ces différentes mesures locales servent encore aux règlements de prix de façonnage entre les adjudicataires et les bûcherons, mais, le plus souvent, les transactions entre vendeur et acheteur se font au stère.

Dans le commerce de détail, on vend quelquefois le bois au poids. Mais, pour un même volume, le poids varie avec l'essence, l'âge du

1. Voir à l'Appendice les renseignements sur les anciennes mesures, leur conversion en mesures métriques, et réciproquement.

bois, la partie de l'arbre dont il provient, les conditions de sol et de climat dans lesquelles il a vécu et surtout la quantité d'humidité qu'il renferme. Cette dernière considération peut donner lieu à des fraudes considérables dans ce mode de livraison.

Le tableau suivant, qui résume les expériences faites à ce sujet par M. Chevandier[1], donne la quantité d'eau normalement contenue dans différentes catégories de bois de chauffage, en tenant compte du laps de temps écoulé depuis la coupe :

ESSENCES.	QUANTITÉ D'EAU CONTENUE dans 100 de bois, après un laps de temps, depuis la coupe, de :				OBSERVATIONS.
	6 mois.	1 an.	18 mois.	2 ans.	
	Bois de quartier.				Les bois soumis à l'expérience étaient placés les uns à côté des autres sous un hangar ouvert à tous les vents, mais qui les protégeait contre l'action de la pluie et du soleil. On sait que le bois, dans l'arbre vivant, contient au minimum 40 p. 100 d'eau.
Hêtre	23.34	19.34	17.40	17.74	
Chêne	29.63	23.75	20.74	19.16	
Charme	24.68	20.18	18.77	17.94	
Bouleau	23.28	18.10	15.98	17.17	
Tremble	31.00	21.55	15.87	16.77	
Aune	22.37	19.17	15.27	16.72	
Sapin	26.56	16.65	14.78	17.22	
Pin	29.31	18.54	15.81	17.96	
	Rondinage de branches.				
Hêtre	33.48	24.00	19.80	20.32	
Chêne	31.20	26.90	24.55	21.09	
Charme	31.38	25.89	22.33	19.30	
Bouleau	37.34	28.99	24.12	21.78	
Tremble	35.69	26.01	21.85	19.94	
Sapin	28.29	17.14	15.09	18.66	
Pin	35.30	17.59	15.72	17.39	
	Rondinage de brins.				
Hêtre	30.44	23.46	18.60	19.95	
Chêne	32.72	26.74	23.35	20.28	
Charme	27.19	23.03	20.60	18 59	
Bouleau	39.72	29.01	22.73	19.52	
Tremble	40.45	26.22	17.77	17.92	
Aune	42.43	24.09	19.06	18.05	
Saule	36.44	23.13	17.12	17.58	
Sapin	33.78	16.87	15.21	18.09	
Pin	41.49	18.67	15.63	17.42	

1. Chevandier, *Recherches sur la composition élémentaire du bois.* Saint-Germain, 1847.

A Paris, le commerce estime en moyenne le poids d'un stère de bois dur à 400 kilogr. et le poids d'un stère de bois blanc à 300 kilogr.; les administrations publiques admettent, pour le bois dur, 410 kilogr. En Provence, on adopte le chiffre de 500 kilogr. comme représentant le poids d'un stère de chêne yeuse non écorcé.

§ 3. — Mesurage du bois de corde. — Facteurs d'empilage et de cubage

Quand on mesure un rôle de bois en fonction de ses trois dimensions, on obtient son *volume apparent* (bois et vides compris) sans être exactement renseigné sur le volume plein ou *volume réel* du bois qu'il contient.

On comprend que cette dernière quantité varie en raison inverse des vides et interstices que laissent entre elles les bûches empilées. Une foule de circonstances peuvent ainsi modifier, en plus ou en moins, le volume réel du bois contenu dans un stère empilé, ce sont principalement : la grosseur, la forme et la longueur des bûches ; il y a trop souvent lieu aussi de faire entrer en ligne de compte l'habileté et l'honnêteté des ouvriers empileurs qui peuvent, à leur gré, augmenter ou amoindrir dans une forte mesure l'importance des vides. Ils n'ont malheureusement que trop de tendances à le faire, suivant qu'ils sont payés par l'acheteur ou par le vendeur.

Théoriquement, la grosseur des bûches n'influe sur le volume réel compris dans un stère que quand les rondins ont des grosseurs différentes. Si, en effet, tous les rondins ayant 1 mètre de longueur sont des cylindres de même grosseur et parfaitement réguliers, le volume restera toujours le même et sera représenté par celui d'un cylindre ayant pour hauteur la longueur de la bûche, et, pour surface de base, celle du cercle inscrit dans un carré de 1 mètre de côté, c'est-à-dire $\frac{\pi}{4} = 0.7854$[1].

1. Soit r le rayon d'un rondin cylindrique quelconque, n le nombre de ces cylindres pouvant entrer exactement dans 1 mètre de côté et h la longueur du rondin. Pour chaque rondin, le rapport du volume réel au volume apparent sera $\frac{\pi r^2 h}{4 r^2 h}$ ou $\frac{\pi}{4}$, rapport qui

Il en résulte que le stère de rondins contenant le plus de bois serait celui qui renfermerait le plus grand nombre de rondins de tous les calibres imaginables. Mais, dans la pratique, les rondins ne sont jamais exactement rectilignes, ni parfaitement cylindriques, et leur diamètre ne descend pas au-dessous de $0^m,06$. Aussi, on constate que le volume réel d'un stère empilé est plus ou moins fort, selon que les bûches sont plus ou moins grosses, et que le bois est plus ou moins droit et uni, ou tortueux et noueux. Ce volume varie encore avec la longueur des bûches ; il est plus fort lorsqu'elles sont plus courtes, parce qu'alors le bois se range mieux dans l'empilement.

D'après MM. Dupond et Bouquet de la Grye[1], dans les conditions normales d'empilage, il entre dans un stère dont toutes les bûches auraient même grosseur et $1^m,14$ de longueur :

278 bûches	de $0^m,04$	de diamètre.		25 bûches	de $0^m,17$	de diamètre.
228	—	0 ,05	—	23	—	0 ,18	—
77	—	0 ,09	—	20	—	0 ,19	—
61	—	0 ,10	—	19	—	0 ,20	—
47	—	0 ,12	—	18	—	0 ,21	—
32	—	0 ,15	—	16	—	0 ,22	—
30	—	0 ,16	—	14	—	0 ,23	—

Pour déterminer le volume réel du bois contenu dans un stère, il suffit de cuber, par un des moyens connus (page 154), le volume réel de chacune des bûches entrant dans un rôle dont le volume apparent aura été mesuré à l'avance[2]. En divisant le volume apparent par le volume réel, on obtient le rapport entre ces deux quantités, rapport qui représente le *coefficient ou facteur d'empilage,* c'est-à-dire le chiffre par lequel on doit multiplier un volume plein pour obtenir le rendement de ce volume en stères empilés de chauffage.

---

ne sera pas modifié si on introduit au numérateur et au dénominateur le facteur n^2 qui représente le nombre des bûches entrant dans le stère. A la limite, si $2r$, ou le diamètre de la bûche, est égal à 1 mètre, le stère ne renfermera qu'une bûche dont le volume, pour 1 mètre de longueur, sera $0^{mc},7854$.

1. *Les Bois indigènes et étrangers.* Rothschild, Paris, 1875.

2. Les gros billons à débiter en quartier doivent nécessairement être cubés avant d'être fendus.

En divisant l'unité par le facteur d'empilage, on obtient le facteur inverse ou *facteur de cubage*[1], qui permet de passer du volume apparent au volume réel correspondant.

Ces coefficients varient nécessairement avec la nature des bois. En général, quand les bûches ont de 1 mètre à $1^m,30$ de longueur, ils peuvent être établis d'après les bases suivantes :

	FACTEUR D'EMPILAGE.	FACTEUR DE CUBAGE ou facteur du volume réel.
Bois de quartier.	de $1^m,50$ à $1^m,70$	de $0^m,66$ à $0^m,60$
Bois mêlé	de 1 ,70 à 1 ,75	de 0 ,60 à 0 ,57
Bois de rondin (tiges)	de 1 ,90 à 2 ,00	de 0 ,53 à 0 ,50
Bois de rondin (branches)	de 2 ,00 à 3^m et plus.	de 0 ,50 à 0 ,33

Outre l'utilité d'apprécier, au moyen de ces coefficients, la valeur réelle d'une marchandise déterminée, on est encore conduit à la calculer dans maintes circonstances, et notamment lorsqu'il s'agit d'estimer des bois sur pied. Mais, pour que ces facteurs puissent être employés en toute sécurité, il faut qu'ils soient les résultats d'expériences nombreuses et faites avec soin, sur des bois de même essence, de même forme et de mêmes dimensions que ceux auxquels ils seront appliqués.

§ 4. — Qualités et défauts du bois de corde

Les qualités du bois de chauffage doivent être de brûler facilement, d'une manière égale, sans trop de promptitude, ni trop de lenteur et de fournir, pour un volume donné, la plus grande somme de chaleur.

La puissance calorifique d'un bois est sensiblement proportionnelle à la quantité de carbone et d'hydrogène qu'il renferme. Il est cons-

1. Bien que l'expression *facteur de conversion* soit consacrée par un long usage, il est préférable, pour éviter les confusions, d'en adopter une autre, par exemple : *facteur de cubage*, ou *facteur du volume réel ;* car, en fait, tous ces coefficients sont des facteurs de *conversion*.

tant que les bois, quels qu'ils soient, ramenés à un degré complet de dessiccation et pour un même poids, renferment des quantités de carbone et d'hydrogène égales; d'où il suit que, sous des poids égaux, tous les bois ont à peu près la même puissance calorifique, ou, ce qui revient au même, que la puissance calorifique de tous les bois s'accroît dans le même sens que leur densité.

Pour une même essence, la densité varie avec le climat, la situation, l'exposition et le terrain, avec l'âge de l'arbre et la saison dans laquelle il a été exploité, enfin avec la partie de l'arbre, tige ou branche, aubier en bois parfait, d'où le bois est extrait. C'est dans les climats chauds que le bois acquiert, en général, le plus de densité. D'après des expériences récentes, le bois de branches, aussi bien chez les feuillus que chez les résineux, semblerait avoir plus de pouvoir calorifique que celui des tiges[1]. A circonstances égales, le chêne de taillis a plus de densité, parce qu'il a cru plus vite que le bois de même âge provenant de futaie et, pour le chauffage, il est plus estimé que celui-ci. Il en est de même des réserves sur taillis comparées aux arbres de même essence et de même âge venus en massif. On peut donc mesurer, d'après la densité, la puissance calorifique absolue des bois de feu. Mais la valeur vénale de ces bois se modifie beaucoup par le degré de dessiccation et surtout par la manière dont ils brûlent.

Aussi les bois qui se dessèchent difficilement sont mauvais combustibles; d'autres ne brûlent qu'à leur surface, parce qu'ils sont trop compactes et ne laissent pas pénétrer dans leur intérieur l'air nécessaire à la combustion du carbone qu'ils renferment. Ces bois fournissent beaucoup de charbon, ils durent longtemps dans le foyer, mais leur flamme donne peu de chaleur. Les bois légers, poreux, brûlent rapidement et avec flamme; ils donnent une chaleur vive, mais de courte durée, l'air s'introduit facilement dans leurs pores et ils ne produisent pas de charbon, parce que celui-ci brûle en même temps que les gaz; enfin, il y a des bois qui pétillent et éclatent au feu, ce qui est un inconvénient dans les foyers ouverts.

1. Othon Petit, *Étude calorimétrique sur la combustion des bois.* Lyon, imp. Storck, 1886.

Ce sont ces avantages et ces inconvénients qui déterminent la valeur relative des bois de feu dans chaque localité et dans les usines où ils doivent être employés.

Dans le commerce, il y a différents assortiments de bois de corde. Le *bois neuf* est le meilleur; c'est celui qui arrive aux lieux de consommation par bateau ou par charroi. On désigne comme *bois vieux* celui qui a plus de 18 mois de coupe; il peut d'ailleurs être aussi bon que le bois neuf, lorsqu'il a été bien conservé.

Le *bois pelard* de chêne brûle mieux que le bois non écorcé de même essence et que l'on désigne sous le nom de *bois gris* ou de *bois couvert*.

Le *bois flotté* est celui qui se transporte par *trains* ou à *bûches perdues* dans les cours d'eau; lorsqu'il n'a fait qu'un court trajet ainsi immergé, on le considère comme bois *demi-flotté* et on l'appelle *bois de gravier*. Le bois de gravier diffère peu du bois neuf.

Le flottage des bois de feu leur fait éprouver un degré d'altération d'autant plus grand qu'ils ont séjourné plus longtemps dans l'eau. Si, par le fait du frottement, ces bois ont perdu toute leur écorce, ils deviennent extrêmement légers en se desséchant, ils brûlent avec une flamme vive, se consument très vite, à la façon des bois blancs et donnent peu de charbon. Les bois *usés, piqués* ou *pourris* se consument comme de l'amadou sans produire ni flamme, ni braise; chez ceux qui n'ont subi qu'un commencement d'altération la puissance calorifique diminue en proportion de la gravité du mal dont ils sont atteints.

On remarque que les prix de vente du bois de chauffage sur les principaux marchés de France n'ont pas beaucoup varié depuis 1860, époque où les traités de commerce ont à peu près supprimé l'emploi du charbon de bois dans l'industrie du fer. Ces prix ont atteint leur maximum en 1877; ils ont baissé considérablement à la suite de l'hiver de 1879-1880, qui a jeté dans la consommation une énorme quantité de bois gelés. Ils semblent se relever depuis 1883.

§ 5. — Fagots et bourrées

Les fagots sont des faisceaux de menu bois et de brindilles dans lesquels il entre, en outre, quelques morceaux de rondin et de petit quartier. Ces morceaux, appelés *parements, triques* ou *jarrets,* sont placés sur le pourtour du faisceau et en forment la *paroi;* les plus petites brindilles sont réunies en paquet à l'intérieur et constituent l'*âme* du fagot. Le lien indispensable pour donner de la cohésion au faisceau est fait d'une jeune tige de bois vert qu'on tord pour la rendre plus flexible; on lui donne le nom de *hart*[1]. Les fagots sont liés tantôt à une, tantôt à deux harts.

On distingue trois manières de façonner les fagots: — sous le pied, — en forme, — ou sur le chevalet. Ces procédés sont trop connus pour qu'il soit nécessaire de les décrire.

Les bourrées diffèrent des fagots en ce qu'elles ne renferment pas de jarrets et sont faites presque exclusivement avec du menu bois de branches. On les façonne aussi avec moins de soin; il suffit qu'elles soient assez solides pour supporter le transport jusqu'au lieu de consommation, généralement peu éloigné. Le plus souvent elles se font au pied, et on les lie au moyen de deux harts placées, une à chaque extrémité.

Les fagots et les bourrées servent à l'alimentation des foyers domestiques; les dernières sont plutôt employées au chauffage des fours à cuire le pain ou pour la fabrication de la chaux. Dans les environs de Paris, on façonne de petites bourrées de $0^m,30$ de longueur sur $0^m,15$ de diamètre. Sous le nom de *margotins,* elles sont très recherchées pour allumer les feux dans les foyers domestiques.

Les fagots et les bourrées se vendent habituellement au cent, au demi-cent ou au quarteron de 25. La forme et la dimension de ces marchandises varient à l'infini, en France, suivant les différentes régions.

---

1. On fait les harts avec toutes les essences se prêtant bien à la torsion, telles sont: le chêne, le charme, le coudrier, le bouleau, le cornouiller, la viorne flexible, le hêtre et le sapin. Les harts de hêtre et de sapin son très employées par les flotteurs pour l'arrimage ou la construction de leurs trains ou flottes; elles portent alors le nom de *rouettes* ou de *chapelets.*

Si on veut se rendre compte du volume plein représenté par un cent de fagots, on procède comme il a été dit plus haut à propos du cubage des menus bois. On pèse, par exemple, un cent de fagots; parmi les fagots à cuber on en choisit un dont le poids se rapproche sensiblement du poids moyen. On détermine par immersion le volume réel de ce fagot-type et il suffit de multiplier par 100 le résultat trouvé pour obtenir le volume plein du cent de fagots.

Le nombre obtenu par ce calcul n'est autre chose que le facteur de cubage permettant de représenter l'équivalent du cent de fagots en mètres cubes plein. Si on voulait obtenir le rapport inverse, c'est-à-dire une sorte de facteur de *fagotage* permettant de passer du mètre cube plein au cent de fagots, il suffirait de diviser le nombre 100 par ce coefficient. On n'a pour ainsi dire jamais l'occasion de faire cette dernière transformation, tandis que le facteur de cubage est très souvent employé pour rendre comparables entre elles des données statistiques relatives au rendement des forêts.

ARTICLE DEUXIÈME

Bois à charbon.

§ 1er. — Débit et mode de vente des bois a charbon

Tous les bois destinés à être carbonisés sont débités en bûches d'une longueur moindre que celle du bois de corde ($0^m,66$ à $0^m,80$); ces produits, lorsqu'ils sont façonnés, portent généralement le nom de *charbonnette*. Celle-ci se compose ordinairement de brins ayant moins de $0^m,06$ de diamètre au gros bout et plus de $0^m,02$ au petit bout (c'est-à-dire une section à peu près égale à celle d'une pièce de 1 fr.). Quand les bois à charbon ont plus de valeur que les bois de corde, on fait entrer dans la charbonnette du bois de gros rondin et même du bois de quartier. Cela se présentait fréquemment à l'époque où la fonte se faisait exclusivement au charbon de bois. Actuellement il en est encore ainsi dans certaines régions éloignées des centres de consommation, dans les forêts d'un accès difficile, où l'on convertit en charbon tous les bois à brûler, quelles que soient leurs dimensions, dans le but de diminuer autant que possible les frais de transport.

La charbonnette se débite et se façonne comme le bois de corde à la scie et à la serpe, suivant la grosseur des bûches; elle se vend également au stère. Toutefois, on ne donne pas au rôle une hauteur proportionnelle à la longueur des bûches; cette hauteur est le plus souvent le mètre; dans ce cas, le rôle, au lieu de former un stère par mètre de couche, ne présente en réalité qu'une fraction de stère, dont la valeur est donnée en centièmes par la longueur des bûches, évaluée en centimètres.

Autrefois, dans les forêts du bassin de Paris, la charbonnette se vendait au *moule,* volume qui représentait la quantité de bois nécessaire pour faire une quantité déterminée de charbon.

§ 2. — Procédés de carbonisation

La carbonisation a pour but de débarrasser les bois à brûler de toutes les substances inutiles et de le convertir en un corps qui présente, sous le plus petit volume et sous le poids le plus faible, la plus grande quantité possible de carbone propre à la combustion.

Parmi les procédés de carbonisation, on distingue : ceux en *meules* ou *fauldes,* et les procédés dits en *vase clos* qui nécessitent des appareils plus compliqués. Les premiers empruntent la chaleur nécessaire pour opérer la distillation à la masse elle-même du bois en voie de carbonisation; tandis que pour les autres, cette chaleur est, en général, fournie par des foyers indépendants.

1° *Carbonisation en meules.* — Le plus souvent, en France, les bois à carboniser sont réunis et dressés, sur le parterre même des coupes, dans des meules de capacité très variable.

Dans certains pays de montagnes, leur volume ne comprend que 2 ou 3 stères; ailleurs il s'élève jusqu'à 300. On peut, sous ce rapport, distinguer trois types principaux : les petites meules, contenant en moyenne de 8 à 15 stères; celles de capacité moyenne, contenant de 35 à 60 stères; les grandes meules dont le volume dépasse 100 stères.

Les petites meules sont presque exclusivement employées dans les forêts du bassin de Paris : elles ont même, quelquefois, reçu le nom de *fourneaux de Paris*. Elles donnent un charbon bien cuit et parfaitement approprié aux usages domestiques; aussi leur emploi tend à se généraliser depuis que l'industrie métallurgique consomme une moins grande quantité de charbon de bois.

Les meules de capacité moyenne sont surtout en usage dans les départements de l'Est. On s'en servait principalement pour la fabrication du charbon destiné aux forges.

Les grandes meules sont peu usitées. Les Landes, le Doubs et le Jura sont les seules régions où l'on en fasse emploi, encore sont-elles d'introduction récente dans le Jura.

Pour établir les meules de petite et moyenne capacité, on procède de la manière suivante :

On choisit, de préférence, les terrains secs, unis, plats et bien abrités. Les meilleures places sont celles où l'on a déjà fait du charbon lors de la précédente exploitation; elles se reconnaissent d'ailleurs facilement à la présence sur le sol de cette poussière noire, mélangée de braise, qu'on désigne sous le nom de *frasil, fraisil* ou *fraisin*.

Pour monter la meule, on trace sur le terrain choisi, une aire circulaire, au centre de laquelle on plante quatre piquets d'une hauteur égale à celle qu'aura la meule. Entre ces piquets, qui formeront la cheminée, on entasse des brindilles sèches et autres matières inflammables. On dispose ensuite un premier lit, formé des bûches les plus grosses; celles-ci se placent debout et par zones concentriques, d'abord verticalement contre la cheminée et avec une légère inclinaison quand on s'approche de la circonférence. Sur ce premier lit, on en superpose un second, formé de bûches plus petites, et en leur donnant une inclinaison un peu plus forte vers la cheminée. On termine la meule au moyen d'un troisième lit, disposé de façon à lui faire prendre la forme d'une calotte sphérique, ou à peu près. Quand le bois est dressé, on le couvre d'une couche de feuilles mortes, de mousses, de gazon, etc., et, par-dessus cette couche, on fait un second revêtement au moyen d'un mélange de terre et de frasil. On dispose cette couverture par tranches horizontales bien régulières en lui donnant plus d'épaisseur en bas qu'en haut (A, *Fig*. 60). On met le feu par le haut de la cheminée, et quand on suppose qu'il s'est propagé dans toute sa profondeur, on ferme l'ouverture supérieure au moyen d'une motte de gazon renversée. Pour entretenir la combustion, l'ouvrier charbonnier ouvre avec le manche d'un outil une première série de trous ou *évents* disposés, à la partie supérieure de la meule, suivant la circonférence d'un même cercle horizontal. L'accès de l'air active la combustion et l'on suit la marche du travail de distillation qui s'opère à l'intérieur à l'aspect des fumées qui se

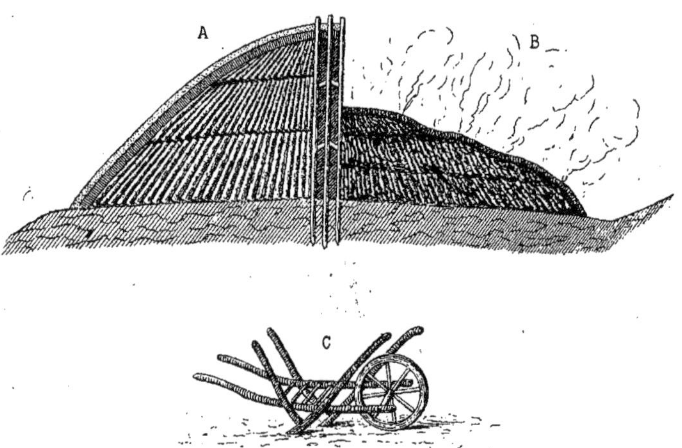

Fig. 60. — Meule à charbon.

A. Meule montée prête à être mise à feu.
B. Meule carbonisée.
C. Brouette du charbonnier.

dégagent par les évents. Ces fumées sont d'abord blanches et chargées de vapeur d'eau, elles deviennent ensuite fuligineuses et quand la carbonisation est à peu près terminée, elles restent claires, transparentes et légèrement bleuâtres. On bouche alors les évents et à $0^{m},60$ ou $0^{m},70$ au-dessous, on en ouvre une seconde série de la même forme et ainsi de suite jusqu'à ce qu'on arrive au bas de la meule. La meule est alors transformée en charbon. (B, *Fig.* 60.)

L'opération demande une surveillance constante, car le bois, en se carbonisant, prend un retrait considérable. La meule s'affaisse et il faut réparer la couverture au fur et à mesure qu'il s'y forme des crevasses. Pour éviter les courants d'air trop violents et permettre à la carbonisation de s'opérer régulièrement sur toute la circonférence, on arrête le vent au moyen d'écrans formés de branchages entrelacés dans de légers cadres en bois et interposés à quelques mètres en avant de la meule.

Le temps nécessaire pour cuire une meule de charbon varie de quatre à dix jours, suivant la quantité de bois qu'elle renferme. Avant de la rompre, il faut lui laisser le temps de se refroidir; pour procéder en toute sécurité, il est nécessaire d'attendre plusieurs jours après la fermeture des derniers évents.

La saison la plus favorable pour obtenir une bonne carbonisation est comprise entre les premiers jours d'avril et la fin de septembre. Il faut d'ailleurs opérer, autant que possible, par un temps sec et calme.

Dans les Basses-Pyrénées, on fait parfois usage de petits fourneaux ayant la forme des meules ordinaires, mais qui, au lieu d'être établis à la surface du sol, le sont dans une fosse circulaire creusée à une profondeur de $0^m,50$ à $0^m,60$. Ces fourneaux ne contiennent que trois ou quatre stères.

Dans le département de Vaucluse, on emploie, pour le pin d'Alep, un procédé particulier. La carbonisation se fait sous terre, dans des fours de forme cylindrique, présentant $2^m,50$ de diamètre sur 2 mètres de hauteur. En établissant ces fours, qu'on creuse simplement dans le sol, on laisse à la partie supérieure une épaisse couche de terre, destinée à former la fermeture, et dans laquelle on pratique seulement une ouverture de $0^m,80$ de diamètre. Les bois sont disposés dans la fosse par assises verticales; le charbonnier y met le feu par en haut et il dirige la carbonisation en bouchant plus ou moins l'ouverture, de façon à diminuer ou à activer la combustion.

2° *Carbonisation en vase clos.* — Les premiers appareils de carbonisation en vase clos étaient formés de grands cylindres en tôle pouvant contenir 10, 15 et même 20 stères de charbonnette. Ces cylindres, hermétiquement fermés, à l'exception d'une ouverture ménagée pour la fuite du gaz, étaient chauffés à feu nu et la distillation s'opérait dans la masse portée au rouge; les produits gazeux n'étaient pas recueillis. Ces cylindres étant placés sous des hangars, on utilisait la chaleur ambiante à la dessiccation complète des bois à carboniser ultérieurement.

Ce procédé, bien que donnant de bons rendements en charbon de bonne qualité, n'a pas produit les résultats pécuniaires qu'en attendait l'inventeur; on n'en a pas fait usage industriellement. Deux procédés analogues ont été imaginés et mis en pratique, l'un par M. Moreau, l'autre par M. Dromart.

L'appareil Moreau se compose d'un récipient en tôle ayant la forme d'un prisme octogonal; sa hauteur est de $2^{m},50$ et chacun des huit côtés a 1 mètre de largeur. Des cheminées et des bures, disposées sur le pourtour et au sommet, servent au dégagement des gaz et des liquides produits par la carbonisation. Des prises d'air, ménagées dans le bas, permettent d'allumer facilement le bois rangé à l'intérieur. Au moyen d'une disposition ingénieuse, toutes ces ouvertures se ferment d'elles-mêmes automatiquement, quand la combustion devient trop active.

L'appareil est construit de façon à pouvoir se démonter et se transporter facilement. Il permet de carboniser, en 30 heures, environ 10 stères de bois

Au dire de l'inventeur, le charbon produit serait excellent et le rendement en poids s'élèverait à 23 ou 24 p. 100.

L'appareil Dromart se compose d'une cage en forme de dôme, faite avec des plaques de forte tôle et montée sur un bâtis en fonte. La partie supérieure se termine par une cheminée munie d'un obturateur mobile, la partie inférieure est ouverte et la cage peut se poser simplement sur une aire préparée comme s'il s'agissait d'une meule ordinaire. Sur cette aire, on établit d'ailleurs préalablement, en maçonnerie de brique et d'argile, un foyer qui, sans communiquer avec l'intérieur de la cage, y fait pénétrer la chaleur par une série de conduits convenablement disposés à la surface du sol et dont quelques-uns sont recouverts de plaques en fonte.

La cage s'emplit de bois au moyen d'une porte ménagée sur le côté; on allume le foyer et la carbonisation ne tarde pas à se produire. Lorsque des vapeurs d'une couleur rouge commencent à se dégager, on éteint le feu, on ferme la cheminée et on laisse le tout se refroidir.

Le four Dromart a 4 mètres de diamètre à la base et contient environ 20 stères de bois.

Cet appareil, pas plus que celui de M. Moreau, ne s'est encore répandu dans la pratique. On peut douter d'ailleurs que les fours de ce genre arrivent jamais à être d'un usage général; car ils entraînent une mise de fonds, des frais de transport, de main-d'œuvre et de combustible qui compensent en grande partie la plus-value réalisée sur la production du charbon. Ils pourraient néanmoins être essayés utilement pour la carbonisation des tourbes et celle des brindilles, bruyères et morts-bois produits par le *soutrage* dans les régions où, par cette opération, on cherche à protéger les forêts contre les incendies.

En somme, on peut dire que, jusqu'à présent du moins, les seuls procédés de carbonisation en vase clos donnant des résultats rémunérateurs et, par suite, susceptibles d'être appliqués industriellement, sont ceux qui permettent de condenser les gaz qui se dégagent pendant la distillation et d'en extraire toute une série de produits chimiques recherchés dans le commerce, telles que : acide pyroligneux, acétone, alcool, éther méthylique, etc... Un certain nombre d'usines de ce genre sont établies sur différents points du territoire de la France; elles consomment ensemble près de 50,000 stères de charbonnette par an.

§ 3. — Rendement de la carbonisation

Le rendement du bois en charbon varie avec les essences et les qualités de bois, avec les procédés de carbonisation et aussi avec les circonstances atmosphériques qui accompagnent l'opération. Théoriquement, on ne peut pas obtenir un rendement en poids supérieur à 25 p. 100 de charbon, lequel contient 84 p. 100 de carbone et 16 p. 100 de cendres.

En effet, les bois à carboniser sont ordinairement coupés depuis 4 ou 5 mois et renferment encore 20 p. 100 d'eau hygrométrique et 80 p. 100 de matière ligneuse, dont 40 p. 100 de carbone.

De cette dernière quantité il faut déduire, pour le procédé en meule :

1° Chaleur nécessaire pour porter la meule ou rouge. . . .	1 p. 100.
2° Chaleur nécessaire pour vaporiser l'eau.	5 1/2 p. 100.
3° Chaleur perdue par rayonnement.	1 à 2 p. 100.
4° Carbone dispersé dans les divers produits carburés. . .	11 p. 100.
Soit à déduire.	18 1/2 à 19 1/2 p. 100.

Il ne reste donc plus que 21 p. 100 de rendement en carbone, soit 25 p. 100 de charbon (cendres comprises). Ce rendement théorique n'est d'ailleurs jamais atteint, et les meules les mieux réussies ne donnent pas en poids plus de 16 à 19 p. 100.

En volume, le rendement théorique est de 50 p. 100, et le rendement usuel de 30 à 33 p. 100, soit environ un tiers.

Les procédés en vase clos, à cause de la meilleure obturation des appareils et de la conduite plus régulière des feux, donnent des rendements supérieurs, sans toutefois jamais atteindre le maximum de 25 p. 100 en poids.

En somme, on peut dire que trois hectolitres de bois produisent un hectolitre de charbon. Or, un stère de rondins ou quartiers, bois dur, représente 10 hectolitres et pèse à l'état sec environ 400 kilogr. Trois hectolitres de bois pèseront donc environ 130 kilogr. Comme le bois, en se carbonisant, perd les quatre cinquièmes de son poids, l'hectolitre de charbon pèse à peu près 25 kilogr.

Ces chiffres permettent de calculer dans quelles conditions un propriétaire a intérêt à fabriquer du charbon, puisqu'alors il économise les quatre cinquièmes des frais de transport. Généralement en France, quand le bois ne vaut pas plus de 3 à 4 fr. le stère dans l'arbre, on a intérêt à le carboniser.

§ 4. — Qualité du charbon

Le charbon *bien cuit* est en morceaux longs, d'un noir uniforme, à cassure brillante, à éclat métallique, et les éléments constitutifs du bois y sont encore facilement reconnaissables. Il doit, de plus, être très sonore. Le charbon *trop cuit* se brise en petits fragments ; il perd sa sonorité et, au toucher, il salit les doigts à la façon du fusain ;

on dit alors qu'il est passé à l'état de *braise. Trop peu cuit,* au contraire, il a une teinte roussâtre, mate et il donne beaucoup de fumée en brûlant.

La qualité du charbon est une conséquence de la densité du bois qui le produit; elle diffère beaucoup suivant les espèces et, pour une même essence, elle peut varier avec l'âge des arbres. Les meilleurs charbons sont donnés par les bois d'âge moyen; les tout jeunes brins sont trop poreux et se carbonisent mal; de même, les bois très vieux, ceux sur le retour, dépérissants, échauffés, les bois flottés, ne donnent relativement que du charbon de qualité inférieure. La qualité du charbon dépend aussi de son degré de cuisson, de la saison dans laquelle le bois a été abattu et de son degré de dessiccation au moment de la carbonisation. Le charbon cuit à point donne plus de chaleur que celui trop cuit ou pas assez cuit. Le bois coupé dans la saison morte fournit un meilleur charbon que le bois coupé en temps de sève. Le bois que l'on carbonise après quelques mois de coupe et lorsqu'il ne renferme plus que 20 à 25 p. 100 d'eau, donne un charbon meilleur que celui que l'on obtient du bois vert ou du bois trop desséché.

Dans la métallurgie, on distingue deux qualités de charbon : le charbon *fort* et le charbon *doux.*

Les charbons forts proviennent des essences feuillues dites bois durs. Les bois tendres, tels que : les aunes, les tilleuls, les saules, les peupliers, les bouleaux, et les bois résineux donnent des charbons doux.

Les premiers s'allument difficilement et demandent un tirage considérable, mais ils développent beaucoup de chaleur et se consument lentement; on les préfère pour la fusion du minerai. Les seconds donnent rapidement une grande quantité de chaleur; ils sont plus employés dans les foyers ouverts et pour les travaux d'affinage.

Dans le transport des charbons, on doit éviter, autant que possible, les secousses, les cahots de voitures, les transbordements, etc., qui ont toujours pour résultat d'en briser les morceaux, ce qui détermine un déchet dans la quantité et aussi, dit-on, dans la qualité de ce combustible. Rendu à destination, le charbon doit être mis en lieu sec, aéré et surtout préservé de la pluie.

§ 5. — Mesurage et mode de vente du charbon

Autrefois, dans le commerce, le charbon de bois se mesurait et se vendait au *poinçon,* à la *verse,* à la *voie* et à la *banne.*

Le *poinçon,* ancienne mesure d'ordonnance, contenait 240 pintes, mesure de Paris, ou environ 240 litres.

La *verse,* sorte de corbeille qui, dans certaines contrées est appelée *van,* contient environ 37 litres. Mais cette mesure de capacité varie beaucoup avec les localités.

La *voie* de charbon, mesure de Paris, contient 200 litres.

La *banne* est une sorte de fourgon, formé avec des claies, qui sert surtout à transporter les charbons au lieu de consommation ou sur les ports d'embarquement ; c'est, comme la verse et le van, une mesure très variable.

Ces anciennes mesures tendent à disparaître et sont généralement remplacées par l'hectolitre. Dans quelques localités, on cherche aussi à substituer à la vente à l'hectolitre la vente au poids qui est beaucoup plus rationnelle, surtout pour le commerce de détail. En effet, tandis qu'à volume égal le charbon de bois dur donne plus de chaleur que le charbon de bois tendre, un même poids de charbon donne la même quantité de chaleur, quelle que soit l'essence dont il provient; la seule différence c'est que le charbon de bois tendre brûle et se consume plus vite que celui de bois dur. Il faut constater toutefois que ce dernier mode de vente n'est pas exempt de fraude; car le charbon étant une substance très hygrométrique, des marchands peu consciencieux pourraient lui faire absorber une forte proportion d'eau.

Depuis 1860, le charbon de bois dur n'a pas beaucoup varié de prix sur le marché de Paris. Aujourd'hui comme alors, il se cote au prix moyen de 4 fr. l'hectolitre. Mais, en France, ce produit a beaucoup diminué d'importance dans quelques centres forestiers, depuis que l'on a successivement introduit l'usage de la houille et du coke dans la plupart des établissements métallurgiques qui, autrefois, ne consommaient que du charbon de bois. Cela se comprend, puisqu'il ne faut pas moins de 6 à 8 kilolitres de charbon de bois pour réduire la quantité de minerai capable de fournir une tonne ou 1,000 kilogr. de fonte, et 5 à 6 kilolitres environ pour affiner, c'est-à-dire pour transformer en fer la même quantité de fonte.

IIe SECTION

BOIS D'ŒUVRE

ARTICLE PREMIER

Classement des bois d'œuvre.

Sous la qualification de *bois d'œuvre,* on comprend les bois utilisés, sous quelque forme que ce soit, autrement que comme combustible.

Il est absolument impossible de suivre ces produits jusqu'à leur emploi définitif. Afin de restreindre l'étude de leur débit dans les limites du strict nécessaire, on est convenu de s'en tenir aux types suivants :

1° Bois de service ou de construction comprenant . . . . . { les bois de charpente, les bois de menu service;

2° Bois de travail ou d'industrie comprenant . . . . { les bois de sciages, les bois tranchés, les bois de fente;

3° Les bois de marine.

Ces derniers, bien que rentrant dans la catégorie des bois de service, ont une importance suffisante pour comporter un article spécial.

Ce classement n'a d'ailleurs rien d'absolu, en ce sens que la même pièce est susceptible de recevoir les destinations les plus différentes. Le plus souvent, après la question de grosseur qui augmente la variété des transformations possibles, c'est la rareté sur le marché qui règle le débit.

Avant d'entrer dans les détails de la fabrication des marchandises les plus usuelles, il est nécessaire de faire connaître les procédés de cubage employés par le commerce pour tous les bois propres à l'œuvre.

ARTICLE DEUXIÈME

Cubage des bois d'œuvre.

§ 1er. — Bois en grume. — Bois équarris

Les bois d'œuvre sont évalués, le plus souvent, d'après leur volume réel. C'est la véritable manière de se rendre compte de leur valeur. Exceptionnellement, à cause de leurs dimensions restreintes, quelques produits secondaires sont vendus : les uns, au mètre courant (bois de mines) ; les autres à la pièce ou au cent (perches à houblon) ; d'autres, enfin, au stère empilé (bois d'échalas, bois pour pâte à papier, etc.).

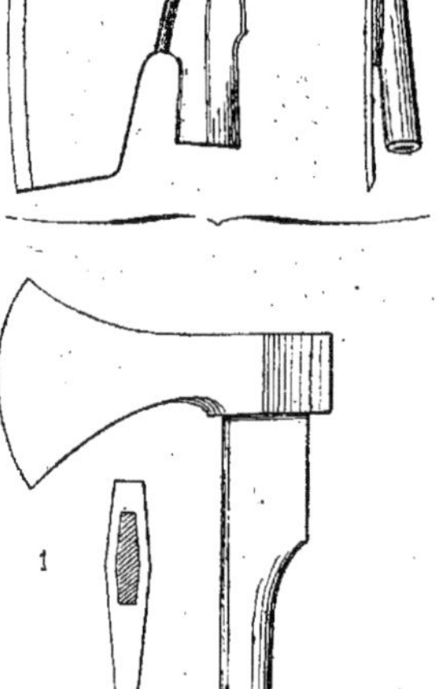

Fig. 61.
1. Hache de charpentier.
2. Erminette.

Toute pièce abattue, tant qu'elle reste ronde, avec ou sans écorce, porte les noms de *tronce,* de *bille* ou de pièce en *grume.*

L'*équarrissage* est l'opération par laquelle on réduit les bois ronds en un solide, généralement à quatre pans et ayant la forme d'un prisme ou d'un tronc de pyramide.

En forêt, l'équarrissage se fait à l'aide d'une *hache de charpentier* et de l'*erminette.* (*Fig.* 61.) L'ouvrier équarrisseur commence par bien caler sa pièce ; puis, sur la section correspondant au gros bout, il construit, à l'équerre et au fil à plomb, l'épure du rectangle qui servira de base au volume à façonner. Il trace ensuite sur le corps de l'arbre la ligne qui serait engendrée par l'intersection d'un plan passant par l'un des côtés verticaux du rectangle de base. Montant alors sur la pièce, il ouvre, à coups de hache, une série d'entailles espacées entre elles de $0^m,50$ à $0^m,80$ (*Fig.* 62), en ayant soin que l'arête centrale, formant le fond de chacune d'elles, soit nettement évidée et se trouve dans le plan générateur. Il ne lui reste plus qu'à rabattre les copeaux restés intacts entre chaque entaille et à polir la

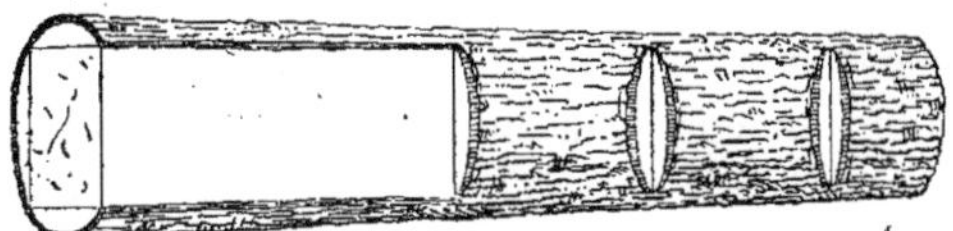

Fig. 62. — Équarrissage à la hache.

surface à l'aide de l'erminette. Les trois autres faces sont successivement *blanchies* de la même manière. Les chutes, perdues comme bois d'œuvre, vont grossir les tas de copeaux d'abatage.

Dans les usines, l'équarrissage se fait plus rapidement à l'aide de la scie. La marche régulière des chariots dispense de toute épure, et les chutes peuvent souvent être utilisées comme menu bois de travail.

On cube les bois d'œuvre soit à l'état brut ou ronds, soit équarris.

§ 2. — Cubage des bois ronds ou en grume

En terme de cubage, on désigne sous le nom de volume *en grume*, le volume cylindrique ou entier des bois ronds, qu'ils soient ou non recouverts de leur écorce. Par extension, une bille ou tronce, à l'état brut, est souvent appelée *un grume*.

Le seul procédé exact pour cuber les bois en grume a été indiqué à propos de la méthode générale de cubage. (Page 154.) Dans la pratique, on se contente de considérer la pièce entière comme un cylindre dont on évalue le volume en fonction de la longueur et de la surface du cercle, mesure prise au milieu. Pour opérer de cette manière, on suppose que la forme générale de la tige se rapproche sensiblement de celle d'un tronc de cône; mais, dans l'immense majorité des cas, il n'en est pas ainsi. On sait, en effet, que toute tige affecte, vers sa base et sur une certaine longueur, une forme à peu près cylindrique; la forme tronconique n'apparaît franchement que vers le milieu et elle s'accentue d'autant plus qu'on se rapproche davantage du sommet. Dans ces conditions, chaque fois qu'on aura à calculer le volume d'une tige dans toute sa longueur, il sera toujours prudent de la décomposer en tronçons limités à chacun des points où un changement de forme se manifeste. Si on ne prenait pas cette précaution, les résultats trouvés seraient toujours trop faibles. Il peut même se présenter cette singulière anomalie, qu'une pièce de bois, cubée comme cylindre dans toute sa longueur, présentera un volume inférieur à celui qu'on aurait trouvé en lui retranchant un billon de deux ou trois mètres à sa partie supérieure [1]. Telle est d'ailleurs l'origine d'une fraude très répandue et beaucoup trop ignorée des propriétaires de forêts.

Comme les bois d'œuvre sont le plus souvent équarris avant leur emploi ou leur débit marchand, le commerce a pris l'habitude de cuber les grumes comme s'ils étaient équarris. Par le fait, on ne cube que le volume utilisable, en défalquant les déchets; dans ce but, on a recours à des procédés différents, suivant que l'on a affaire à des essences dont l'aubier est utilisé ou rejeté. Les modes les plus usités sont les trois suivants :

1° Cubage au *quart sans déduction;*

2° Cubage au *cinquième déduit;*

3° Cubage au *sixième déduit.*

Pour cuber une pièce au quart sans déduction, *on prend le quart de la circonférence, on l'élève au carré et on multiplie le résultat par la longueur.* Le rapport du volume au quart au volume en grume est donné par la relation suivante :

$$\frac{\text{V au } 1/4 = \left(\frac{2\pi R}{4}\right)^2 H}{\text{V en grume} \quad \pi R^2 H} = \frac{4\pi^2 R^2}{16\pi R^2} = \frac{\pi}{4} = 0.7854.$$

La pièce équarrie au quart présente toujours des *flaches* [2], car le carré

1. Plus, en effet, une pièce est longue, plus le cercle pris au milieu comme base du cylindre est éloigné du pied de l'arbre et tombe, par conséquent, dans une partie où la décroissance est fortement accusée.

2. On dit qu'une pièce équarrie présente des flaches quand le sommet de l'angle formé par l'intersection des plans d'équarrissage se trouve en dehors, soit de la pièce, soit de la zone du bois utilisable. Ainsi les flaches sont, tantôt de véritables lacunes (*f, f, f, f, Fig.* 63), tantôt de petits triangles d'aubier formant l'arête des pièces équarries dans le bois de cœur (*a, a, a, a, Fig.* 63).

inscrit qui correspond à un équarrissage fait à vives arêtes, a pour côté

$$R\sqrt{2} = R \times 1.414 < \frac{2\pi R}{4} \text{ ou } \frac{\pi R}{2} = R \times 1.5707.$$

Aussi ce procédé ne peut-il s'employer que pour les pièces utilisées sous forme de charpente brute, ou pour les espèces dont l'aubier ne se distingue pas du bois de cœur.

Le cubage au cinquième déduit se fait de la manière suivante : *on retranche le cinquième de la circonférence, on prend le quart du reste, on l'élève au carré et on multiplie le résultat par la longueur*, ou, ce qui revient au même : *on prend le cinquième de la circonférence, on l'élève au carré et on multiplie le résultat par la longueur*. Le rapport entre le volume au cinquième déduit et le volume en grume est le suivant :

$$\frac{\text{V au } 1/5}{\text{V en grume}} = \frac{\left(\frac{2\pi R}{5}\right)^2 H}{\pi R^2 H} = \frac{4\pi^2 R^2}{25\pi R^2} = \frac{16\pi}{100} = 0.5026.$$

soit approximativement la moitié du volume en grume.

Ce mode de cubage, surtout employé pour les bois de chêne, suppose la transformation d'une pièce en grume en un prisme à base carrée, en général purgé d'aubier, et dont les angles sont à vives arêtes.

Pour cuber une pièce au sixième déduit : *on retranche le sixième de la circonférence, on prend le quart du reste, on l'élève au carré et on multiplie le résultat par la longueur*. Le rapport entre le volume au sixième et le volume en grume sera :

$$\frac{\text{V au } 1/6}{\text{V en grume}} = \frac{\left(\frac{2\pi R \cdot 5}{4 \cdot 6}\right)^2 H}{\pi R^2 H} = \frac{4\pi \cdot 25}{16 \cdot 36} = \frac{100\pi}{576} = \frac{314 \cdot 16}{576} = 0.545.$$

Ce mode de cubage correspond à un équarrissage dont le côté se rapprocherait sensiblement de celui du carré inscrit; on l'applique, en général, aux essences, comme : le hêtre, le charme, le sapin, dont l'aubier ne se distingue pas du bois parfait.

Il est à remarquer que le commerce tend à abandonner ces anciennes méthodes. Toutes les transactions internationales se font au mètre cube en grume ; c'est, du reste, le procédé le plus commode, le mieux défini, et le seul qui ne puisse donner lieu à aucune fausse interprétation.

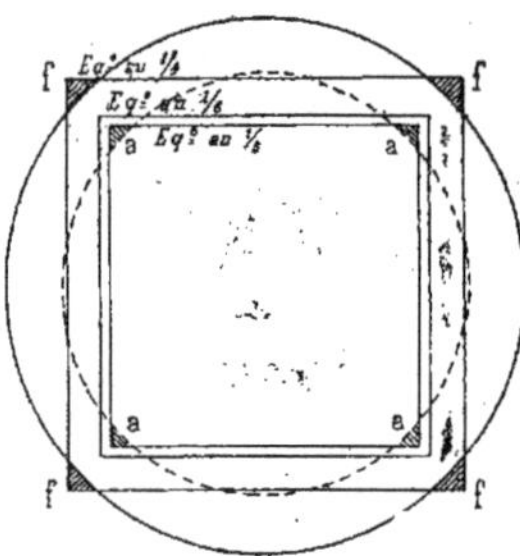

Fig. 63. — Représentation graphique des différents modes de cubage.

Dans le commerce des bois de marine et sur la place de Paris, le mot de *stère*, appliqué à des bois d'œuvre en grume, est souvent employé, par extension, comme équivalent de *mètre cube*.

Les formules suivantes permettent de calculer rapidement, soit en fonction de la circonférence, soit en fonction du diamètre, le volume correspondant au mode de cubage que l'on veut appliquer.

MODES DE CUBAGE.	CÔTÉ de l'équarrissage [1].	VOLUMES CALCULÉS EN FONCTION	
		de la circonférence.	du diamètre.
1° Cubage en grume	»	$C^2.H \cdot 0.0796.$	$D^2H \cdot 0.7854.$
2° Cubage au quart sans déduction	$R \cdot 1.571$	$C^2 H \cdot 0.0625.$	$D^2H \cdot 0.6168.$
3° Cubage à vives arêtes	$R \cdot 1.414$	$C^2 H \cdot 0.0507.$	$D^2H \cdot 0.5000.$
4° Cubage au sixième déduit	$R \cdot 1.309$	$C^2 H \cdot 0.0435.$	$D^2H \cdot 0.4280.$
5° Cubage au cinquième déduit	$R \cdot 1.257$	$C^2 H \cdot 0.0400.$	$D^2H \cdot 0.3951.$

1. Pour figurer sur une section le rectangle de base correspondant à un équarrissage donné, on commence par tracer deux diamètres se coupant à angle droit. On calcule le côté du carré, en multipliant le rayon moyen par le coefficient convenable (col. 2) ; puis, partant du centre, on repère sur chacun des quatre rayons une longueur égale à la moitié du côté trouvé. Il suffit de mener par ces points des parallèles aux diamètres pour obtenir la figure cherchée (*Fig.* 63).

Les facteurs de conversion pour passer de l'un à l'autre de ces modes de cubage sont donnés dans le tableau ci-après, dont les coefficients peuvent également servir pour les applications de prix sans qu'il soit nécessaire de passer par l'intermédiaire des volumes.

COEFFICIENTS pour passer du mètre cube :	AU MÈTRE CUBE :			
	En grume.	Au quart.	Au sixième.	Au cinquième.
En grume.	1.000	0.785	0.545	0.503
Au quart	1.273	1.000	0.694	0.640
Au sixième	1.833	1.440	1.000	0.922
Au cinquième	1.989	1.562	1.085	1.000

Bien que le mètre cube soit l'unité de vente légale, on entend souvent prononcer le mot de *solive.* C'était, en effet, la mesure la plus employée avant l'invention du système métrique ; son nom a donné naissance aux expressions *soliver* et *solivage,* qui sont encore les synonymes de *cuber* et *cubage.*

La solive était, au moins dans l'Ile-de-France, un prisme de deux toises (12 pieds) de long et six pouces (1/2 pied) d'équarrissage. Son volume était, par conséquent, de trois pieds cubes. Mais ce volume variait suivant les régions, non seulement parce qu'elle pouvait avoir pour dimensions des nombres différents de pieds et de pouces, mais encore parce que les valeurs du pied et du pouce étaient variables. Calculée avec les dimensions des mesures dites d'ordonnance, elle cubait $0^{mc},1028$; la solive nouvelle n'est autre chose que le dixième du mètre cube ou 100 décimètres cubes. La différence entre ces deux unités est donc de 3 p. 100, environ, au profit de la solive ancienne. Celle-ci se subdivisait en six pieds de solive ; le pied de solive en douze pouces et le pouce en douze lignes de solive [1].

§ 3. — Cubage des bois équarris

Par le mot *équarrissage,* on désigne aussi les dimensions en largeur et en épaisseur d'une pièce de bois équarrie. On dit, par exemple, qu'une pièce a 16/16 ou 16/22 d'équarrissage, lorsqu'elle a 16 centimètres d'épaisseur et 16 ou 22 centimètres de largeur.

Pour cuber une pièce de bois équarrie, on la considère comme

1. Voir à l'Appendice : Table pour la conversion des mètres cubes en solives, pieds et pouces cubes, et réciproquement.

un parallélipipède rectangle, ayant pour hauteur la longueur de la pièce, et pour base le rectangle formé par les mesures d'équarrissage prises au milieu, ou par la moyenne de ces mesures prises au gros et au petit bout. Les côtés de l'équarrissage se mesurent avec une équerre qui se compose d'une règle divisée en centimètres (ou en pouces) et portant à l'une de ses extrémités une autre règle fixée à angle droit. (*Fig.* 64.)

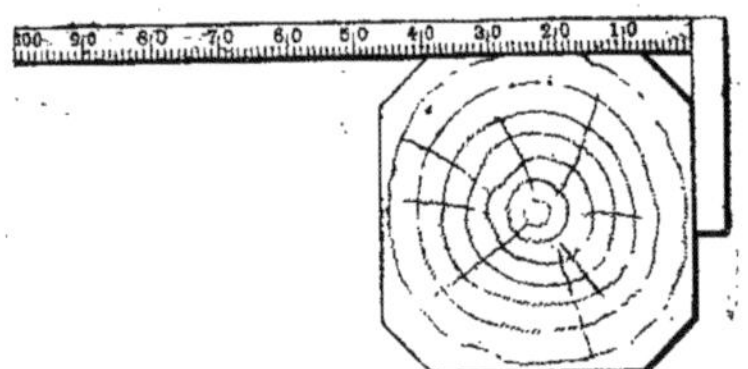

Fig. 64. — Équerre de cubage.

Les bois du commerce étant souvent équarris fort irrégulièrement, des règlements particuliers déterminent le mode de mesurage et de cubage de ces bois dans chaque localité. Ainsi, à Paris, le mesurage des dimensions de la base se fait de 3 en 3 centimètres pleins (arrêté des entrepreneurs de charpente du 1er janvier 1840), tandis qu'à Rouen la mesure de l'équarrissage se prend de 2 en 2 centimètres, et les longueurs de 20 en 20 centimètres. Le volume de ces bois se calcule ensuite, de même que celui des bois ronds, à l'aide d'un tarif construit sur les bases adoptées dans la localité pour le mesurage de la longueur des pièces et des côtés d'équarrissage[1].

ARTICLE TROISIÈME

Bois de service ou de construction.

On range dans cette catégorie :

1° Les *bois de charpente,* qui servent dans les constructions terrestres pour charpente de bâtiment, échafaudages, charpentes de ponts, etc., ou encore les pièces d'un fort équarrissage utilisées

1. Voir à l'Appendice : Table permettant de calculer avec rapidité le volume des bois équarris dans les conditions où on les emploie habituellement dans les constructions.

sous forme de pilotis, brise-glaces, porte-amarres, châssis pour portières d'écluse, etc.... ;

2° Tous les bois mis en œuvre, soit en grume, soit par fragments assez gros comparativement au diamètre de l'arbre qui les fournit, comme : les traverses de chemins de fer, les bois de charronnage, les étais de mines, les perches à houblon, etc.... Ces derniers seront réunis sous la désignation de *bois de menu service*.

1° Bois de charpente

Les bois que l'on débite le plus habituellement comme pièces de charpente sont, parmi les bois feuillus : le chêne et, accessoirement, le tremble, à cause de sa grande légèreté; parmi les résineux : le sapin, l'épicéa, le pin sylvestre, le pin laricio, le pin maritime et le mélèze. Dans les travaux souterrains, on emploie, comme pilotis, conduites d'eau, étais de mines : le chêne, l'aune, l'orme, le hêtre, le bouleau, le charme, le mélèze et les pins.

Actuellement, à cause de la rareté croissante du bois d'œuvre, grâce aussi au perfectionnement de l'outillage des scieries, l'usage s'introduit d'équarrir les charpentes à la scie, sur devis spécial, en donnant à chaque pièce une section proportionnée à la charge qu'elle doit supporter.

§ 1er. — Bois de chêne

L'emploi du chêne comme charpente tend à diminuer, en raison de son trop grand poids et de son prix élevé qui lui font préférer les bois résineux ou le fer. Les pièces à utiliser sous cette forme sont, en général, découpées au point où elles ne présentent plus que $0^m,15$ à $0^m,16$ (6 pouces) de diamètre. On les distingue alors en trois catégories : les *petites charpentes*, les *grosses charpentes* et les charpentes *hors ligne*.

On classe dans la petite charpente toutes les pièces ayant de $0^m,25$ à $0^m,45$ de diamètre au milieu; la face de l'équarrissage grossier auquel on les soumet sur le parterre des coupes, est inférieure à $0^m,33$ (1 pied).

Les grosses charpentes sont celles dont l'équarrissage au milieu varie entre $0^m,33$ et $0^m,50$ (1 pied à 18 pouces). Mais, pour qu'une pièce puisse être rangée dans cette catégorie, il faut qu'elle ait au moins 6 mètres de longueur et que la forme en soit suffisamment régulière. Pour une longueur moindre, on exige un équarrissage de $0^m,40$ (15 pouces).

A partir de $0^m,50$ d'équarrissage au milieu, les pièces sont dites hors ligne; celles-ci sont rarement utilisées autrement que sous forme d'arbre de couche pour les roues de moulin.

§ 2. — Bois résineux

Pour les bois résineux, sapin, épicea, pins, mélèze, la découpe en bois de charpente s'arrête, comme pour le chêne, à $0^m,16$ de diamètre au petit bout. Ces pièces reçoivent différents noms, selon les localités et selon leurs dimensions en diamètre et en longueur.

Dans les Vosges, on a adopté le classement suivant :

DÉSIGNATION DES PIÈCES.	DIAMÈTRE à $1^m,30$ du sol (en centimètres).	ÉQUARRISSAGE au quart (en centimèt. et pouces).	LONGUEUR en mètres.
Chevrons	15 à 25	10 à 12 ou 4 pouces.	5
Pannes simples	30 à 35	15 à 17 ou 6 pouces.	12
Pannes doubles	40 à 45	20 à 22 ou 8 pouces.	12
Recharges	55	25 à 30 ou 10 pouces.	Variable.
Poutres ou sommiers	60 et plus.	33 et plus ou 12 pouces.	Id.

Les bois de petite et de moyenne charpente, dont les dimensions sont trop faibles pour qu'on puisse en faire des planches ordinaires, n'ont qu'une valeur très inférieure à celle du bois de sciage [1].

— Dans le Jura, on débite les charpentes de sapin et d'épicéa de deux manières :

1° En *bois ronds,* dont le pied seul est équarri à 8 pans, sur une longueur de 4 à 5 mètres au plus;

1. La dimension minima de la tronce de sciage ordinaire est d'environ $0^m,38$ de diamètre au petit bout.

2° En *pièces,* qui sont équarries à 4 pans sur toute la longueur, d'où il résulte un déchet évalué en moyenne à 34 p. 100 du volume en grume.

Ces deux catégories de charpente se classent en outre d'après leurs dimensions :

En *gros bois,* qui comprennent les arbres mesurant au moins 0m,70 de diamètre à la base et qui donnent les *bois ronds* et les *grosses pièces;*

En *bois moyens,* qui comprennent les arbres mesurant 0m,65 à 0m,55 de diamètre à la base;

En *petits bois,* qui comprennent les arbres mesurant 0m,50 à 0m,20 de diamètre à la base.

Les gros bois ont une valeur double, en général, de celle des petits bois.

— Dans les Alpes, on distingue généralement la *grosse charpente :* équarrissage 25/25 et au-dessus; la *moyenne charpente :* équarrissage de 15/15 à 25/25; et la *petite charpente :* équarrissage 15/15 et au-dessous.

— Dans les Pyrénées, les beaux sapins de l'Aude se vendent au mètre cube au quart, et dans les autres départements on classe les charpentes en *chevrons, pannes, poutrelles* et *poutres,* pièces dont les dimensions répondent à peu près à celles qui ont été données ci-dessus pour les Vosges.

2° Bois de menu service

§ 1er. — Traverses de chemins de fer

Les traverses de chemin de fer sont les pièces en bois, complètement enfouies dans le ballast, et sur lesquelles sont fixés les rails. Les traverses doivent être en bois sain, dur, résistant à la compression et à l'arrachement, et susceptible d'une durée suffisamment longue, eu égard aux conditions défavorables dans lesquelles ces pièces sont placées.

C'est le chêne purgé d'aubier qui fournit les meilleures traverses. En raison de leur prix élevé, on substitue le plus souvent aux traverses de cœur de chêne, soit des traverses de même essence contenant une certaine proportion d'aubier, soit des traverses d'autres essences : hêtre, charme, pin maritime ou sylvestre. Dans ce cas, les unes et les autres sont soumises à des préparations (par injection de substances préservatrices) qui permettent d'en prolonger la durée.

On admet que la durée moyenne d'une traverse, dans les conditions ordinaires, est de 12 à 14 ans pour le chêne ; de 10 à 12 ans pour le hêtre injecté, et de 8 à 10 ans pour le pin également injecté.

Le prix d'une bonne préparation à la créosote varie entre 60 cent. et 90 cent. par traverse de hêtre ou de pin. Dans ces conditions, on n'emploie plus le chêne que lorsqu'on peut se le procurer à des prix suffisamment bas.

Les traverses de toutes essences ont les dimensions comprises entre 2m,50 et 2m,75 pour la longueur, 0m,20 à 0m,35 pour la largeur, 0m,12 à 0m,18 pour l'épaisseur. Certaines compagnies utilisent des traverses de deux dimensions : les plus fortes, dites traverses de *joint*, doivent avoir de 0m,30 à 0m,32 de largeur sur 0m,13 à 0m,15 d'épaisseur ; les plus faibles, dites traverses *intermédiaires*, n'ont que 0m,21 à 0m,26 de largeur sur 0m,12 à 0m,13 d'épaisseur ; ces deux sortes ont d'ailleurs même longueur. Les traverses de joint sont destinées à supporter l'extrémité de deux rails à leur point de jonction. D'autres compagnies ont adopté une disposition nouvelle : l'éclisse qui réunit deux rails porte ses deux extrémités sur deux traverses ordinaires suffisamment rapprochées. Les traverses, dites de joint, sont alors supprimées, mais, par contre, le nombre des traverses employées est augmenté ; pour les voies à circulation rapide, ce nombre est de dix pour un rail de 8 mètres.

Les traverses sont débitées à la scie, soit sur le parterre des coupes, soit dans les usines. Elles doivent toujours présenter une face sciée en plein bois et les extrémités sont terminées par une section perpendiculaire à la longueur ; bien que leur forme doive être, en général, rectiligne, on tolère une courbure telle que la flèche ne dépasse pas un vingtième de la longueur totale. Sous ces réserves, la forme de la section des traverses peut varier suivant la grosseur de la tige qui les fournit. On peut ainsi distinguer : les traverses *demi-rondes,* qui proviennent d'arbres sciés en deux dans le sens de la longueur ; les traverses *équarries*, avec ou sans tolérance de flaches ou d'aubier. Certaines compagnies admettent dans cette catégorie les traverses avec trois faces de sciage et une face circulaire, ou, avec deux faces de sciage et les autres circulaires. La face inférieure, celle qui repose sur le ballast, doit toujours avoir les arêtes vives ; la face supérieure, dite face de *sabotage*[1], peut présenter des flaches ou des angles arrondis. (*Fig.* 65.)

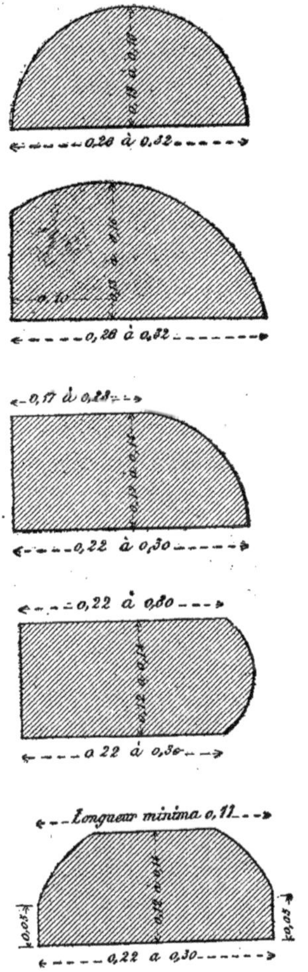

0,28 à 0,32

0,28 à 0,32

0,17 à 0,28

0,22 à 0,30

0,22 à 0,30

0,22 à 0,30

Longueur minima 0,11

0,22 a 0,30

Fig. 65. — Différents types de traverses adoptés par la Compagnie du Nord.

Le déchet du débit en traverse varie nécessairement avec les tolérances admises ; il ne descend pas au-dessous de 10 p. 100 et peut atteindre 30 p. 100 suivant la forme et la grosseur des arbres.

En moyenne, on estime qu'il faut de 120 à 130 mètres cubes de bois en grume pour donner 100 mètres cubes de traverses façonnées, ou environ 1,234 pièces, dont un sixième en traverses de joint et cinq sixièmes en traverses intermédiaires.

Les marchés pour fourniture de traverses se passent par voie d'adjudication ; chacune des compagnies impose à ses fournisseurs un cahier des char-

---

1. *Saboter* une traverse c'est creuser les entailles destinées à recevoir les rails ; cette opération se fait le plus souvent au moyen d'une machine-outil, de même que les trous destinés à recevoir les vis de calage.

ges qui fixe l'essence, la qualité, les dimensions des traverses et indique les tolérances qui seront admises, tant aux réceptions provisoires qu'aux réceptions définitives. Les prix sont réglés, soit au mètre cube, soit à la pièce.

En 1876, ces prix moyens étaient approximativement de :

5 fr. pour les traverses de chêne non injectées;

4 fr. 80 c. pour les traverses de hêtre injecté;

3 fr. 25 c. pour les traverses de pin maritime injecté.

Actuellement, une baisse considérable sur le prix du chêne a permis aux compagnies de revenir à cette essence en abandonnant, en grande partie, les autres bois.

Il faut environ 1,250 traverses, soit 120 mètres cubes de bois, pour construire un kilomètre de chemin de fer à voie unique, y compris les voies d'évitement et de garage. En France, le développement total des lignes construites au 1er janvier 1886 dépasse 50,000 kilomètres de voies posées. La consommation d'entretien annuel, à raison de 73 traverses à remplacer par kilomètre, s'élève au total de 3,650,000 traverses, soit 365,000 mètres cubes de bois!

§ 2. — Bois de charronnage

Le charronnage et la carrosserie emploient des bois de différentes essences et particulièrement : le chêne, le frêne, le robinier, l'orme et quelques bois blancs. Les pièces propres à ce genre de débit ont, en général, de $0^m,10$ à $0^m,15$ de diamètre.

§ 3. — Étais de mines

Les étais de mines sont employés, sous forme de cadres, pour supporter le plafond des galeries souterraines creusées pour l'extraction de la houille et des minerais. Ces galeries ont des dimensions variables suivant la puissance des veines que l'on exploite, de sorte que la dimension des cadres peut varier à chaque instant et, avec elle, la longueur des bois mis en œuvre; aussi le débit ne peut-il se faire qu'au fond même de la galerie.

On utilise comme étais de mines les bois de presque toutes les essences. Les qualités exigées sont principalement la résistance à la flexion, à la rupture et à la pourriture. Les mineurs préfèrent les espèces qui se fendillent et font entendre des craquements avant de se rompre; les mouvements et les bruits les préviennent des dangers qu'ils ont à courir.

D'après M. Thélu [1], les principales essences employées à cet usage peuvent être classées dans l'ordre suivant, eu égard à leurs qualités de résistance à la rupture, à l'écrasement et à la pourriture :

CLASSEMENT DES ESSENCES PAR ORDRE DE RÉSISTANCE :		
à la rupture.	à l'écrasement.	à la pourriture.
1. Robinier.	1. Robinier.	1. Chêne.
2. Tremble.	2. Tremble.	2. Pin sylvestre.
3. Érable.	3. Orme.	3. Aune.
4. Chêne.	4. Frêne.	4. Frêne.
5. Hêtre.	5. Chêne.	5. Pin maritime.
6. Sapin.	6. Érable.	6. Robinier.
7. Frêne.	7. Aune.	7. Saule.
8. Orme.	8. Bouleau.	8. Érable.
9. Aune.	9. Sapin.	9. Orme.
10. Pin sylvestre.	10. Hêtre.	10. Tremble.
11. Bouleau.	11. Charme.	11. Cerisier.
12. Peuplier blanc.	12. Pin sylvestre.	12. Bouleau.
13. Charme.	13. Peuplier blanc.	13. Charme.
»	»	14. Hêtre.
»	»	15. Peuplier blanc.

Le plus souvent on augmente la durée des étais au moyen de préparations faites sous forme d'injection ou d'immersion.

Les bois destinés à la confection des étais de mines doivent mesurer au moins 0m,16 et au plus 0m,72 de circonférence, à 1m,60 du gros bout, mesure prise sur écorce.

Ces bois, quelle que soit leur provenance (taillis ou futaie), sont écorcés d'une manière tantôt complète, tantôt partielle. Dans ce dernier cas, l'opération s'exécute à l'aide d'une plane qui enlève deçà et delà quelques lambeaux d'écorce; cela suffit, suivant l'expression des bûcherons, pour *éventer* le bois. Ils sont ensuite débités

1. *Notice sur les étais de mines en France.* Paris, Imprimerie nationale, 1878.

et façonnés en *perches* et en *étançons,* suivant les conditions arrêtées entre vendeur et acheteur.

1° Les perches sont classées, d'après leurs dimensions, comme l'indique le tableau ci-après :

DÉSIGNATION des catégories.	CIRCONFÉRENCES à 1m,60 du gros bout.	CIRCONFÉRENCES minima au petit bout.	LONGUEUR.	VOLUME du cent en stères.	NOMBRE de perches au stère.
Perches dites 6 coups.	de 0m,60 à 0m,72	0m,30	10m	22st	3,5
— 5 —	de 0 ,48 à 0 ,60	0 ,25	9 à 10	17	5,8
— 4 —	de 0 ,40 à 0 ,48	0 ,20	9 à 10	14	7
— 3 —	de 0 ,32 à 0 ,40	0 ,15	9 à 10	7	13
— 2 —	de 0 ,26 à 0 ,32	0 ,12	8 à 9	5	20
— 1 —	de 0 ,20 à 0 ,26	0 ,10	7 à 8	3	33
Perches S D [1]. . . .	de 0 ,12 à 0 ,20	0 ,08	5 à 7	2	50

1. Sans désignation.

L'unité de vente est généralement le cent de perches.

2° Les étançons sont faits du même bois que les perches ; seulement ils sont découpés à des longueurs variables depuis un minimum de 1m,20 jusqu'à un maximum de 3 mètres.

Ils se vendent au stère empilé, au mètre courant, au cent et au mètre cube ; les deux premiers modes sont les plus usités.

Le débit en étais de mines double à peu près la valeur de produits qui, à défaut de ce débouché, ne pourraient guère être vendus que comme bois à brûler.

§ 4. — Poteaux télégraphiques

Les poteaux destinés à supporter les fils télégraphiques sont en bois résineux : sapin, épicéa, pin sylvestre et pin maritime non gemmé. Les pins laricio et de lord Weymouth ne sont pas admis dans les fournitures de l'État.

Ces poteaux employés à l'air et sans enduits doivent être injectés. Dans ses ateliers des Landes et de la Gironde, la Compagnie des chemins de fer du Midi façonne une grande quantité de poteaux en pin maritime. Ils sont injectés au sulfate de cuivre par le procédé en vase clos.

Les quatre types de poteaux les plus employés par l'Administration française présentent les dimensions suivantes :

LONGUEUR.	DIAMÈTRES		PRIX MOYEN de l'unité en 1885. (Bois livré aux dépôts.)
	à 1 mètre de la base.	au sommet.	
6m,50	0m,14	0m,09	5f,65c
8 ,00	0 ,18	0 ,10	8 ,85
10 ,00	0 ,22	0 ,10	13 ,70
12 ,00	0 ,26	0 ,10	20 ,15

L'espacement moyen des poteaux est de 75 mètres en alignement droit; ils sont plus rapprochés dans les courbes, suivant les diamètres de celles-ci, et souvent accouplés; enfin on met un appui de chaque côté des passages à niveau ou ponts supérieurs. Il faut compter en moyenne 16 poteaux par kilomètre.

Il existe aujourd'hui environ 80,000 kilomètres de lignes télégraphiques aériennes sur le territoire de la France et de l'Algérie.

La durée moyenne des poteaux est de 10 à 12 ans, ce qui entraîne, pour l'entretien seulement, une consommation annuelle qui dépasse 100,000 poteaux.

Les fournitures sont faites par voie d'adjudication publique.

§ 5. — Perches à houblon

Les perches de taillis de toutes essences et les jeunes tiges de résineux qui tombent dans les éclaircies, peuvent donner des perches à houblon. Les plus estimées sont celles de mélèze, de sapin, d'épicéa et de pin sylvestre, à cause de leur forme bien droite; parmi celles provenant de bois feuillus, les plus durables sont celles de chêne, puis, celles d'aune, de frêne, de saule et, enfin, celles de tremble, d'érable, de charme et de hêtre.

Ces perches ne sont pas injectées; pour toute préparation, on se contente de carboniser ou de goudronner la partie fixée en terre jusqu'à 10 à 20 centimètres au-dessus du sol.

Dans le commerce, ces perches sont généralement classées en

trois catégories, dont les dimensions et les volumes sont donnés dans le tableau suivant :

CLASSES.	DIAMÈTRES à 1 mètre du sol.	CIRCONFÉRENCE à 1 mètre du sol.	LONGUEURS.	VOLUME du cent en stères.	NOMBRE de perches en stères.
1	0m,08 à 0m,10	0m,25 à 0m,32	7 à 8m	5st,50	18
2	0 ,06 à 0 ,08	0 ,20 à 0 ,25	5 à 7	3 ,00	33
3	0 ,03 à 0 ,06	0 ,10 à 0 ,20	4 à 5	1 ,20	80

Les perches de 2e et 3e classe ne servent que pour les jeunes plantations[1]. Toutes sont façonnées en forêt ; on leur conserve la patte, qui est la partie la plus dure. Elles sont empilées, par catégories, en tas de 25, 50, etc...., et vendues au cent.

Le prix des perches, subordonné aux besoins de la culture du houblon, subit de nombreuses variations ; néanmoins, surtout pour les résineux, cet emploi augmente sensiblement la valeur que ces produits auraient comme bois de feu.

ARTICLE QUATRIÈME

Bois de travail ou d'industrie.

1° Bois de sciage

§ 1er. — Bois propres au sciage. — Procédés de débit

On appelle *bois de sciage* toutes les marchandises détachées à la scie suivant la longueur des pièces et débitées en la forme de plateaux, de madriers ou de planches de diverses épaisseurs. Le chêne, le hêtre, le peuplier, le sapin, l'épicéa, les pins sylvestres, maritimes, d'Alep et le mélèze sont, en France, les espèces qui fournissent le plus de sciage à la consommation.

1 Dans certaines régions, les perches sont remplacées par des ficelles ou des fils de fer suspendus à des câbles que supportent des poteaux en bois. Ces poteaux se font en bois résineux (pin, mélèze) ; ils ont des dimensions analogues à celles des poteaux télégraphiques.

Les bois de sciage se préparent, soit *à bras* sur le parterre des coupes, soit *à la machine* dans de grands établissements industriels ou, spécialement en ce qui concerne les résineux de la montagne, dans de petites scieries mises en mouvement par la force naturelle des cours d'eau qui manquent rarement dans ces régions. Enfin, depuis quelques années, on a inauguré dans certaines forêts des départements de la Marne, des Ardennes et de l'Allier, des procédés de débit mécanique en forêt au moyen de scieries locomobiles.

Le sciage à bras tend à disparaître des grands massifs forestiers pourvus d'un réseau complet de voies de vidange et situées à proximité des chemins de fer, des canaux ou des grands centres de consommation. Dans nombre de régions, on ne le voit plus pratiquer que dans les coupes affouagères.

On emploie pour ce genre de débits des ouvriers spéciaux que l'on nomme *scieurs de long*. Tout le monde sait comment ils procèdent. La partie essentielle et la plus délicate de leur travail consiste dans le tracé de l'épure, comprenant l'ensemble des échantillons à débiter. Le même dessin est reproduit sur les deux sections de la pièce légèrement équarrie et les points correspondants dans les deux figures, sont reliés par des traits longitudinaux marqués sur la face supérieure de la pièce. Ces traits, qui servent à guider la lame, se tirent au moyen d'un cordeau frotté dans du poussier de charbon délayé dans de l'eau. Cela s'appelle faire le *piquage*. Le *piqué* exige beaucoup d'habitude et même d'habileté de la part de l'ouvrier qui en est chargé, sans quoi l'on ne tire pas le meilleur parti possible de la pièce à débiter et, comme les scieurs de long travaillent à la tâche, c'est-à-dire au mètre superficiel de surface *blanchie* à la scie, leur intérêt diffère souvent de celui de leur patron. Il faut ajouter que le sciage à bras demande beaucoup de temps et nécessite l'emploi de scies à lame épaisse, à *voie* large, ce qui occasionne un déchet considérable.

A ces deux points de vue, les scieries mécaniques, qu'elles soient fixes ou locomobiles, présentent de grands avantages : les ouvriers payés à la journée n'ont pas intérêt à favoriser tel ou tel genre de débit ; les *bancs* ou *chariots* de scierie fonctionnent avec une précision mathématique, leur marche étant toujours parfaitement rectiligne, il suffit, dès lors, de caler la pièce et d'engager la lame sur un repère ; enfin, un outillage spécial, animé de mouvements rapides, permet de réaliser une grande économie de temps et de mieux utiliser les déchets. Tous les perfectionnements apportés à ces machines-outils tendent à concilier une augmentation de vitesse avec une diminution dans l'épaisseur des lames.

Quel que soit le procédé employé, les différents genres de débit peuvent être rapportés à trois types principaux : le *sciage primitif*, le *sciage varié* et le *sciage sur quartier* ou *sur maille.*

Le sciage primitif, qu'on appelle aussi *sciage brut* ou *sur dosse*, s'applique spécialement au débit en planches. Il consiste à faire passer à travers une tronce un certain nombre de traits de scie, également distants entre eux et parallèles à un même diamètre. (*Fig.* 66.)

On obtient ainsi des planches ou plateaux de largeur différente et

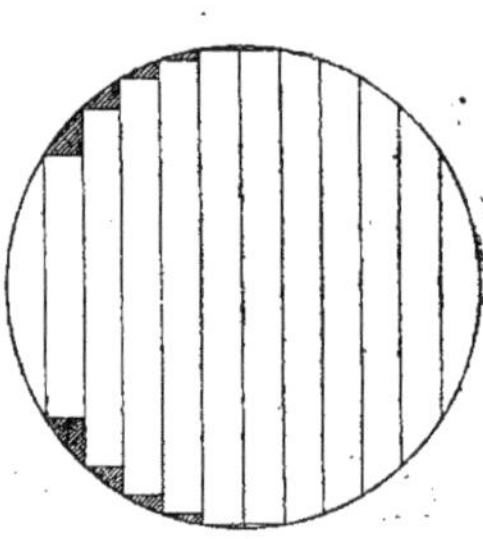

Fig. 66. — Sciage primitif.

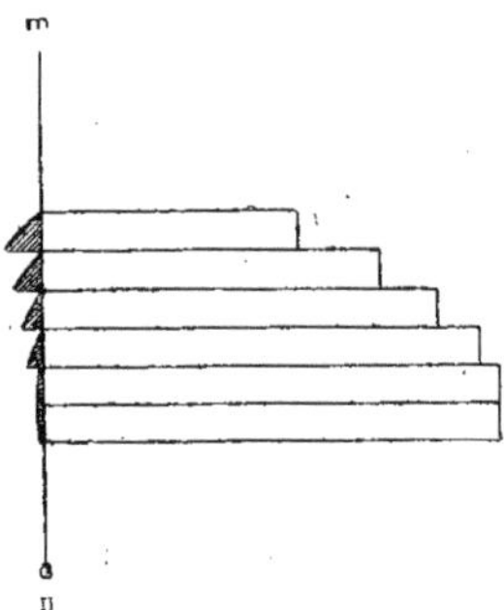

Fig. 67. — Avivage des planches.

dont les bords en biseau doivent être *avivés*. Pour cela, on place ces pièces à plat les unes sur les autres (*Fig.* 67), les plus larges en dessous, de telle sorte que tous les traits qui marquent les bords à aviver sur le même côté de chaque planche, coïncident avec la direction du fil à plomb (*m*, *n*) ; il suffit alors d'un trait de scie pour obtenir le résultat cherché. On opère de même pour les bords opposés. Ce genre de débit occasionne très peu de déchets.

Le sciage varié s'applique au débit d'une bille dont on veut tirer un certain nombre d'échantillons de dimensions déterminées. On se préoccupe surtout d'obtenir une proportion aussi forte que possible en marchandises d'un fort équarrissage (ce sont toujours les plus rares et les plus chères), et cela sans tenir aucun compte de l'angle que fera le trait de scie avec la direction des couches d'accroissement. La forme à donner à l'épure varie à l'infini avec la grosseur des billes et la nature des commandes. La figure 68 en donne un spécimen.

Pour scier une pièce *sur maille* ou *sur quartier*, on cherche, autant que possible, à faire passer les traits de scie dans le sens

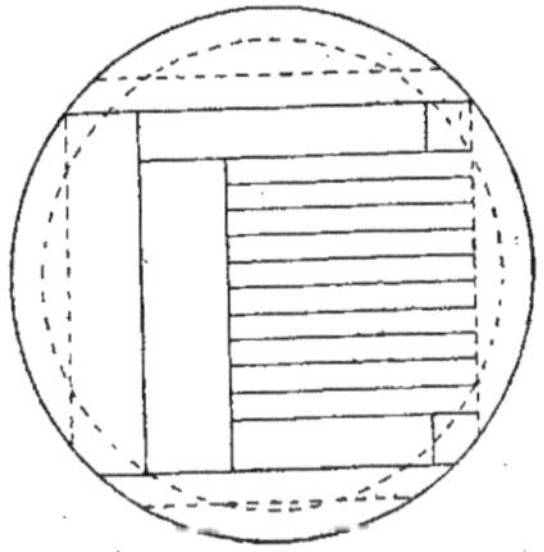

Fig. 68. — Sciage varié.

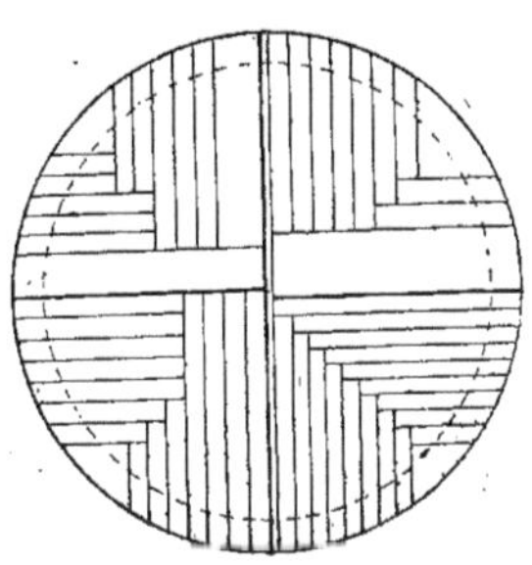

Fig. 69. — Sciage sur quartier. (Débit des Flandres.)

des rayons médullaires. Pour arriver à ce résultat, différentes méthodes sont recommandées; les plus connues sont : la méthode

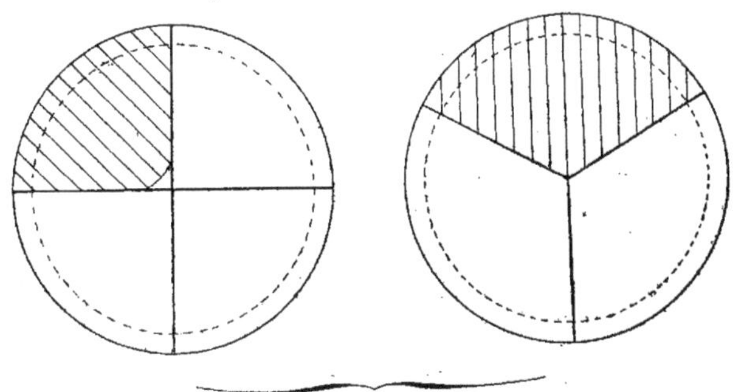

Fig. 70. — Sciage sur maille. (Méthode hollandaise.)

dite *sur quartier* (*Fig.* 69); la méthode hollandaise (*Fig.* 70 et la méthode Moreau (*Fig.* 71), cette dernière surtout employée en Belgique.

Au point de vue de la beauté et de la qualité des marchandises, le débit sur maille donne des résultats préférables à tous les autres genres. Les planches sur maille de chêne comme de toutes les essences à gros rayons se reconnaissent facilement par les taches d'un blanc nacré et de formes diverses dont elles sont émaillées; elles sont plus belles et, par conséquent, plus propres à la menuiserie et l'ébénisterie de luxe. Quelles que soient les essences, les pièces sur quartier font aussi un usage beaucoup meilleur; car la disposition des différents tissus, uniformément répartis sur toute la surface apparente, permet à celle-ci de résister plus régulièrement aux frottements et à l'usure. Il suffit, du reste, de se reporter à ce qui est dit à ce sujet au chapitre intitulé : DURÉE DES BOIS ABATTUS, pour comprendre qu'elles sont aussi moins sujettes à se voiler et à se gercer.

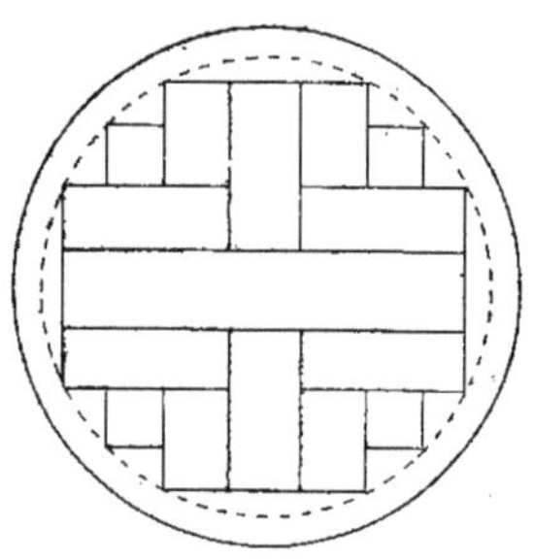

Fig. 71. — Sciage sur maille. (Méthode Moreau, Belgique.)

On évite cependant, dans le débit de certaines pièces, de diriger le trait de scie exactement dans le sens des rayons médullaires, afin que la planche ou le madrier ne renferme aucune partie du cœur de l'arbre, parce que, aux environs de cette région, le bois est quelquefois de moins bonne qualité et qu'en œuvre, il éclate, se tourmente et se déchire facilement.

Le débit sur maille présente le grave inconvénient de donner des échantillons de largeurs inégales, c'est ce qui fait que, en France, malgré la qualité exceptionnelle des marchandises qu'il fournit, on ne le pratique que rarement, si ce n'est dans les départements du Nord, de l'Aisne et des Ardennes, où le débit courant a pris une forme analogue à celle indiquée par la figure 69. Ailleurs, lorsqu'on veut employer du chêne maillé, il faut en faire une commande spéciale ou, à défaut de cette précaution, s'astreindre, en payant une assez forte plus-value, à en faire le triage parmi des échantillons provenant d'un débit varié.

§ 2. — Mode de débit et de vente du bois de sciage

1° *Bois feuillus.*

Bois de chêne. — Dans le Centre de la France et en Franche-Comté, le chêne est débité sur dosse ; les planches et les madriers, dont les dimensions varient avec celles des arbres à scier, se rapportent à un type souvent désigné sous le nom de débit *Franc-Comtois* et de débit *de Lyon*. Comme on laisse subsister l'aubier, le déchet de fabrication provient presque exclusivement du trait de scie. Il dépasse rarement 15 p. 100 du volume en grume.

Les planches de batellerie, qui doivent avoir une grande largeur, sont aussi débitées de la même façon, seulement, pour qu'elles soient autant que possible égales entre elles, on suit un tracé analogue à celui indiqué par la figure 72.

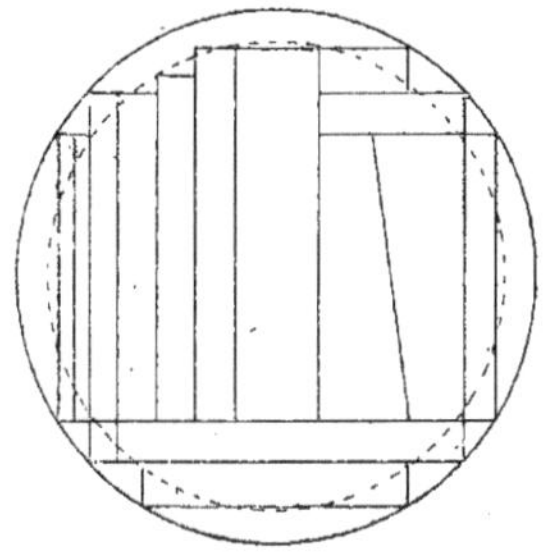

Fig 72. — Sciage pour la batellerie.

Ailleurs, et surtout dans les localités dont les produits alimentent le commerce de Paris, on a adopté un débit spécial qui porte le nom de *débit de Paris*. Le nom et les dimensions en grosseur des échantillons qu'il comporte, figurent dans le tableau donné à la page suivante.

Quant à la longueur des planches, elle varie sans cependant descendre au-dessous de 2 mètres, excepté pour les frises que l'on débite souvent à la longueur de 1 mètre ou $1^m,50$.

Les planches du débit de Paris ne doivent point contenir d'aubier, et se vendent ordinairement par lots assortis de différentes pièces. Dans ce cas, l'unité de vente est le cent de toises courantes, ou les 200 mètres mesurés dans la longueur. Dans le toisé de ces planches, on mesure les longueurs de $0^m,25$ en $0^m,25$, de sorte qu'une planche qui porte $2^m,20$ de longueur ne compte que pour 2 mètres.

Comme les planches ont des dimensions très différentes sous le rapport de la largeur et de l'épaisseur, on les compare et on les rapporte toutes à deux types, l'*échantillon* et l'*entrevous*, dont les volumes sont des sous-multiples ou des multiples du volume des autres. C'est ainsi que :

Le grand battant vaut *quatre* échantillons ou *six* entrevous;

Le petit battant vaut *deux* échantillons ou *trois* entrevous;

La doublette vaut *deux* échantillons ou *trois* entrevous ;

La membrure vaut *un* échantillon fort;

Le chevron vaut *un* entrevous;

DÉBIT DE PARIS

DÉSIGNATION des pièces.	LARGEUR EN MESURE		ÉPAISSEUR EN MESURE		VOLUME par mètre courant.	NOMBRE de mètres courants au mèt. cube en grume.
	ancienne.	nouvelle.	ancienne.	nouvelle.		
1	2	3	4	5	6	7
			Débit marchand.			
Grand battant. . .	12 pouces.	0^m,333	4 pouces.	0^m,111	0^{mc},037	14
Petit battant. . . .	9 —	0 ,250			0 ,021	24
Membrure.	6 —	0 ,167	3 —	0 ,083	0 ,014	36
Chevron.	3 —	0 ,083			0 ,007	72
Doublette	12 —	0 ,333	2 —	0 ,056	0 ,019	26
Membrette.	6 —	0 ,167			0 ,009	56
Échantillon	9 —	0 ,250	18 lignes.	0 ,042	0 ,010	50
Entrevous	9 —	0 ,250	1 pouce.	0 ,029	0 ,007	72
Frise	4 1/2 —	0 ,125			0 ,0035	144
			Débit sur commande.			
Échantill. renforcé.	9 pouces.	0^m,250	21 lignes.	0^m,049		
Entrevous id . .	9 —	0 ,250	15 —	0 ,035		
Panneau.	9 —	0 ,250	9 —	0 ,021	Employés par l'ébénisterie et généralement débités sur maille.	
Volige.	9 —	0 ,250	6 —	0 ,014		
Feuillet	9 —	0 ,250	3 —	0 ,007		
Planche marchande	10 —	0 ,280	1 pouce.	0 ,028	Se vend au mèt. courant.	

La membrette vaut *un* entrevous faible ou *un demi*-échantillon fort ;

La frise vaut *un demi*-entrevous.

On peut donc exprimer la valeur de toutes les pièces d'un lot de sciage en échantillons ou en entrevous; et comme l'entrevous vaut lui-même les *trois quarts* de l'échantillon, il en résulte que quand l'échantillon vaut 200 fr. (le cent de toises, ou les 200 mètres), l'entrevous vaut 150 à 160 fr. Les prix de ces deux espèces de marchandises se rapprochent ou s'écartent souvent un peu plus, selon les besoins ou la demande du commerce.

Les sciages de chêne se vendent le plus souvent par lots spéciaux d'échantillons comprenant : échantillon, membrure, doublette, petit et grand battant ; ou par lots d'entrevous formés d'entrevous, de chevrons et de membrettes. D'après les usages du commerce, les lots d'échantillons doivent toujours comprendre 10 à 15 p. 100 de membrures et même proportion de doublettes. La membrure seule, quand elle est bien conditionnée, se paye toujours mieux que l'échantillon.

La frise, ou planche à parquet, qui représente, pour la largeur, un entrevous scié en deux, se vend ordinairement à part et moins cher, proportionnellement, que l'entrevous de même qualité.

Dans la vente des planches, il est d'usage assez général d'accorder à l'acheteur 10 p. 100 de fourniture, c'est-à-dire que le vendeur lui livre 110 mètres au lieu de cent, ou 220 mètres pour le grand cent.

En moyenne, on calcule qu'un mètre cube de bois en grume donne 50 mètres courants d'échantillon ; d'où il suit qu'il faut 4 mètres cubes en grume, ou 2 mètres cubes au cinquième déduit, pour 100 toises d'échantillon, ou encore une solive de bois au cinquième pour donner 5 toises ou 10 mètres d'échantillon.

On compte de même qu'il faut $2^{m3},600$ à 3 mètres cubes de bois rond, ou $1^{m3},300$ à $1^{m3},500$ au cinquième déduit, pour fournir le cent de toises d'entrevous [1].

L'industrie tend à élargir les barrières trop étroites que lui imposait le commerce et, tout en conservant aux pièces leurs anciennes dénominations, on ne s'astreint plus à leur donner les dimensions-types ; le plus souvent celles-ci sont sensiblement réduites. Actuellement, on débite aussi une grande quantité de bois sur devis spécial ; c'est seulement à défaut de commandes que les propriétaires de scieries mécaniques font du sciage marchand, pour ne pas laisser chômer leurs usines.

Les grandes Compagnies de chemins de fer emploient annuellement

1. Ces chiffres sont des moyennes qui varient avec les dimensions et la forme des pièces. Plus les arbres sont gros, toutes choses égales d'ailleurs, moins il y a, relativement au volume brut, de déchet dans le débit en marchandises. Le déchet est de moitié environ, quand le travail est fait dans les coupes par des scieurs de long, et il est sensiblement moindre dans les scieries mécaniques où l'on fait usage de scies à lames plus minces, et où l'outillage permet d'utiliser tout le bois parfait.

plus de 10,000 mètres cubes de chêne de première qualité sous forme de bois dits *de wagons*. Les Compagnies minières absorbent aussi une grande quantité de madriers pour le *cuvelage* des puits. En Bourgogne et en Franche-Comté, on débite également beaucoup de chênes en *douves sciées,* servant à la fabrication des foudres pour loger les vins ; de même, pour les cidres, en Normandie.

Mais en même temps que la variété augmente dans le débit, les modes de cubage et de vente se simplifient et tendent à s'uniformiser. Presque toutes les transactions sont basées sur le volume réel, exprimé en mètre cube, pour les pièces dont l'épaisseur dépasse $0^{m},05$ et, sur le mètre superficiel, pour les planches plus minces.

Les beaux chênes du Nord sont aussi transformés en minces feuillets de 1 millimètre à 1 millimètre et demi d'épaisseur, et auxquels on donne le nom de *placage*. Ces feuillets, toujours tirés sur maille et plaqués en revêtement, donnent l'apparence du chêne le plus beau à des meubles dont la carcasse est assemblée en bois commun, moins lourd et moins cher.

Bois de hêtre. — Le hêtre que l'on scie en planches et madriers est surtout employé par les menuisiers et les ébénistes à la fabrication des meubles. Dans beaucoup de localités, ce genre de débit du hêtre n'est soumis à aucune règle fixe ; mais dans les forêts dont les produits sont destinés à l'alimentation de grands centres de fabrication, comme Paris, on tend généralement à adopter un mode de débit uniforme, lequel se rapproche beaucoup de celui du chêne. C'est ainsi qu'à Villers-Cotterets, l'une des contrées qui fournissent le plus de sciage de hêtre à la capitale, un règlement convenu entre les exploitants et la Compagnie des marchands de bois de Paris, règlement approuvé par une décision ministérielle du mois de mai 1835, détermine les dimensions à donner aux planches de hêtre, les réductions à faire subir à celles qui n'auraient pas les dimensions prescrites, et enfin les causes qui peuvent faire rebuter ou refuser par l'acheteur les bois qui lui auraient été expédiés par le vendeur. D'après ce règlement, les sciages de hêtre comprennent plus spécialement quatre échantillons que l'on désigne sous les noms de : *entre-vous* ou *feuillet, membrure, doublette* ou *trappe,* et *quartelot.*

L'entrevous, ou feuillet de hêtre, est la planche que l'on fabrique le plus abondamment. Ses dimensions en largeur et en épaisseur sont généralement de $0^m,216$ à $0^m,243$, sur $0^m,033$ à $0^m,031$, et doivent toujours être telles qu'une section droite en travers de la pièce donne une surface de $0^{m2},0073$. C'est, comme on voit, une pièce de même volume, ou à peu près, que l'entrevous ordinaire de chêne.

La membrure de hêtre n'a pas de dimensions fixes, mais la section droite doit présenter une surface de $0^{m2},0154$ à $0^{m2},0175$. On lui donne ordinairement $0^m,165$ de largeur sur $0^m,110$ d'épaisseur, ou $0^m,180$ sur $0^m,100$, ou $0^m,200$ sur $0^m,080$. La membrure de hêtre est, par conséquent, plus forte que celle de chêne, à laquelle on ne donne que $0^m,165$ sur $0^m,008$.

La doublette ou trappe de hêtre porte généralement $0^m,033$ de largeur sur $0^m,075$ à $0^m,081$ d'épaisseur, et doit présenter une surface de $0^{m2},0254$ à $0^{m2},0277$ sur une section droite en travers de la pièce. Elle est plus forte que la doublette de chêne dont la largeur est la même et dont l'épaisseur ne dépasse pas $0^m,062$.

Le quartelot de hêtre est une planche qui porte $0^m,236$ de largeur sur $0^m,056$ d'épaisseur, et dont la section doit avoir une surface de $0^{m2},0123$ à $0^{m2},0139$. Par son volume, cette pièce peut se comparer à un fort échantillon ou, plus exactement, à une membrure de chêne.

En résumé, dans ce débit du hêtre, l'entrevous représente la planche mince et le quartelot la planche épaisse ; mais dans chacun des types, c'est la surface de la section transversale qui est fixée, bien plus que chacune de ses dimensions.

Les planches de hêtre n'ont pas de longueur déterminée ; elles se vendent à Paris, comme celles de chêne, au cent de toises, ou aux deux cents mètres courants, ou au *grand cent,* ce qui est la même chose. De même aussi, dans le toisé de ces planches, on les rapporte toutes à un seul type qui est la membrure ou le quartelot ; la doublette compte pour deux, l'entrevous pour deux tiers.

On voit, par cet exemple, que le débit régulier du hêtre se rapproche de celui du chêne, et ne diffère de celui-ci qu'en ce que les planches de hêtre ont plus d'épaisseur que les planches correspondantes de chêne.

Avec le hêtre on fabrique aussi des madriers épais, appelés *étaux,* qui servent à faire des tables de boucherie ou de cuisine, des établis de menuisier, etc., et des planches minces, dites de *petit sciage,* qui sont employées à une infinité d'usages dans les arts. Ces menues planches ont une longueur uniforme de $2^m,25$ sur $0^m,11$ à $0^m,25$ de largeur et $0^m,015$ à $0^m,006$ d'épaisseur, et se vendent par bottes.

Les sciages de hêtre prennent une importance de plus en plus grande. L'industrie qui, tout d'abord, ne les employait qu'avec une certaine répugnance, a trouvé pour les bois de cette catégorie, surtout sous forme de feuillets, une foule d'emplois nouveaux qui en augmentent considérablement le débit. La production nationale en est, pour ainsi dire, illimitée.

Bois blancs. — Les peupliers fournissent aussi beaucoup de sciages à la consommation. On en fait des planches, et surtout de la volige un peu plus épaisse que celle de chêne. Ces planches s'emploient à l'intérieur des meubles, à la fabrication des caisses d'emballage et, en général, aux mêmes usages que les sciages de sapin. C'est un bois qui ne se tourmente pas lorsqu'il est mis en œuvre, même sans être desséché. Cette propriété le rend précieux en ébénisterie où on l'emploie beaucoup pour faire la carcasse de meubles destinés au placage, et en menuiserie pour faire des panneaux de porte ou de lambris, et même des planchers. Mises en œuvre à couvert et dans un lieu sec, les planches de peupliers font un très bon usage, surtout quand elles sont recouvertes d'une couche suffisante de peinture à l'huile ou d'encaustique. — On les tire d'ailleurs en bien plus grand nombre des arbres plantés isolément sur le bord des routes ou dans les campagnes que de ceux des forêts.

2° *Bois résineux.*

Le sapin, l'épicéa et les pins fournissent, surtout à la menuiserie, une énorme quantité de sciages que l'on désigne indistinctement dans le commerce sous le nom de *planches* ou *sciages de sapin.*

Le mode de débit du sapin en planches diffère suivant les localités.

Dans les Vosges, les arbres destinés au sciage sont découpés sur place en tronçons, que l'on nomme *tronces de sciage,* et auxquels on donne ordinairement 3^{m},57 à 3^{m},90 (11 ou 12 pieds) de longueur[1].

Les planches sont de dimensions diverses, mais elles peuvent se comparer ou se réduire toutes à un même type qui a :

de longueur	3^{m},90,	ou 12 pieds,
de largeur	0 ,244,	ou 9 pouces,
d'épaisseur	0 ,027,	ou 1 pouce.

Cette planche se désigne ordinairement sous le nom de *planche de 12/9* (12 pieds de longueur, sur 9 pouces de largeur et 1 pouce d'épaisseur).

Les autres planches du débit des Vosges ont pour dimensions : 12/12, 11/12, 11/9, 12/8, 11/8. Toutes sont supposées avoir 1 pouce (0^{m},027) d'épaisseur, mais en général elles sont moins épaisses, surtout quand elles sont sèches. Elles n'ont le plus souvent que 11 lignes à l'extrémité correspondant au gros bout de la tronce, et 10 lignes au bout opposé. Quelquefois, cependant, on donne 15 lignes d'épaisseur à la planche de 12/12 et 2 pouces ou 54 millimètres à la planche de 12/9, mais ces sortes de planches ne se fabriquent que sur commande.

On appelle :

Planche *ordinaire* ou *marchande,* celle de 12/9 et quelquefois de 11/9 ;

Planche *réduite,* celle de 12/8 et quelquefois de 11/8 ;

Planche *large,* celle de 12/12 et quelquefois de 11/12.

Dans le sciage, la première planche détachée de chaque tronce se nomme *dosseau* ou *dosse ;* l'une de ses faces est plane, tandis que l'autre conserve la forme extérieure et convexe de l'arbre.

On appelle *chons*[2], les planches que l'on retire immédiatement

1. Quelques marchands donnent aux tronces de sciage les dimensions métriques de 3^{m},66 à 4 mètres, mais le plus grand nombre font mesurer et débiter leurs tronces à l'ancien pied-de-roi (0^{m},325).

2. Vieux mot lorrain toujours employé dans le sens de déchet. De là vient aussi le mot *chonnage.* Le chonnage n'est autre chose que le triage et le classement des planches par catégories de qualité. Cette opération, qui se fait sur les ports ou sur les quais d'expédition, joue un rôle considérable dans le commerce ; car, suivant qu'elle est faite plus ou moins sévèrement, le prix total d'un même lot de marchandises peut varier dans de très fortes proportions.

après les dosseaux, et dont les côtés sont encore flacheux ou en biseau. Les chons ont une largeur moyenne de 6 à 7 pouces ($0^m,162$ à $0^m,189$).

On appelle *rebut* ou *planche de rebut,* pour la distinguer de la *planche nette,* une planche fendue, trouée, mal avivée, ou qui renferme des nœuds morts.

Avec les rebuts et les chons, on fabrique souvent des lattes que l'on refend à la scie. Les lattes n'ont pas de largeur fixe ; on fait, en général, quatre lattes dans une planche de 8 pouces.

On estime, en moyenne, qu'un mètre cube de sapin en grume, avec écorce, peut donner 26 à 27 planches ordinaires et chons. Le déchet est alors d'environ 34 p. 100 ou du tiers du volume en grume. Mais le nombre des planches varie naturellement avec les dimensions des arbres à débiter ; il est plus fort ou plus faible, selon la grosseur des tronces de sciage, et peut se déduire très approximativement du diamètre au petit bout de la pièce à scier.

En effet, le volume de la tronce en grume est donné par la formule :

$$1/4\pi D^2 H.$$

Le volume de la planche ordinaire de 9 pouces est égal à

$$9 \times 1 \times H;$$

d'où le nombre de planches ordinaires contenu dans la tronce

$$= \frac{1/4\pi D^2 H}{9 \times 1 \times H} = \frac{\pi D^2}{4 \times 9} = \frac{D^2}{12}$$

(en faisant $\pi = 3$ pour tenir compte du trait de scie).

Ce qui veut dire que le rendement en planches 12/9, d'une bille de sapin de 12 pieds de longueur, est égal au carré du petit diamètre (mesuré en pouces) divisé par 12.

Ainsi, une tronce de 24 pouces de diamètre au petit bout donne 48 planches, dont assez ordinairement :

18 planches, 1re qualité, sans nœuds,	soit 3/8
24 — 2e qualité, avec nœuds,	soit 4/8
6 chons.	soit 1/8

Ces rapports varient avec les dimensions des pièces, et selon que la tronce renferme plus ou moins de nœuds ; le rendement lui-même est, sinon plus fort en volume, toujours plus avantageux sous le rapport de la valeur commerciale, quand la tronce est assez forte pour fournir de la planche large.

Pour qu'une tronce de sapin puisse être débitée en planches marchandes sans trop de déchet, il faut qu'elle ait au moins $0^m,38$, ou 14 pouces, de diamètre au petit bout. Mais on utilise les chutes, de même que les arbres de faibles dimensions (jusqu'à $0^m,20$ ou 7 pouces de diamètre) en les débitant d'une autre manière : on en fait de petits madriers, des membrures, des frises, des douves, des lattes, etc. — On peut ainsi tirer un parti avantageux de sapins qui n'étaient employés autrefois que comme bois de feu, ou bien comme pièces de menue charpente quand les bois avaient assez de longueur.

L'unité de vente des sciages de sapin est le *cent* ou le *mille* de planches ordinaires ou marchandes. Mais lorsque l'on dit que les planches valent 115 ou 118 fr., ce prix s'applique à cent planches de 12/9. Les planches de 11/9 valent toujours 9 ou 10 fr. de moins par cent que celles de 12/9.

Les planches réduites de 12/8 et 11/8 se paient, en moyenne, 20 fr. de moins que celles de 9 pouces de large et de même longueur.

La planche large de 12/12 et 11/12 se compte, dans le commerce, pour une planche et demie ordinaire de même longueur, bien qu'elle ne cube qu'un tiers en sus.

Dans un lot de sciage, le cent ou le mille de planches contient ordinairement un quart, un tiers, ou même moitié de chons et rebuts ; mais on ne compte un chon ou un rebut que pour une demi-planche.

Dans le Jura, où la traite des bois est souvent plus facile que dans les Vosges, on expédie dans leur entier des bois qui seront sciés en planches de grandes longueurs sur les marchés, à Beaucaire ou ailleurs. On y fait aussi, sur place, des planches *brutes* ou planches de *plat,* suivant l'ancien débit dit *de Strasbourg,* et des planches *alignées,* c'est-à-dire lavées sur les bords comme celles des Vosges. On n'emploie que des bois de choix dans la fabrication des planches brutes ; et on leur donne une épaisseur de $0^m,027$, $0^m,034$, $0^m,040$, ou 12, 15 ou 18 lignes. On les vend à tant le mètre de largeur, celle-ci étant mesurée au milieu de la longueur et du côté le plus étroit pour chaque planche.

On donne aux planches alignées jusqu'à 5 mètres de longueur et une largeur en pouces qui varie de 4 à 12 ; elles se vendent souvent à la douzaine.

On fabrique en outre des sciages plus minces, appelés *lambris*, qui n'ont que $0^m,014$, $8^m,018$ ou $0^m,020$ d'épaisseur, 6, 8 ou 9 lignes. Non alignés, ils se vendent, comme les planches brutes, au mètre de largeur ; alignés, à la douzaine.

La bille de sciage, qui a généralement 4 mètres de longueur, est appelée *plot*. Un plot de $0^m,50$ de diamètre au petit bout peut donner 10 planches brutes de $0^m,040$, ou 11 de $0^m,034$ d'épaisseur ; de sorte que le déchet en dosseaux est très faible.

Dans l'Ain, le sciage est à peu près le même que dans le Doubs et dans le Jura ; on y fabrique cependant une plus grande quantité de sciages minces, dits *feuillets*, pour caisses d'emballage.

Dans la Savoie et l'Isère, le sciage est fait en la forme du sciage brut ; le débit en feuillets est aussi très important. Les Chartreux, pour l'expédition de leurs liqueurs, emploient en moyenne annuellement plus de 90,000 mètres carrés de ces marchandises.

Dans l'Aude, les sciages de sapin se rapportent à quatre types qui ont des dimensions définies en longueur, largeur et épaisseur. Ce sont :

La planche	*petit-pouce*,	$2^m,50$ de long.	$0^m,29$ de larg.	$0^m,025$ d'épaiss.
—	*recarrée*,	2 ,50 —	0 ,24 —	0 ,020 —
—	*bâtarde*,	3 ,00 —	0 ,33 —	0 ,033 —
—	*recette*,	2 ,20 —	9 ,27 —	0 ,020 —

Ces planches se vendent à la charge, composée de six pièces de même espèce.

A Toulouse, les planches prennent les noms suivants :

La *Postâm*,	$3^m,00$ de long.	$0^m,20$ de larg.	$0^m,03$ d'épaiss.
La *Postille*,	3 ,00 —	larg. variable.	0 ,0125 —
La *Passe-postille*,	3 ,00 —	—	0 ,02 —

Les sciages du plateau central (Cantal, Ardèche) sont connus sous les noms de *planches* ou *liteaux*. Ces sciages sont de dimensions variables et se vendent, soit au mètre linéaire, soit à la charge, contenant un nombre déterminé de planches.

Dans les landes de Gascogne et en Provence, les pins maritimes et les pins d'Alep sont débités en planches grossières qui servent à la fabrication des caisses d'emballage.

Le commerce confond habituellement les planches de sapin et d'épicéa sous le nom de *sapin blanc,* celles de pin sylvestre sont dites de *sapin rouge.* Les planches de sapin et d'épicéa sont à peu près de même qualité, mais de beaucoup inférieures aux planches de pin sylvestre, quand celles-ci sont purgées d'aubier.

Les sciages du Nord, importés des bords de la Baltique et de Norwège, pénètrent dans tous les grands centres de consommation et jusqu'au pied même des montagnes couvertes de sapinières. Ils portent les mêmes désignations ; le *sapin rouge* est toujours du pin sylvestre, mais le *sapin blanc* est exclusivement de l'épicéa[1]. La qualité du bois de sapin rouge est excellente et sa durée considérable, surtout quand il a été débité sur maille ; il a, de plus, une couleur jaune-rose, d'un joli effet dans ses emplois sous forme de menuiserie apparente.

Il est à remarquer que les genres de débit usités en France pour

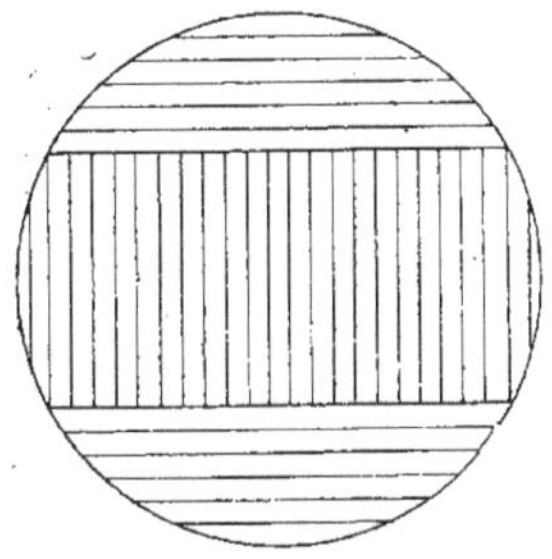

Fig. 73. — Débit du sapin en planches des Vosges.

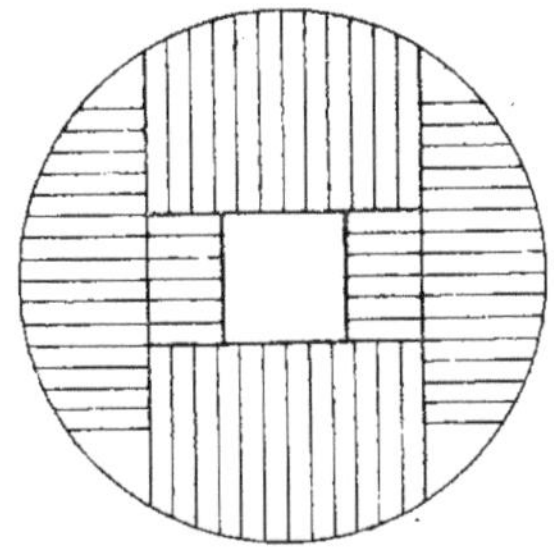

Fig. 74. — Débit du sapin en planches sur maille.

les bois résineux, sont très peu avantageux au point de vue de la qualité. Aussi bien dans le sciage brut du Jura, des Alpes et des Py-

1. Le sapin pectiné n'existe pas dans la presqu'île Scandinave, ni dans le nord de la Russie.

rénées que dans le sciage dit des Vosges, le nombre est très restreint des planches débitées suivant les rayons médullaires. Aussi, c'est avec raison que M. Thiéry, professeur de mathématiques appliquées à l'École forestière de Nancy, propose, pour le débit en planches des Vosges, de remplacer le tracé *suivi* actuellement et représenté (*Fig.* 73) par celui indiqué à la figure 74. On obtient ainsi un développement infiniment plus grand de surfaces sur maille.

2° Bois tranchés [1]

Le débit des bois par voie de tranchage consiste à diviser une tronce en grume, par feuillets plus ou moins épais, successivement *coupés,* au moyen d'une forte lame, suivant une suite de plans parallèles à un diamètre.

L'industrie du tranchage des bois est essentiellement française. La première application de cette nouvelle méthode de débit remonte à 1834 ; elle a été imaginée par un ingénieur, nommé Picot, en vue de diminuer le déchet dans la fabrication des placages.

C'est seulement à l'époque de l'Exposition de 1855 que les machines Picot, perfectionnées par M. Garaud, ont pris leur place industrielle ; il existe actuellement en France plus de 20 de ces machines, susceptibles de fabriquer annuellement plus de 10 millions de mètres carrés de placage. Elles absorbent, pour ce rendement, environ 12,000 mètres cubes de bois exotiques ; il en faudrait plus du double, si le débit devait, comme par le passé, en être fait à la scie.

Entre temps, on a aussi conçu l'idée, au lieu d'enlever les feuilles de placage suivant un plan parallèle à l'axe des fibres, de les couper concentriquement, comme cela se pratique en Chine et au Japon, c'est-à-dire parallèlement aux couches de végétation. Cette tentative n'a pas donné les résultats pratiques qu'on en attendait.

Toutes ces premières machines travaillaient à la façon des rabots,

---

1. Nous devons les renseignements relatifs à cette industrie à l'obligeance de M. Léon Plessis, ingénieur de la Société française de tranchage des bois, 4, passage Charles-Dallery, à Paris.

dans un sens horizontal, et ne pouvaient trancher que des feuillets minces sur de faibles longueurs. C'est seulement vers 1875 que M. l'ingénieur Léon Plessis a construit une machine puissante, à grande vitesse, à trajectoire curviligne, permettant de trancher des tronces de toutes essences, ayant de 3 à 4 mètres de longueur, sur une épaisseur pouvant varier de 2 à 20 millimètres. Il obtient ainsi de véritables panneaux, susceptibles de remplacer avantageusement les sciages de même dimension.

La machine Plessis trouve surtout son application dans le débit des bois tendres et communs, tels que le peuplier. Les avantages sont les suivants : une grande économie dans la matière, une régularité parfaite d'épaisseur, des surfaces suffisamment lisses qui dispensent du rabotage avant l'emploi.

Cette machine se compose dans son essence d'un chariot porte-lame de 4^{m},50 de longueur et du poids de 6,000 kilogr., coulissant horizontalement dans deux chariots libres qui se meuvent eux-mêmes verticalement sur les glissières d'un bâti, disposition qui lui permet de décrire une trajectoire quelconque dans le plan de son mouvement. A chaque oscillation du porte-lame, un panneau se détache de la bille qui s'avance automatiquement d'une quantité égale à celle qui vient de lui être enlevée.

Avant d'être apportés à la machine, les bois, tronçonnés par longueur de 3 mètres, sont débarrassés de leur écorce et grossièrement équarris, puis transportés immédiatement dans des étuves à vapeur détendue, où ils séjournent pendant un temps variable, déterminé par leur volume, leur essence et les épaisseurs que l'on veut obtenir. Cette opération a pour but, en amollissant le bois, de le rendre plus malléable et d'éviter les déchirures sous la pression du couteau.

Dès qu'une tronce est entièrement tranchée, toutes les pièces qui en proviennent sont transportées aux presses sécheuses chauffées à la vapeur. Là, les panneaux sont repris un à un et introduits dans les tiroirs des presses ; la durée du séchage est d'environ une minute par millimètre d'épaisseur. En sortant de la presse, les panneaux sont replacés les uns sur les autres, toujours de manière à reconstituer la bille dans son épaisseur primitive ; ils sont alors attachés par paquets, métrés, étiquetés et mis en magasin.

Ainsi, quelques minutes après leur sortie de l'étuve, les bois, réduits en panneaux, sont prêts à être livrés à la consommation qui les achète au mètre carré.

La machine Plessis pèse 70,000 kilogr.; actionnée par une force de 20 chevaux-vapeur, elle tranche, par minute, 20 feuillets de 3 mètres de longueur et d'une épaisseur quelconque, jusqu'à celle de 2 centimètres, qu'on n'a d'ailleurs jamais intérêt à atteindre dans la pratique. Elle peut produire journellement 3,000 mètres carrés de panneaux, fournis, en moyenne épaisseur, par 25 mètres cubes de bois en grume.

La partie la plus importante de cette machine est le couteau, dont la disposition est reproduite en coupe à la figure 75.

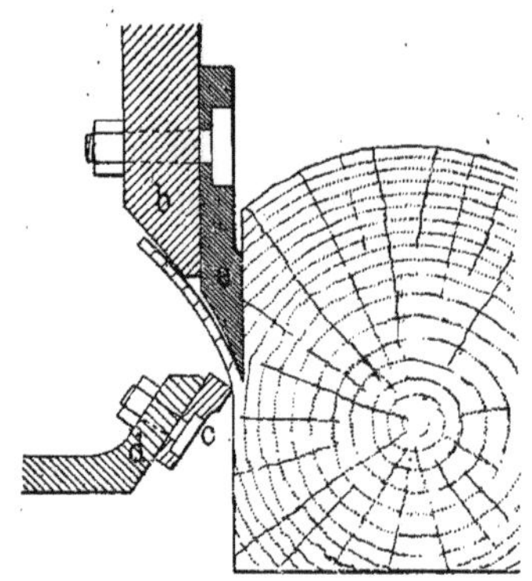

Fig. 75. — Couteau de la machine à trancher Plessis.

a, couteau. — *b*, châssis porte-lame. — *c*, mentonnet. — *d*, guide fixé au châssis.

Les bois tranchés ont été rapidement vulgarisés pour tous les usages de layetterie, emballages, boîterie (spécialement boîtes à cigarre pour les manufactures de l'État) ; ils ont donné naissance à l'industrie toute nouvelle du *cartonnage en bois*.

3° Bois de fente

§ 1er. — Bois propres a la fente. — Procédés de débit

Le débit en *bois de fente* s'obtient par un simple décollement des tissus dans le sens de la longueur des tiges, sans qu'on ait recours, soit à une lame tranchante, soit à une scie, pour couper ou râper les tissus. Un tel mode de débit laisse donc les fibres intactes, entières dans toute leur longueur, ce qui conserve à chaque morceau son maximum d'élasticité et de résistance à la rupture. Aussi tous les objets qui doivent présenter une certaine solidité sous une faible épaisseur sont fabriqués avec du bois débité sous cette forme.

Pour qu'un bois se fende bien, il faut que les faisceaux fibro-vasculaires en soient bien droits, sans enchevêtrements et exactement parallèles à l'axe. La pièce à fendre doit donc être exempte de nœuds, de vices et de tous autres accidents de croissance. Dans sa *Flore forestière,* M. Mathieu a classé les bois croissant en France de la manière suivante, eu égard à leur aptitude à la fente :

1° *Bois se fendant très bien :* Châtaignier, pin sylvestre, mélèze, érable champêtre, sapin, épicéa, coudrier ;

2° *Bois se fendant moyennement ou facilement :* Tremble, hêtre, chênes (rouvre et pédonculé), aune, frêne, robinier, charme, saule ;

3° *Bois se fendant difficilement :* Érable plane, érable sycomore, bouleau, poirier, peuplier, orme.

Mais, pour qu'un bois soit employé aux usages que comporte ce genre de débit, il ne suffit pas qu'il se fende bien, il doit encore présenter certaines qualités de durée, de dureté et surtout de souplesse qui ne se rencontrent réunies que dans un petit nombre d'essences, comme : le chêne, le hêtre, le frêne, le châtaignier et le robinier parmi les feuillus, et le sapin, l'épicéa, le pin sylvestre et le mélèze parmi les résineux. Ce sont aussi les plus employées.

Le travail de la fente se fait surtout en forêt, parce que le bois se fend mieux et plus facilement, lorsqu'il est *vert* et *saignant,* que lorsqu'il est desséché ; aussi parce que, tous les sujets n'étant pas propres à la fente, l'ouvrier a plus de facilité pour choisir les morceaux les plus convenables parmi les tiges fraîchement exploitées ; parce qu'enfin il peut souvent employer à des ouvrages de fente, lesquels ne comportent jamais de grandes longueurs, certaines pièces de fausse coupe et en tirer le meilleur parti.

Les ouvriers fendeurs sont munis de trois outils principaux : la *cognée,* le *départoir* et la *doloire,* auxquels s'ajoutent, comme accessoires, le *maillet* et la *fourche* ou *chevalet.*

La lame de la cognée est à peu près semblable à celle de l'outil employé par les bûcherons, seulement sa tête est élargie en forme de merlin ;

Le départoir est une sorte de coutre, à lame d'acier très forte, taillée en forme de coin et terminée par une douille dans laquelle est solidement fixé, à angle droit, un manche en bois assez court (1, *Fig.* 76).

La doloire présente à peu près la même disposition, mais sa

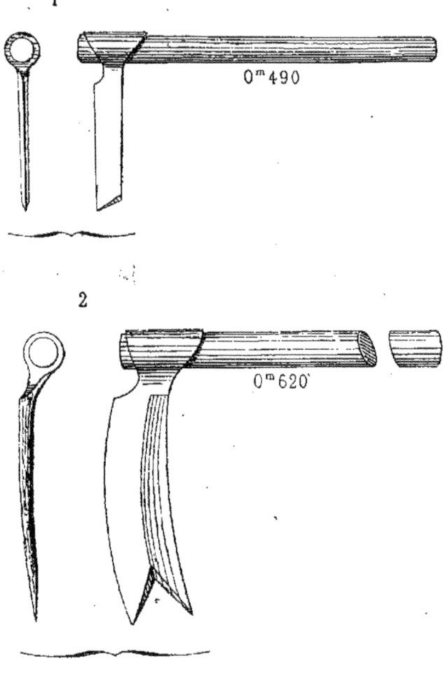

Fig. 76.

1. Le départoir.
2. La doloire.

lame, beaucoup plus large, est aussi plus mince et plus tranchante. (2, *Fig.* 76.)

L'atelier comporte un simple chevalet rustique, à deux branches, supporté sur trois piquets enfoncés dans le sol, et auquel on donne le nom de fourche. (*Fig.* 77.)

On procède de la manière suivante :

Quand la lame du départoir, chassée à coups de maillet, est entrée de toute sa largeur dans la pièce, celle-ci étant maintenue entre les deux branches de la fourche, il suffit de peser sur le manche pour provoquer l'ouverture d'une fente qui va sans cesse en s'allongeant au fur et à mesure qu'on fait glisser l'outil dans l'espace qu'on lui prépare en faisant de nouvelles pesées.

Fig. 77. — La fourche.

A. Le maillet.

Le travail s'achève de différentes manières, suivant la nature et la qualité des marchandises fabriquées.

§ 2. — Mode de débit et de vente du bois de fente

1° *Bois feuillus.*

Bois de chêne. — Parmi les chênes de France, le rouvre occupe le premier rang comme bois de fente. Le pédonculé est plus noueux, surtout quand il n'a pas été élevé en massif plein; sa fibre est ordinairement plus serrée, son grain plus fin, son bois plus nerveux et plus coriace, toutes circonstances qui le rendent plus difficile à fendre. Le bois du chêne tauzin, de l'yeuse et du chêne-liège est plus dur encore que celui du pédonculé; il a de plus l'inconvénient de se gercer profondément et de se déjeter en se desséchant, ce qui le rend tout à fait impropre à ce genre de débit.

Entre tous les métiers qui emploient les bois de fente, il faut placer en première ligne la tonnellerie. On n'emploie guère que du chêne, purgé de tout aubier, pour la fabrication des futailles qui doivent contenir du vin et de l'eau-de-vie, parce que les fibres de son bois sont mieux liées, plus serrées et moins perméables. On fabrique aussi en bois de fente de chêne différentes marchandises dont les plus usitées sont : les bois de bourrellerie, les échalas, les cerches et les gournables.

On nomme *merrain* le bois de fente destiné plus particulièrement à la fabrication des douves de tonneaux. On le débite dans les coupes de la manière suivante. La bille à merrain étant sciée à la longueur convenable, on la fend d'abord en gros quartiers, dont chacun se divise ensuite en deux, trois ou quatre secteurs. L'ouvrier fendeur travaille alors chacun des secteurs séparément avec le *départoir*. Il enlève le cœur du bois, dont la forme aiguë ne se prête pas à la division en merrains, et il supprime tout l'aubier. Il fend ensuite le restant du secteur, suivant des lignes perpendiculaires au rayon du milieu, en prismes d'épaisseur convenable, et dont le nombre dépend de la grosseur de la bille. Enfin, chacune de ces pièces se divise, suivant la direction des rayons, en planchettes de merrain.

On peut refendre chaque secteur exactement dans le sens des rayons médullaires en procédant, non pas de proche en proche, mais en divisant successivement en deux tous les morceaux jusqu'à ce qu'on soit arrivé à l'épaisseur voulue (*a*, *Fig.* 78). Mais les planchettes ainsi débitées n'ont pas les faces parallèles et il faut les aplanir à la doloire, ce qui occasionne un assez fort déchet (*a, Fig.* 79). On évite en grande partie cet inconvénient en faisant la division de proche en proche par des traits menés suivant une direction parallèle à l'une des faces du secteur. (*b*, *c*, *Fig.* 78.)

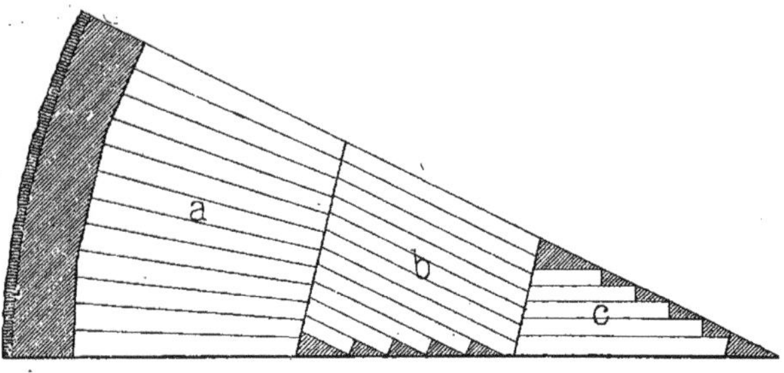

Fig. 78.

Certaines pièces de merrain, importées d'Amérique, ont une forme renflée dans leur milieu. (*b, Fig.* 79.)

Les douves sont de deux sortes : celles qui servent pour construire le corps du tonneau et que l'on désigne sous différents noms tels que : *longailles, douelles, merruins, passe-rebuts*, etc., et celles qui sont employées pour former les fonds du tonneau et que l'on nomme *fonçailles, fonds* ou *traversins*.

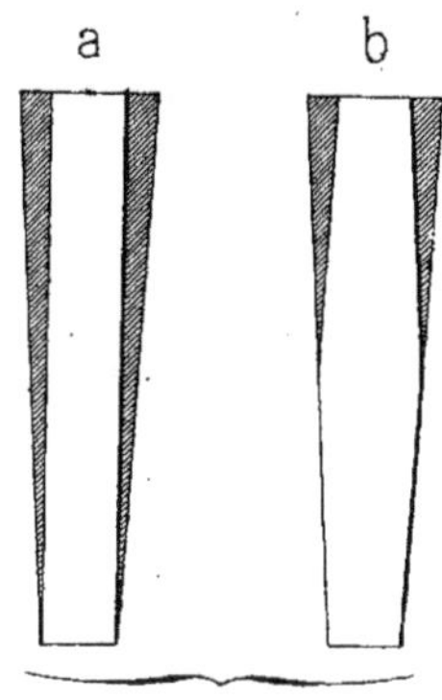

Fig. 79.

Dans la fabrication du merrain, la longueur et l'épaisseur des deux échantillons principaux sont déterminées d'avance d'après les dimensions des futailles à construire, mais leur largeur est variable, au moins dans une certaine mesure, et peut descendre jusqu'à la moitié de celle des types correspondants. Ces pièces de largeur réduite reçoivent différents noms, selon les localités; on les appelle *tricages* dans les Vosges, *ganivelles* ou *rebuts* dans le centre de la France.

Dans le commerce, un lot de merrains assortis se compose de deux tiers de douelles et un tiers de fonds. L'unité de vente est le *millier*, lequel comprend, dans chaque localité, le nombre de douves assorties, nécessaire pour construire une quantité déterminée de tonneaux d'une capacité donnée. Mais, pour une même contrée, on fabrique souvent des merrains de dimensions variables; c'est ainsi que pour la Bourgogne on fait du merrain pour des *pièces* de 228 litres et pour des *feuillettes* de 114 litres. De sorte que dans l'assortiment du merrain fabriqué pour les besoins de cette contrée, il faut faire entrer, dans une certaine proportion, les diverses espèces de douves qui servent à la construction de ces deux genres de tonneaux. En outre, on comprend dans chaque millier une certaine quantité de douves de largeur réduite, ou *tricages*, dont la valeur s'apprécie en fonction du type auquel ces pièces se rapportent.

Dans les Vosges (forêt de Darney), on fabrique plus spécialement du merrain pour la Bourgogne, et on donne le nom de *marquandise* aux douves pour *feuillettes*, afin de les distinguer de celles destinées à construire des *pièces*. Les dimensions de toutes ces douves sont les suivantes :

Bonne douelle	long. $0^m,88$,	larg. $0^m,11$ à $0^m,15$,	épaiss.	$0^m,027$
Tricage de douelle. . .	— 0 ,88,	— 0 ,06 à 0 ,10,	—	0 ,027
Bon fond.	— 0 ,66,	— 0 ,14 à 0 ,19,	—	0 ,027
Tricage de fond. . . .	— 0 ,66,	— 0 ,08 à 0 ,13,	—	0 ,027
Douelle, marquandise .	— 0 ,77,	— 0 ,06 à 0 ,10,	—	0 ,023
Fond, — .	— 0 ,50,	— 0 ,08 à 0 ,13,	—	0 ,023

Le *millier* des Vosges, complètement assorti, comprend 4,654 pièces qui se répartissent et s'estiment de la manière suivante [1] :

Bonnes douelles . . .	856,	comptées à raison de 107 p. 100	pour	800
Tricages de douelles .	632	— 160 1/2	—	400
Bons fonds.	428	— 107	—	400
Tricages de fonds. . .	321	— 160 1/2	—	200
Douelles, marquandises.	1,605	— 267 1/2	—	600
Fonds, —	802	— 267 1/2	—	300
	4,654			2,700

Le millier des Vosges, vendu sans marquandises et réduit comme précédemment, se compose de 3,370 pièces, savoir :

Bonnes douelles	1,284	qui comptent pour	1,200
Tricage de douelles.	963	—	600
Bons fonds	642	—	600
Tricages de fonds	481	—	300
	3,370		2,700

Le millier des Vosges comprend ainsi toujours 27 cents. — Avec le millier, sans marquandises, on peut fabriquer 100 pièces de Bourgogne, de 228 litres, et avec le millier complètement assorti 67 pièces de 228 litres et 66 feuillettes de 114 litres, soit encore l'équivalent de 100 pièces. Mais quand les largeurs sont bonnes, le millier peut donner jusqu'à 110 pièces.

Le volume du millier de merrain fabriqué est approximativement de 8 mètres cubes ; et il faut de 13 à 24 mètres cubes de bois en

1. Il est d'usage, dans cette contrée, d'ajouter à chaque centaine de douves 7 pièces dites de *rhabillage*, ou de donner 7 p. 100 de fourniture, de sorte qu'il faut 107 pièces de bonnes douelles ou de bons fonds pour faire le cent réduit, 160 1/2 de tricage au lieu de 150, et 267 1/2 de marquandise au lieu de 250.

grume pour fournir un millier de merrain. Le déchet dû à la fabrication du merrain des Vosges est donc de 40 à 66 p. 100. On conçoit du reste que ce déchet varie avec les forêts, qu'il dépend surtout de la quantité d'aubier que renferme le bois, et aussi de la dimension des arbres et de leur aptitude à la fente.

Dans le pays de Blois, où la fabrication du merrain emploie presque tous les chênes livrés à l'exploitation, le millier de merrain se compose de 4,350 pièces, et comprend le nombre de douves assorties nécessaire pour la fabrication de 100 tonneaux de 228 litres. Ces douves sont de six sortes ; elles ont toutes la même épaisseur, $0^m,014$ à $0^m,015$; on les estime en fonction d'un type qui est le *fond marchand,* et on les répartit, dans la composition du millier, ainsi qu'il suit :

1° 200 *fonds marchands,* qui ont $0^m,66$ de longueur, et $0^m,14$ à $0^m,20$ de largeur, comptent pour.	200
2° 900 *ganivelles,* qui ont $0^m,66$ de longueur et $0^m,06$ à $0^m,14$ de largeur, comptent pour	300
3° 300 *chanteaux* [1], qui ont $0^m,50$ de longueur et $0^m,08$ à $0^m,18$ de largeur, comptent pour	100
4° 450 *passe-rebut,* qui ont $0^m,84$ de longueur et $0^m,14$ à $0^m,20$ de largeur, comptent pour	300
5° 2,200 *rebuts,* qui ont $0^m,84$ de longueur et $0^m,05$ à $0^m,14$ de largeur, comptent pour.	1,100
6° 300 *petits rebuts,* qui ont $0^m,84$ de longueur et $0^m,05$ de largeur, comptent pour	100
Ce qui fait 4,350 pièces qui comptent pour	2,100

On fait encore dans les forêts du Blésois du merrain spécial pour le Bordelais ; le millier de merrain bordelais ne comprend que quatre sortes de douves ayant une épaisseur commune de $0^m,016$; ce sont :

Le fond marchand	qui a	$0^m,69$	de long. sur	$0^m,16$ à $0^m,20$	de larg.
Le chanteau	—	0 ,50	—	0 ,10 à 0 ,20	—
Le passe-rebut	—	0 ,84	—	0 ,11 à 0 ,20	—
Le rebut	—	0 ,84	—	0 ,06 à 0 ,11	—

Le volume du millier de merrain ordinaire de Blois est approxi-

1. On nomme chanteau une pièce ordinairement moins large que la fonçaille et qui se place en travers et en dehors des fonds de tonneau pour les consolider.

mativement de 4^{m3},500 ; il faut de 7 à 8 mètres cubes de bois en grume pour fournir un millier de merrain fabriqué.

En Champagne, le merrain se vend à la *treille*. La treille se compose d'un nombre déterminé de longailles, de fonçailles et de chanteaux, qui représentent le bois nécessaire à la construction de 50 tonneaux de 200 litres. On estime qu'il faut en moyenne 3 mètres cubes au quart sans déduction, ou un peu moins de 4 mètres cubes en grume, pour donner une treille de merrain.

Dans les poudreries de l'État, on construit des chapes ou tonneaux destinés à loger les poudres, et pour lesquels on emploie du merrain de chêne de dimensions variables. L'adjudication de ces fournitures se fait au mille de pièces de longueur et d'épaisseur déterminées, et dont la largeur, variable pour chaque pièce, doit atteindre un certain minimum fixé d'avance pour chaque dizaine de pièces. Ainsi, par exemple, 10 longailles pour chapes de 100 kilogr. doivent avoir une largeur totale de 1^{m},30.

La marine emploie du merrain assorti de trois espèces pour la construction des tonneaux ou des pièces dites de 4, de 3 et de 2. Le millier assorti des trois espèces est de mille longailles et de six cents fonçailles ou de quatorze cents longailles.

Ces exemples suffisent pour faire voir combien la fabrication du merrain est variable suivant les contrées[1]. Pour qui en suit les développements, il est facile de constater aussi que l'on donne une épaisseur bien moindre aux douves de toute sorte à mesure que les chênes, les gros chênes surtout, deviennent plus rares et se vendent plus cher. C'est que cette fabrication n'emploie que des bois de choix et suffirait à elle seule pour absorber une grande partie des chênes

1. Les dimensions des futailles les plus usitées sont calculées de façon que la longueur intérieure, le diamètre *du bouge* (partie renflée où se trouve la bonde), et le diamètre du fond soient entre eux comme les nombres 10 1/2, 9 et 8.

Malgré l'instruction de pluviôse an VII, qui a fixé sur ces bases les dimensions des pièces des différentes capacités métriques ; l'usage a conservé pour les vins l'emploi presque général de la *pièce* de 228 litres et de la *feuillette* de 114 litres.

que la France produit, si nos viticulteurs ne trouvaient dans l'importation du merrain étranger le complément des produits nécessaires à leur industrie.

Le débit en *échalas* se fait généralement sur le parterre des coupes, d'après le même principe que celui du merrain, avec cette différence toutefois qu'au lieu d'être polis à la doloire, les échalas sont simplement parés et taillés en pointe, sur un chevalet spécial, au moyen de la plane ou couteau à deux mains.

Le plus généralement on utilise pour cet usage les grosses perches de taillis ou les jeunes arbres ayant de 0,15 à 0,25 de diamètre. Ces bois sont découpés en billes de $1^{m},14$ à $1^{m},56$ (suivant les localités) et vendus au stère.

On fait environ 800 à 900 échalas dans un stère, soit 1,000 à 1,300 par mètre cube ; comme on n'enlève pas l'aubier pour ce genre de débit, le déchet est très faible ; suivant la grosseur des bois employés, il varie entre 10 et 25 p. 100.

L'unité de vente est la botte, contenant 50 échalas.

Les *cerches* ou *merrains de boissellerie* sont de larges feuillets, d'une épaisseur de 5 à 6 millimètres, servant à la confection des mesures de capacité pour les grains. Ces marchandises exigent l'emploi de bois présentant d'excellentes qualités sous de fortes dimensions ; aussi les tronces qui peuvent les fournir sont rares et se vendent très cher.

On nomme *gournables* les chevilles en bois qui sont employées dans la construction des navires pour relier entre elles les différentes pièces de la membrure. Ces pièces, qui ont parfois 1 mètre de longueur, doivent être levées dans des bois très sains et très nerveux.

On fabrique encore avec le chêne des lattes pour plafond, des rais de voiture, des tringles d'espalier, etc.....

Bois de frêne. — Le merrain de frêne présente les mêmes qualités que celui du chêne; il est même préféré à ce dernier pour la la fabrication des tonnelets à bière. Le bois de frêne jouit aussi de la propriété de ne pas colorer les liquides avec lesquels il est en contact. Aussi est-il recherché pour fabriquer des tonneaux dans les pays producteurs de kirsch.

Le débit en merrain se fait comme celui du chêne, avec cette seule différence que le frêne n'ayant pas d'aubier distinct est utilisé dans toute son épaisseur, ce qui diminue beaucoup le déchet.

Bois de châtaignier. — Le châtaignier est un excellent bois de fente : non seulement il donne un merrain très estimé, mais il sert à faire des cercles, des lattes et des échalas très recherchés. La fabrication de ces différentes marchandises ne présente d'ailleurs rien de spécial.

Bois de hêtre. — Comme bois de fente, le hêtre sert à une foule d'emplois que l'on désigne d'une manière générale sous le nom d'*ouvrages de râclerie.* Tels sont les cerches dont on fait des chascrets ou clayettes pour fromages ; les éclisses dont on fabrique des boîtes très légères pour les confiseurs, pharmaciens, parfumeurs, bijoutiers, etc., des seaux et autres mesures de capacité, des jouets d'enfants, etc. ; les lattes pour fourreaux d'épée et de sabre ; les copeaux pour la gaînerie, la miroiterie, etc. ; les panneaux de soufflet, les battoirs à lessive, les pelles à four, les bois de brosses. On fabrique aussi avec le hêtre des attelles de collier, des bâts, sellettes et arçons ; des semelles de galoche et des sabots ; des rames, écopes et avirons.

Pour tous ces ouvrages, le bois doit être de fente facile et droite, et, quand il doit être débité en planches très minces telles que des cerches, il faut de plus que sa fibre soit à la fois souple, forte et élastique, qualités que l'on ne trouve ordinairement réunies que dans les arbres d'âge moyen, 80 à 100 ans.

Le déchet qui résulte de la confection des ouvrages de râclerie varie entre 50 et 75 p. 100 ; mais les débris sont utilisés comme chauffage.

Toutes ces industries n'emploient, relativement, qu'une quantité assez minime de bois de hêtre, sauf cependant celle des sabotiers qui, dans certaines localités, a encore quelque importance[1].

1. Il faut constater néanmoins que l'Amérique, qui nous demandait autrefois une grande quantité de sabots, a presque cessé de s'approvisionner dans l'ancien continent.

Les sabots se vendent ordinairement à la *douzaine* de paires, à la *grosse* de 144 paires, et à la *somme* de 80 paires. Chaque unité, douzaine, grosse ou somme, contient un tiers de sabots d'hommes, un tiers de sabots de femmes et un tiers de sabots d'enfants. On calcule qu'un mètre cube de bon bois de fente peut fournir, en moyenne, 100 à 110 paires de sabots assortis.

2° *Bois résineux.*

Le merrain des résineux, sapin, épicéa, pin sylvestre et mélèze, est employé à faire des objets de cuvellerie plutôt que de la tonnellerie proprement dite[1]. On choisit, pour ces emplois, des morceaux sans nœuds, bien droits et de végétation lente. La composition de ces bois formés de fibres et de rayons médullaires très minces permet d'en faire la fente aussi bien dans le sens des couches annuelles que dans celui des rayons.

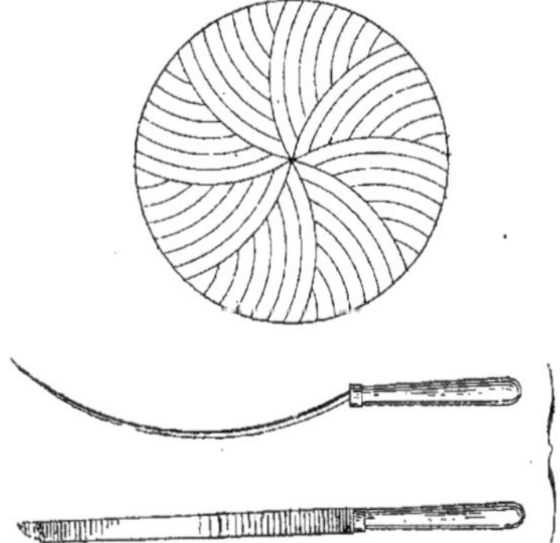
Fig. 80. — Débit de l'épicéa en douves cintrées.

Souvent dans le Jura les douves sont levées au moyen de fers cintrés. (*Fig.* 80.)

On fabrique également, avec le sapin, l'épicéa et le mélèze, les planchettes minces ou *bardeaux* qui sont employées, comme la tuile et l'ardoise, pour la toiture des bâtiments et pour la protection des murs aux expositions pluvieuses. Les bardeaux sont désignés sous le nom d'*essis* dans les Vosges, bardeaux et *tavaillons* dans le Jura, *essandolles* dans les Alpes. On les obtient par la fente et on leur donne une épaisseur d'environ un demi-centimètre.

---

2. Cela n'est rigoureusement vrai que pour les bois indigènes, car on emploie une grande quantité de douves sciées en pin du Nord et en pin rouge d'Amérique pour la fabrication des grands bacs à bière et autres récipients utilisés dans différentes industries.

La fabrication des cerches, pour la confection des boîtes de toutes dimensions, nécessite l'emploi de bois de qualité supérieure, à fibres excessivement droites, sans nœuds et sans le moindre défaut. Les feuilles, d'une épaisseur de 2 à 4 millimètres, s'obtiennent directement par la fente; celles plus minces sont levées en la forme de copeaux au moyen de rabots spéciaux, à fer très incliné.

L'épicéa qui, en général, se fend mieux que le sapin, lui est préféré pour tous ces usages.

Les bois *sonores* ou *bois de résonances,* destinés à la confection des tables d'harmonie, sont à peu près exclusivement fabriqués en épicéa[1]. Les qualités de sonorité requises pour cet emploi ne se rencontrent que dans les bois présentant une grande homogénéité, un grain fin et serré, des accroissements très lents. Les massifs très denses de la haute montagne sont seuls capables de les fournir, et encore ces bois sonores ne se rencontrent que rarement; même dans les conditions les plus favorables à leur production, il faut les choisir avec soin.

A cet égard, la France reste tributaire de l'étranger, quand certaines forêts du Jura, spécialement celles du Risoux, du Massacre et de Bataillard, pourraient fournir nombre de planchettes de bois sonore d'excellente qualité. Cela tient à ce que le débit en bois sonore est très délicat, et ne peut être fait que par des ouvriers spéciaux. D'ailleurs, malgré leur prix très élevé (600 à 700 fr. le mètre cube), ces bois entrent pour une somme tellement minime dans la valeur des instruments de musique, que les fabricants préfèrent s'adresser à leurs fournisseurs habituels du Tyrol, de l'Engadine et de la Carinthie, plutôt que de faire l'essai de marchandises qu'ils ne connaissent qu'imparfaitement.

ARTICLE CINQUIÈME

Bois de marine.

GÉNÉRALITÉS

Les perfectionnements réalisés par l'industrie métallurgique ont, depuis longtemps déjà, apporté des modifications notables dans la

1. En Hongrie, le pin cembro fournit aussi des bois de cette qualité.

consommation des bois destinés aux constructions navales, mais les plus importantes se sont surtout manifestées à partir de 1871, dès que le Gouvernement eut décidé en principe la reconstruction de la flotte militaire. C'est ainsi que des bâtiments de grandes dimensions, entièrement en fer, ont été mis en chantier dans les arsenaux ; que, pour les navires encore en bois, un grand nombre de signaux de forme rare et même introuvable, ont été remplacés par des pièces en fer. En même temps, certaines essences, venant des États-Unis d'Amérique, ont été avantageusement substituées à celles de l'ancien continent, ce qui a déplacé complètement le commerce des fournitures de provenances étrangères.

Il est certain que, sous l'influence de ces causes diverses, la consommation des bois indigènes dans les constructions navales a subi une importante diminution ; mais il n'est pas moins vrai que, quelle que soit la quantité du fer et de l'acier employés, il faudra toujours un cube énorme de bois de chêne de dimensions et de formes indéterminées pour subvenir à tous les besoins accessoires de ces constructions qui deviennent de plus en plus colossales, et le pays n'en produira jamais trop pour alimenter ses arsenaux.

Aussi, pour mieux faire comprendre le rôle que le bois a joué dans la marine, celui qu'il reprendra peut-être un jour, il a paru indispensable de conserver dans son ensemble le plan adopté par M. Nanquette dans son cours d'*exploitation des bois*, en tenant simplement compte des suppressions ou changements qui semblent présenter un caractère définitif.

Les vaisseaux de guerre sont construits sur des modèles (gabarits) calculés par des ingénieurs du corps des constructions navales et mis en chantier dans les arsenaux de Cherbourg, Brest, Rochefort et Toulon ; quelquefois ils sont achetés sur commande à des constructeurs civils. Les navires de la marine marchande sortent des chantiers des particuliers, dont les plus importants et les plus nombreux sont en Angleterre et aux États-Unis, tels sont : ceux de Londres, Glascow, Liverpool, pour la Grande-Bretagne ; Halifax et New-York pour l'Amérique.

Pour supporter le bâtiment à construire, on établit sur le sol un immense cadre, disposé en forme de plan incliné et abrité sous de vastes hangars. C'est sur ce cadre que viennent s'agencer successivement toutes les pièces qui forment la charpente du navire. Au fur et à mesure que l'édifice s'élève, on le soutient par des poutres appelées *étais*. Quand le gros œuvre est terminé, on *lance* le navire en faisant tomber successivement tous les étais, et c'est en glissant sur le cadre qu'il descend dans un bassin, où il est conduit à la machine à mâter; après quoi, on le munit de tous les accessoires et agrès qui complètent son armement.

Parmi les bois qui entrent dans la construction d'un vaisseau, il faut distinguer, eu égard à leurs emplois : 1° les bois de chêne; 2° les bois résineux ; 3° les bois divers utilisés pour l'emménagement et l'armement.

1° Bois de chêne

§ 1er. — Exercice du martelage dans les forêts domaniales

Autrefois, le département de la marine faisait rechercher et marquer par ses agents les chênes propres aux constructions navales qui devaient tomber dans les coupes à exploiter chaque année dans les forêts de l'État, des communes, des établissements publics et des particuliers. Le prix de ces bois, sur place, était réglé de gré à gré et, en cas de contestation, par des experts nommés contradictoirement. Primitivement, ce privilège avait été reconnu à la marine par une suite d'ordonnances royales, dont la plus ancienne paraît remonter à 1318; mais l'exercice de ce droit n'a été sérieusement réglementé que par l'ordonnance de 1669. L'ordonnance royale du 8 août 1816, le Code forestier et l'ordonnance du 1er août 1827 n'ont fait que reproduire et consacrer les dispositions de l'ordonnance de 1669, en ce qui concerne le martelage de la marine. Le département de la marine a donc pu exercer, pendant de longues années, un véritable droit de préemption sur tous les bois de chêne, propres à son usage, que l'État, les communes et les particuliers désignaient chaque année à l'exploitation; mais l'exercice de ce droit était entouré de telles difficultés que la marine avait renoncé, en 1838, à user de son privilège, sauf à y revenir ultérieurement, si cela devenait nécessaire. Depuis lors, le ministre de la marine a mis en adjudication publique les fournitures de bois à faire dans les arsenaux pour le service des constructions navales ; mais, après un essai qui a duré 20 ans, il a paru utile de revenir à l'exercice de l'ancien martelage, en le modifiant toutefois conformément au décret du 16 octobre 1858.

Les dispositions prescrites par ce décret ont subi plusieurs modifications successives et à la date du 24 février 1866, une instruction, concertée entre le directeur général des forêts et le directeur du matériel au ministère de la marine, a résumé les règles aujourd'hui en vigueur pour la délivrance des bois de marine dans les forêts de l'État. Celles de ces règles qui intéressent le plus directement l'exercice du martelage, le cubage et la délivrance, sont rapportées ci-après :

A. — Avant l'époque du balivage des coupes, les agents de la marine désignent, au moyen d'un ceinturage à l'huile, tous les arbres situés dans les cantons en tour d'exploitation annuelle ou périodique, et qu'ils jugent propres aux constructions navales.

B. — Il est procédé au martelage des arbres de la marine en même temps qu'à la marque des coupes, et par le mêmes agents.

Parmi les arbres qu'ils jugent à propos d'abandonner à l'exploitation dans l'enceinte de chaque coupe, les agents forestiers ne marquent, pour la marine, que ceux préalablement désignés par elle.

Ces arbres sont frappés d'un marteau spécial à $1^{m},33$ du sol, et sur deux faces opposées.

C. — L'adjudicataire de chaque coupe procède à l'abatage des arbres de marine en se conformant aux dispositions du cahier des charges et aux indications des agents. Les branches de ces arbres font seules partie de la vente, à moins qu'elles n'aient été exceptionnellement réservées.

L'adjudicataire en effectue la coupe suivant les indications du chef de cantonnement.

D. — Après l'abatage, ces arbres sont examinés par l'ingénieur de la marine.

Les pièces dont la marine a fait choix sont marquées de son marteau, découpées et équarries sur place par ses soins et à ses frais.

L'administration forestière est chargée de la vente des rebuts et remanants.

E. — Le compte des sommes dues par le département de la marine à celui des finances est réglé par unité de volume réel des pièces acceptées et des rebuts, et pour une période de cinq ans.

Les prix doivent être revisés au début de chaque période quinquennale par une commission mixte siégeant à Paris.

Pour se rendre un compte exact des opérations de la marine et pouvoir apprécier l'intérêt qui s'attache à cette partie du service forestier, il est important que les agents soient en état :

1° *De reconnaître si un arbre est propre à donner une pièce de marine ;*

2° *De déterminer, l'arbre étant sur pied, la nature de la pièce qu'il pourra fournir.*

Or, les conditions à remplir pour qu'un chêne soit propre à la marine tiennent à la forme de l'arbre, à ses dimensions et à la qualité de son bois.

§ 2. — Nomenclature et configuration des pièces

En principe, *toute pièce de bois de bonne essence et de configuration régulière, quelles que soient ses dimensions, est propre aux constructions navales.*

Partant de cette donnée, le département de la marine a fait construire un tarif qui permet de classer et de recevoir, conformément à l'emploi dont ils sont susceptibles, tous les bois de formes régulières et de dimensions quelconques qu'offre la nature. Les pièces comprises dans ce tarif sont groupées en trois catégories :

Les *bois droits,* pièces tout à fait droites, ou ne présentant que de faibles courbures inférieures à 20 millimètres par mètre de longueur (le plançon peut, par exception, être fortement courbé dans un sens). [*Fig.* 81.]

Les *bois courbants,* pièces prises dans le fût d'un arbre présentant une courbure minima de 25 millimètres par mètre de longueur ;

ils se subdivisent en bois courbants à une courbure, à deux courbures

Quille. — Étambot. — Mèche de gouvernail.

Plançon. Bitte.

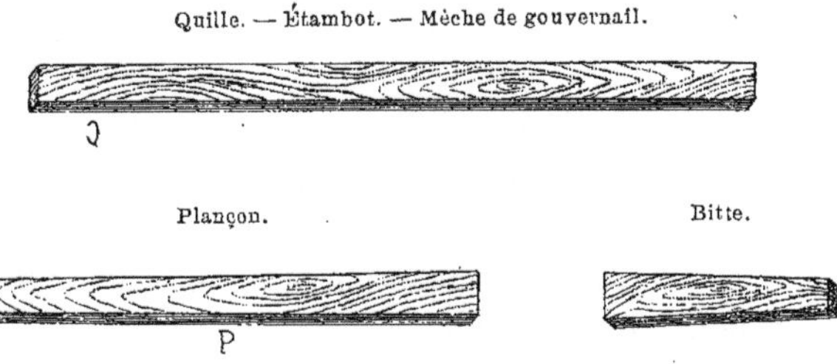

Fig. 81. — Bois droits.

dans un même plan et à deux courbures dans deux plans différents. (*Fig.* 82.)

1° *Bois à une courbure.*

Varangue plate. — Préceinte de tour.

Étrave. Allonge.

Genou. Varangue acculée. — Guirlande.

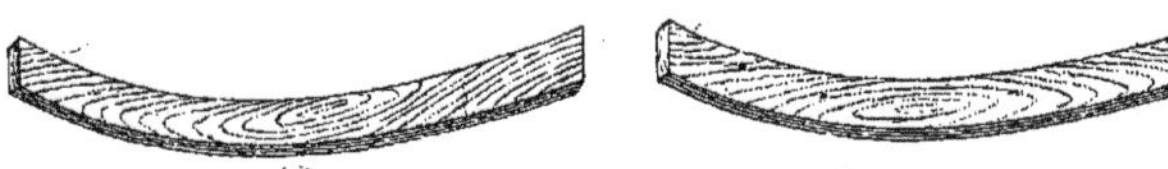

2° *Bois à deux courbures.*

Allonge de revers.

Genou de revers.

Fig. 82. — Bois courbants.

Les *bois courbes,* formés par l'insertion d'une forte branche dans le corps de l'arbre sous des angles déterminés. (*Fig.* 83.)

Chacune de ces catégories est ensuite divisée en *signaux* et *espèces.*

On donne le nom de *signal* aux diverses pièces de chaque groupe dont la forme est déterminée d'une manière précise par l'emploi auquel elles sont propres.

Les pièces de même forme, ou d'un même signal, sont subdivisées en *espèces* d'après leurs dimensions.

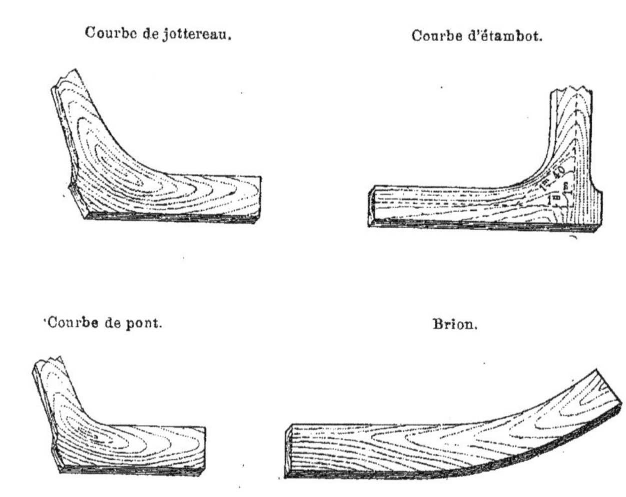

Fig. 83. — Bois courbes.

C'est donc la forme des bois qui détermine surtout le classement des pièces de marine en signaux portant des noms différents, tandis que le nom d'espèce sert à distinguer les pièces de même forme, mais de dimensions différentes. Pour opérer la division de chaque signal en espèces, on est parti de ce principe que les bois de même espèce, appartenant à des signaux différents, devaient tous avoir une même valeur, basée sur leur degré d'utilité ou de rareté. D'où il résulte, au point de vue commercial, que le caractère principal de l'espèce est de soumettre à un prix commun du mètre cube tous les signaux qu'elle comprend.

Chaque signal est désigné dans les tarifs par la lettre initiale du nom qu'on lui a donné ; l'espèce se désigne par un numéro d'ordre placé devant cette initiale. C'est ainsi que le signal *Étambot* se subdivise en quatre espèces qui sont désignées dans le tarif de la manière suivante :

1 ET — 108 — $\frac{50}{44}$ ..... Ce qui signifie : *Étambot de première espèce, ayant* 108 *décimètres de longueur et* 50 *sur* 44 *centimètres d'équarrissage au milieu et au petit bout.*

2 ET — 86 — $\frac{46}{40}$ ..... Ce qui signifie : *Étambot de deuxième espèce ayant.....*

3 ET — 80 — $\frac{44}{36}$ .....

4 ET — 70 — $\frac{40}{32}$ .....

Les dimensions de l'équarrissage sont données, dans le tarif, sous les noms de *largeur* sur le *tour* et *épaisseur* sur le *droit.*

La largeur sur le tour, ou simplement le *tour,* exprime la distance qui sépare les deux faces courbes dans les bois qui présentent une courbure.

L'épaisseur sur le droit, ou simplement le *droit,* exprime la distance qui sépare les deux faces planes dans les mêmes bois.

Par analogie, on a conservé ces dénominations pour les côtés d'équarrissage des bois tout à fait droits, et alors le tour s'entend du plus grand côté d'équarrissage quand la pièce est méplate.

Les signaux tels que la *demi-varangue,* l'*allonge,* la *guirlande,* etc., pour lesquels le tarif n'indique qu'une seule des dimensions de l'équarrissage au petit bout, sont ceux dont la largeur sur le tour peut être moindre au petit bout qu'au milieu. La dimension exigée est celle de l'épaisseur sur le droit, laquelle doit toujours être la même, dans tous les bois courbants, au petit bout qu'au milieu. Il n'y a d'exception à cette règle que pour le *jas d'ancre* et la *pièce de tour* dont les deux dimensions peuvent être moindres au petit bout qu'au milieu, et pour la *préceinte* et le *bois à deux bouges* dont les dimensions au petit bout sont exactement fixées.

Ces explications suffisent pour faire comprendre les termes et les signes du tarif suivant :

Classement des bois de marine

arrêté le 2 juin 1852 par le ministre de la marine et modifié par l'instruction ministérielle du 8 juin 1859.

SIGNAUX.	LONGUEUR.	ÉQUARRISSAGE. Milieu. Largeur (tour).	ÉQUARRISSAGE. Milieu. Épaiss. (droit).	ÉQUARRISSAGE. Petit bout.	FLÈCHE de l'arc par mètre de longueur.	OBSERVATIONS.
	déc.	cent.	cent.	cent.	milim.	
					BOIS DROITS.	
		Pièce de quille.				
1 Q^1	110	44	44	44-44		La pièce sera tout à fait droite et sans défournis. — Le minimum, au petit bout, sera susceptible de tolérance sur le tour, pourvu que le défourni n'existe que sur une des faces et seulement sur une longueur égale au 1/6 de la longueur totale. — Ce signal exclut tous les bois affectés de défauts qui seraient de nature à occasionner des voies d'eau ; tels sont, dans une certaine mesure, les gerçures, gélivures, cadranures, roulures, fibres torses, etc.
2 Q^1	100	40	40	40-40		
3 Q^1	90	36	36	36-36		
4 Q^1	80	32	32	32-32		
2 Q^2	90	44	44	44-44		
3 Q^2	80	40	40	40-40		
4 Q^2	70	36	36	36-36		
		Étambot.				
1 ET	108	50	44	50-44		Ce signal est assujetti aux mêmes conditions que la pièce de quille, sauf qu'il n'est pas toléré de défourni au petit bout.
2 ET	86	46	40	46-40		
3 ET	80	44	36	44-36		
4 ET	70	40	32	40-32		
		Mèche de gouvernail.				
1 MG	100	72	66	40-44		La pièce sera tout à fait droite et sans défournis. — Les largeur et épaisseur sont prises à deux mètres du pied. — Ce signal exclut particulièrement les bois à fibres torses.
2 MG	96	64	62	36-40		
3 MG	90	56	54	32-36		
4 MG	80	46	44	28-32		
		Bitte.				
5 BI	46	42	42	38-38		La pièce sera tout à fait droite et sans défournis.
6 BI	40	36	36	30-30		
		Plançon.				
2 P	110	40	40	36-36		Les plançons des cinq premières espèces pourront être courbes sur les deux faces, pourvu que la flèche d'une des deux courbures ne dépasse pas 12 millimètres par mètre de longueur. Chaque courbure sera bien suivie et dans le même sens. Ceux de la 6e espèce seront droits sur les deux faces. — Ce signal exclut les bois affectés de défauts qui ne permettraient pas le débit en bordages.
3 P	100	34	34	30-30		
		36	32	32-28		
4 P	90	30	30	26-26		
		32	28	28-24		
5 P	70	26	26	22-22		
		28	24	24-20		
6 P	50	22	22	20-20		

SIGNAUX.	LONGUEUR.	ÉQUARRISSAGE. Milieu. Largeur (tour).	ÉQUARRISSAGE. Milieu. Épaiss. (droit).	ÉQUARRISSAGE. Petit bout.	FLÈCHE de l'arc par mètre de longueur.	OBSERVATIONS.
	déc.	cent.	cent.	cent.	millim.	
			Demi-bau.			
2 DB	90	44	44	44-44	8 à 10	La courbure sera régulière et symétrique à droite et à gauche du milieu de la longueur. — La pièce sera sans défournis, sauf une tolérance sur le droit et sur une seule face du 1/6 de la longueur. Cette tolérance pourra s'étendre au 1/3 de la longueur totale lorsque cette longueur atteindra le minimum exigé pour les baux du même équarrissage. — Ce signal exclut particulièrement les bois à fibres torses.
3 DB	86	40	40	40-40		
4 DB	80	36	36	36-36		
			Bau.			
1 B	120	44	44	44-44	10 à 15	IDEM. — Moins la tolérance.
2 B	100	40	40	40-40		
3 B	90	36	36	36-36		
4 B	80	32	32	32-32		
			Barrot de gaillard.			
2 BG	110	36	36	36-36	15 à 20	IDEM. — Moins la tolérance.
3 BG	94	32	32	32-32		
4 BG	80	30	30	30-30		
5 BG	70	24	24	24-24		
			BOIS COURBANTS.			
			I. — BOIS A UNE COURBURE.			
			Jas d'ancre.			
3 J	60	54	64	(1)	25 à 35	(1) Quand le tarif n'indique pas les dimensions des équarrissages ou de l'un d'eux au petit bout, cela signifie que la tolérance pour le défourni n'est pas limitée.
4 J	50	50	56			
5 J	40	40	46			
6 J	36	32	36			
			Demi-varangue.			
3 DV	60	50	40	— 40	35 et au-dessus.	Pourvu que la courbure soit régulière, il n'est pas nécessaire qu'elle soit symétrique à droite et à gauche du milieu de la longueur.
4 DV	50	48	38	— 38		
5 DV	40	40	36	— 36		
			Bout d'allonge.			
6 BA	36	32	28	— 28	35 et au-dessus.	
7 BA	26	22	22	— 22		
			Varangue plate.			
2 V	80	48	40	— 40	35 et au-dessus.	
3 V	70	44	36	— 36		
4 V	60	40	32	— 32		
5 V	50	36	28	— 28		
6 V	46	32	24	— 24		

SIGNAUX.	LONGUEUR.	ÉQUARRISSAGE. Milieu. Largeur (tour).	ÉQUARRISSAGE. Milieu. Épaiss. (droit.)	ÉQUARRISSAGE. Petit bout.	FLÈCHE de l'arc par mètre de longueur.	OBSERVATIONS.
	déc.	cent.	cent.	cent.	millim.	
		Préceinte de tour.				
1 PR	100	40	40	40-40	35 et au-dessus sur le tour, 0 à 10 sur le droit	Ce signal exclut les bois affectés de défauts qui ne permettraient pas le débit en bordages.
2 PR	90	38	38	38-38		
2 PR	80	36	36	36-36		
4 PR	70	32	32	32-32		
		Allonge.				
3 A	48	40	40	— 40	50 et au-dessus.	
	44	48	40	— 40		
4 A	44	36	36	— 36		
	40	44	36	— 36		
5 A	40	32	32	— 32		
6 A	36	28	26	— 26		
		Étrave.				
1 E	90	50	44	— 44	60 et au-dessus.	La courbure sera régulière, sans être nécessairement symétrique à droite et à gauche du milieu de la longueur. — La pièce sera sans défourni, sauf une tolérance sur le tour formulée comme celle de la quille. — Ce signal est soumis aux mêmes exigences que les quilles et les étambots, en ce qui concerne les défauts qui seraient de nature à occasionner des voies d'eau.
2 E	70	44	40	— 40		
3 E	60	40	36	— 36		
4 E	50	36	32	— 32		
		Varangue acculée.				
2 VA	44	48	40	— 40	75 et au-dessus.	Quand la courbure sera régulière, il ne sera pas indispensable qu'elle soit symétrique à droite et à gauche du milieu de la longueur.
3 VA	40	44	36	— 36		
4 VA	40	40	32	— 32		
5 VA	36	36	28	— 28		
6 VA	30	32	24	— 24		
		Pièce de tour.				
1 PT	56	40	40		80 et au-dessus sur le tour, 0 à 12 sur le droit	Ce signal exclut les bois affectés de défauts qui ne permettraient pas le débit en bordages.
2 PT	52	38	36			
3 PT	48	34	32			
4 PT	40	30	28			
		Guirlande.				
1 GU	48	54	44	— 44	100 et au-dessus.	
2 GU	40	46	38	— 38		
		Genou.				
1 G	50	42	40	— 40	100 et au-dessus.	
2 G	46	38	36	— 36		
3 G	40	34	32	— 32		
4 G	36	30	28	— 28		
5 G	32	26	24	— 24		
6 G	26	22	22	— 22		

SIGNAUX.	LONGUEUR.	ÉQUARRISSAGE. Milieu. Largeur (tour).	Épaiss. (droit.)	Petit bout.	FLÈCHE de l'arc par mètre de longueur.	OBSERVATIONS.
	déc.	cent.	cent.	cent.	millim.	
II. — Bois a deux courbures dans le même plan.						
Genou de revers.						
4 GR	48	40	40	— 40	30 à 60 chaque $^1/_2$ longueur.	
5 GR	40	32	28	— 28		
Allonge de revers.						
4 AR	48	40	40	— 40	60 à 120 $^1/_2$ pied,	
5 AR	40	32	28	— 28	20 à 40 $^1/_2$ tête.	
III. — Bois a deux courbures dans deux plans différents.						
Bois à deux bouges.						
3 B2	100	40	40	36-36	10 à 20 sur le droit, 10 et au-dessus sur le tour.	
4 B2	90	36	36	32-32		
5 B2	70	32	32	28-28		
6 B2	60	26	26	24-24		
PETITS BOIS.						
7 BB	20	16	16		80 et au-dessus	Bois de barque.
7 BC	10	6	6		140 à 180	Bois de chaloupe.

COURBES.

SIGNAUX.	LONGUEUR. Pied. Minimum.		Branche. Minimum.		LARGEUR (tour). Pied. Minimum.		Branche. Minimum.		ÉPAISSEUR (droit). Pied. Minimum.		Branche. Minimum.		OUVERTURE EN LIGNE DROITE entre les deux parties de la courbe, à une distance d'un mètre mesurée sur le pied et sur la branche à partir du sommet.
		Maximum.		Maximum.		Maximum.		Maximum.		Maximum.		Maximum.	
	déc.	déc.	déc.	déc.	cent.	cent.	cent.	cent.	cent.	cent.	cent.	cent.	
1 CE	30	40	20	30	40	»	36	»	38	44	32	»	140 à 160 cent.
1 CJ	20	32	16	26	38	50	36	»	32	44	30	»	140 à 180 —
1 BR	60	»	20	30	48	»	48	»	44	50	44	50	170 à 190 —
2 BR	50	»	20	30	44	»	44	»	40	50	40	50	170 à 190 —
1 C	16	24	14	20	32	44	32	»	32	42	28	»	90 à 150 —
3 C	14	24	12	20	24	30	20	»	20	30	16	»	120 à 170 —
5 C	12	14	10	12	14	20	12	»	14	20	12	»	120 à 170 —

§ 3. — Mode de mesurage, de cubage et de classement des bois abattus

Les pièces de marine se mesurent différemment selon les formes qu'elles affectent, mais les dimensions s'expriment, d'une manière uniforme, en nombre pair de décimètres pour la longueur et de centimètres pour les côtés de l'équarrissage. Toute fraction d'un décimètre et au-dessous ou d'un centimètre et au-dessous est négligée dans les mesurages ; celle qui dépasse un décimètre ou un centimètre compte pour deux.

Pour les bois courbants, le mesurage de la longueur se fait suivant l'arc des pièces ; l'arc se mesure suivant la courbure naturelle des arbres.

Le degré de courbure s'obtient en figurant la corde de l'arc à l'aide d'un ruban, en mesurant la flèche maxima et en la divisant par la longueur. — La courbure s'exprime en millimètres de flèche par mètre de longueur de la pièce.

Dans les bois courbes, les longueurs du pied et de la branche se mesurent à partir d'un sommet déterminé par la rencontre de deux lignes droites tracées par les milieux des largeurs sur une des faces latérales de la courbe ; ce point s'appelle le *talon*. L'ouverture de la courbe est la distance entre deux points marqués sur ces lignes à 1 mètre du sommet. (*Fig.* 83.)

Lorsqu'il s'agit de cuber une pièce de marine, les dimensions de l'équarrissage se prennent au milieu de la longueur, ou se déduisent, par une moyenne, des équarrissages mesurés sur deux points également distants du milieu. On fait de même à l'égard des courbes, en considérant séparément le pied et la branche.

Quant à la manière de procéder à ce mesurage, l'instruction ministérielle du 8 juin 1859 et le cahier des charges du 4 août de la même année stipulent : que l'aubier et les *défournis* ou flaches existant aux angles des pièces ne donneront lieu à aucune réduction, lorsqu'ils n'excéderont pas, *à chaque angle, quinze pour cent* de la largeur de la pièce à l'endroit correspondant à l'aubier et au défourni, et lorsque d'ailleurs les faces seront saines et sans défectuosités. L'aubier ou le défourni se mesurera sur les faces des pièces et non diagonalement. — Or, on démontre que, pour obtenir les dimensions de l'équarrissage avec tolérance de 15 p. 100 d'aubier à chaque angle, il suffit de multiplier le diamètre sur *franc bois*, à l'endroit où l'on veut mesurer l'équarrissage, par le coefficient 0,82.

§ 4. — Mode de classement des arbres sur pied

Pour classer, *approximativement*, les chênes sur pied en signaux et espèces de marine, trois choses sont à déterminer :

1° La longueur du fût ;

2° Les dimensions de l'équarrissage au milieu et au petit bout;

3° Et, si c'est un bois courbant, le degré de courbure du fût, ou la valeur de la flèche en millimètres par mètre de longueur.

La longueur du fût à utiliser comme bois de marine est toujours facile à obtenir au moyen d'une perche ou à l'aide d'un dendromètre.

Les dimensions de l'équarrissage au milieu et au petit bout ne peuvent pas se déterminer directement, mais on peut les déduire, avec une approximation suffisante, de la circonférence ou du diamètre de l'arbre mesuré à hauteur d'homme. L'expérience prouve, en effet, que la circonférence ou le diamètre au milieu d'un tronc de chêne, dont la longueur ne dépasse pas celle exigée par la marine, est généralement égale aux neuf dixièmes de la grosseur mesurée à 1 mètre ou 1^{m},30 du sol ; et, de même que la grosseur au petit bout est égale aux quatre cinquièmes de la grosseur prise à la base. On peut donc toujours, en se fondant sur ce fait d'expérience, déterminer approximativement la grosseur et, par suite, les dimensions d'équarrissage au milieu et au petit bout d'un arbre sur pied, *sauf à modifier cette loi dans son application, si cela est reconnu nécessaire dans la forêt où l'on opère.*

Quant au degré de courbure d'un arbre sur pied, il n'est pas toujours nécessaire de le déterminer très exactement ; car, pourvu que la courbure soit régulière, la pièce pourra toujours fournir l'un des signaux du tarif appartenant à la catégorie des courbants. Que si, cependant, on tenait à connaître, aussi sûrement que possible, le signal qu'on en pourra tirer, on déterminerait son degré de courbure, avec une approximation assez grande, en figurant la corde de l'arc avec une baguette que l'on tiendrait à la main, et en appréciant la longueur de la flèche par rapport au diamètre calculé de la pièce au milieu. Il ne resterait plus alors qu'à déterminer la valeur en millimètres de la flèche pour chaque mètre de longueur du fût.

§ 5. — Emploi du bois de chêne

Dans cette nomenclature sont indiqués, en suivant à peu près l'ordre dans lequel les divers signaux sont mis en œuvre, le rôle de chaque signal, la place qu'il occupe dans la charpente du bâtiment et les qualités particulières que doit offrir son bois.

a. *Quilles, étambots, courbes d'étambot, étraves et brions.*

Quille. — Pièce droite formant la base du bâtiment et placée dans son axe longitudinal. Elle reçoit les entailles des *couples* ou *côtes* qui composent la carcasse du navire. C'est sur elle que s'appuient, à l'avant et à l'arrière, l'étrave et l'étambot qui sont avec elle dans un même plan et dessinent les contours extrêmes du plan longitudinal. On superpose ordinairement sur la quille une contre-quille pour la renforcer, et sous la quille une autre pièce que l'on nomme fausse-quille. (*Fig.* 84 : Q, quille; *c q,* contre-quille; *f q,* fausse-quille.)

Étambot. — Pièce droite qui se dresse à l'arrière sur la quille de manière à former avec elle un angle plus ou moins obtus que l'on nomme *quête.* L'étambot porte les ferrures qui soutiennent le gouvernail. Il se relie à la quille par la *courbe d'étambot**, dont une branche est chevillée avec la quille et l'autre avec l'étambot. (*Fig.* 84: étambot monté sur la quille : ET, étambot; *cet,* contre-étambot; *fet,* faux-étambot; D, courbe d'étambot.)

Étrave. — Pièce à forte courbure, formant l'avant du bâtiment; elle se relie à la quille par une courbure que l'on nomme *brion.* (*Fig.* 84 : étrave montée sur la quille : E, étrave; *ce,* contre-étrave; *tm,* taille-mer; il forme la base de la *guibre* qui termine le vaisseau à l'avant.)

**Brion.* — Pièce courbe, droite dans sa partie inférieure pour le prolongement de la quille et formant un coude dans sa partie supérieure pour ébaucher la base de l'étrave. (*Fig.* 84 : B, *brion* ; *a*, *écart* ou assemblage de la quille avec le brion.)

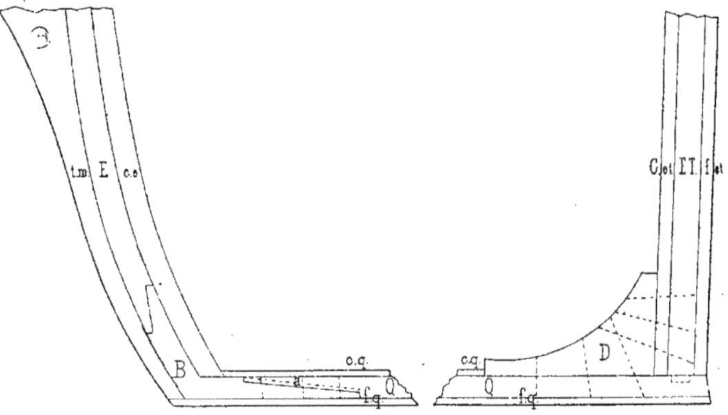

Fig. 84. — Charpente longitudinale d'un navire. (Coupe suivant l'axe de la quille.)

*Nota. — Les courbes d'étambot et de brion ne sont plus demandées dans les marchés parce qu'on ne les trouve plus; on les remplace par des bois courbants choisis parmi les pièces les plus courbes, en modifiant les assemblages et en reliant le tout par des pièces ajustées en acier.

Observations. — Toutes ces pièces doivent être en bois de chêne de la meilleure qualité, parce que ce sont celles qui ont à supporter le plus de fatigue dans la marche et la manœuvre du bâtiment. Elles doivent donc être exemptes de tous défauts. Toutefois, l'orme champêtre peut remplacer le chêne dans les pièces de quille et en général dans les parties de la charpente qui sont sous l'eau. Dans les propriétés particulières du département du Nord, la marine trouve encore un approvisionnement suffisant en ormes de très belles dimensions.

B. *Varangues, genoux et allonges.* — Perpendiculairement au plan qui passe par l'axe de la quille, s'élèvent une suite de fermes doubles, composées chacune de deux rangs de pièces de bois appliquées les unes à côté des autres et chevillées solidement ensemble.

Ce sont les *couples* dont l'ensemble forme la membrure du bâtiment. Entre deux couples, on laisse toujours un intervalle de quelques centimètres qu'on nomme *maille*. Ces vides rendent la charpente plus légère et facilitent la circulation de l'air et l'écoulement de l'eau entre les différentes pièces que des contacts trop multipliés feraient pourrir très rapidement.

Les couples se composent des différentes pièces énumérées ci-dessous et qui entrent dans leur assemblage suivant les formes qu'elles affectent. Ces formes leur sont imposées par le tracé du bâtiment à construire. En commençant par le bas, ce sont :

Les *varangues plates*. — Pièces à une courbure qui s'entaillent par le milieu, se placent à cheval sur la quille, perpendiculairement à celle-ci, et s'étendent des deux côtés sur une certaine longueur, avec leur convexité par le bas. Ces pièces s'emploient dans la partie centrale. (V, *fig.* 85.)

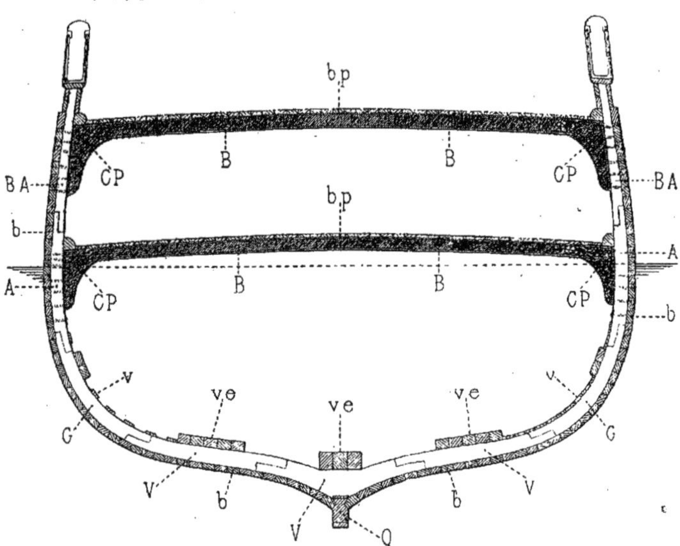

Fig. 85. — Charpente de la coque d'un navire. (Coupe perpendiculaire à l'axe de la quille dite *coupe au maître*.) [Type d'un *aviso* de 400 tonneaux.]

Les *demi-varangues*. — Pièces à une courbure accolées ou juxtaposées aux précédentes pour former le couple, lequel se compose, comme son nom l'indique, de deux plans de bois. Les demi-varangues se joignent bout à bout.

Les *genoux*. — Ce sont des pièces à une courbure, placées à la suite des varangues et des demi-varangues dans les parties cintrées du couple. (*Fig.* 85 : G, *genou.*)

Les *allonges* et les *bouts d'allonge*. — Pièces à une courbure servant à compléter la formation du couple jusqu'à la partie supérieure du bâtiment. Ces pièces sont apposées bout à bout, les unes à la suite des autres, de manière que les joints ou écarts des pièces d'un plan correspondent à peu près au milieu des pièces de l'autre plan. (*Fig.* 85 : A, *allonge ;* BA, *bout d'allonge.*)

Les *varangues acculées*. — Ces pièces à une forte courbure s'emploient comme les *varangues plates* dans les parties moins plates de la cale des bâtiments.

*Les *genoux de revers*. — Ce sont des pièces à deux courbures très prononcées qui remplacent les varangues dans les parties aiguës de l'avant et de l'arrière.

*Les *allonges de revers*. — Pièces à deux courbures qui remplacent les genoux dans les parties les plus aiguës.

*Nota. — Les demi-varangues ne sont plus employées depuis qu'on a modifié le système d'assemblage des deux plans du couple ; actuellement, chaque varangue est à cheval sur la quille et les pièces se croisent de façon à ce que les deux petits bouts soient symétriques par rapport au plan longitudinal. De même, en adoptant les formes rondes au lieu des anciennes formes carrées pour l'arrière des bâtiments, on a rendu inutiles toutes les pièces compliquées, telles que *genoux de revers, allonges de revers* et *bois à deux bouges*.

Observations. — Ce que l'on demande spécialement aux bois destinés à former la membrure ou les couples, c'est d'être sains, nerveux, exempts de défauts qui pourraient engendrer ou favoriser la pourriture et, par suite, compromettre la solidité du bâtiment. Mais les fortes gerçures, du moins celles qui attestent la qualité du bois comme force et comme durée, les fibres torses, les légères roulures, les nœuds sains et les cavités qui proviennent du sondage des pièces, ne s'opposent pas à leur emploi dans cette partie de la charpente.

Les pièces de cette catégorie, à fortes courbures, proviennent, pour la plupart, des arbres plantés en bordure et qui servent de limites aux propriétés dans les départements de l'Ouest où ils sont connus sous les noms de *bois de fossé* ou *bois champêtre*. Ces chênes sont souvent viciés par suite des élagages répétés auxquels ils sont soumis ; mais, quand ils sont exempts de vices, leur bois est réputé de la meilleure qualité, au même titre que celui des chênes d'Italie. Tels sont ceux qui viennent de la Normandie, des bords de l'Adour, qu'on désigne plus spécialement sous le nom de bois de Bayonne, et enfin les chênes rouvres de Provence qui, au point de vue de la qualité, ne le cèdent en rien aux précédents.

C. *Baux, courbes de pont, guirlandes et courbes de jottereau.* — Pour compléter la construction du bâtiment comme coque, on applique à l'intérieur et à l'extérieur des couples un revêtement de pièces de bois, juxtaposées longitudinalement, que l'on nomme *bordages* et qui, avec les couples, forment la muraille du bâtiment. Ce revêtement prend à l'intérieur le nom de *vaigrages,* et les bordages sont alors des *vaigres.* Les vaigres ordinaires se nomment *vaigres de point;* les vaigres de plus forte épaisseur que l'on place dans les parties inférieures pour renforcer les fonds, se nomment *vaigres d'empâture.* (*Fig.* 85 : *v, vaigres de point; ve, vaigres d'empâture.*)

Le revêtement extérieur du vaisseau, ou la pose des bordages, n'a lieu qu'après le vaigrage ou le revêtement intérieur et l'établissement de la charpente des ponts. Cette charpente doit être très solide, parce qu'elle sert à relier entre elles les membrures opposées de chaque bord, et parce que, dans les vaisseaux de guerre, les ponts sont surtout destinés à porter l'artillerie. Voici les principales pièces qui entrent dans cette construction.

Les *baux.* — Ce sont des pièces à courbure légère que l'on place à l'intérieur du bâtiment, dans un sens perpendiculaire à la quille, pour recevoir les bordages ou planchers des ponts. Les baux s'appuient par leurs extrémités sur une sorte de corniche en bois que l'on nomme *baùquière.* Cette corniche est formée de forts bordages placés longitudinalement les uns à la suite des autres contre la membrure, et solidement chevillés avec elle. Les baux ont leur face convexe tournée vers le ciel, de manière à déterminer la forme en dos d'âne qu'il convient de donner à la surface du plancher des ponts, pour faciliter l'écoulement des eaux. (B, *fig.* 85.)

*Les *courbes de pont.* — Pièces courbes que l'on place aux angles des ponts avec les murailles ; elles sont formées par l'insertion d'une branche dans le tronc de l'arbre. Ces courbes ont chacune une branche chevillée avec un des baux et l'autre avec la membrure. Elles ont pour objet de maintenir l'union des ponts avec les parties latérales de la charpente. (CP, *fig.* 85.)

*Les *guirlandes.* — Pièces à forte courbure que l'on emploie à l'intérieur du bâtiment, à l'avant et à l'arrière, pour relier et solidifier les pièces de la membrure et empêcher l'écartement des bords.

*La *courbe de jottereau.* — Pièce courbe, destinée à soutenir le *guibre,* sorte d'éperon saillant que porte l'avant du navire. L'une des branches du jottereau s'applique sur la membrure et l'autre sur cet éperon.

*Nota. — Ces quatre signaux sont complètement abandonnés ; même dans les navires construits en bois, on a adopté les barrots en fer qui sont plus rigides, se relient mieux aux courbes et autres consolidations intérieures faites aussi en fer. Ce sont aussi les seuls qui puissent être employés sans danger au-dessus des chaudières des bâtiments à vapeur. Les courbes de jottereau ne sont plus employées par suite de la modification des formes de l'avant qui a fait renoncer à l'usage des guibres.

D. *Plançons, pièces de tour, préceintes.* — *Plançons.* — C'est dans le but de se procurer des bordages de toutes dimensions que la marine recherche les plançons, pièces droites ou ayant peu de courbure que l'on débite à la scie dans les arsenaux.

Pièces de tour. — Ce sont des pièces à une courbure, destinées à être employées comme bordage à l'avant et à l'arrière, et à former les joues et les hanches du bâtiment. Les pièces de tour sont aussi employées comme les guirlandes.

Préceintes. — Ce sont des bordages de plus fortes dimensions que le reste du revêtement et que l'on place à la hauteur des ponts. (*Fig.* 85 : *b, bordages.*)

Les *préceintes de tour* sont celles que l'on emploie à l'avant et à l'arrière ; elles ont une courbure plus forte que celles qui s'appliquent dans la partie centrale de la muraille.

Observations. — Ces pièces s'emploient entières, ou refendues à la scie en madriers plus ou moins épais, selon la place qu'ils doivent occuper. Les bordages les plus épais, après les préceintes, sont ceux qui occupent la partie la plus évasée de la coque ; les autres vont en diminuant d'épaisseur en se rapprochant de la quille ou du plat-bord.

Elles doivent être exemptes de tous défauts, tels que la roulure, la gélivure, la torsion des fibres, etc. Mais on n'exige pas que le bois soit aussi dur, aussi nerveux que pour les autres parties de la membrure, parce que les bois très nerveux sont les plus disposés à se fendre, et que les grosses fentes pourraient occasionner des voies d'eau.

E. *Bittes, mèches de gouvernail, jas d'ancre.* — Les *bittes* sont des pièces droites qui sont fixées debout à peu de distance des mâts. Ces pièces sont garnies de trous, de ferrures et de rouets pour la manœuvre des mâts supérieurs et des vergues.

*La *mèche de gouvernail.* — Pièce principale qui reçoit le trou dans lequel passe la barre destinée à manœuvrer le gouvernail.

*Le *jas d'ancre.* — Pièce à faible courbure embrassant la *verge* de l'ancre au-dessous de l'*organeau*. Dans l'emploi, le jas d'ancre se compose de deux pièces de bois juxtaposées perpendiculairement au plan des becs, et destinées à empêcher l'ancre de tomber à plat au fond de la mer quand on mouille.

Les *poutres, solives et accores* sont des signaux de déchéance provenant de bois viciés ou fendus. — Les accores en particulier servent à soutenir le bâtiment sur cale pendant sa construction.

*Nota. — L'usage des mèches de gouvernail est absolument abandonné depuis plus de 20 ans. La mèche en fer, reliée au gouvernail en bois par une armature en bronze, est plus solide et a surtout l'avantage de supprimer les ouvertures énormes et difficiles à étancher que l'ancienne mèche rendait nécessaires à l'arrière des bâtiments. Les jas des ancres de *bossoirs,* c'est-à-dire celles qui sont toujours *à poste* et dont on se sert pour le mouillage habituel, se font en bois, mais on les débite dans de grosses pièces dont les arsenaux sont abondamment pourvus et dont la consommation est d'ailleurs très restreinte.

2° Bois résineux

§ 1er. — Espèces les plus employées

La marine met en œuvre dans ses constructions une quantité considérable de bois résineux, parmi lesquels figurent au premier rang le pin sylvestre, le pin laricio, le *yellow pine* et le *pitch pine*[1]. Ces deux derniers ne sont que deux variétés d'une même espèce américaine, le *Pinus Australis ;* le *yellow pine* ou pin jaune vient des provinces du Sud des États-Unis et le *pitch pine* ou pin rouge, des provinces du Nord.

Le *yellow pine* offre l'avantage de présenter de très grandes longueurs, de n'avoir presque pas de nœuds et d'avoir le grain fin, tout en étant moins résineux que le *pitch pine.*

Le pin sylvestre, utilisé pour différentes sortes de bordages, provient presque exclusivement de la Suède et de la Norwège, d'où il arrive sous forme de poutres et poutrelles carrées et surtout de planches[2].

Le mélèze n'est plus employé dans les chantiers de Toulon à cause de ses formes défectueuses ; tout comme le sapin dit *de Trieste,* il n'a donné que de mauvais résultats. Par contre, on y reçoit de grandes quantités d'épicéas et de sapins du Jura, en poutres carrées ou en billons ronds; ces bois, qui arrivent facilement par les canaux du Rhône jusqu'à Arles, servent comme *étais* ou *accores ;* on les débite

1. La marine a renoncé à l'emploi du *wicht pine* (*Pinus strobus*), si commun au Canada, lequel n'a donné que de mauvais résultats.

2. Les arsenaux feraient certainement une bonne partie de ces approvisionnements en France, s'ils trouvaient à s'y procurer des pièces de dimensions convenables; car le pin sylvestre et le pin maritime du pays ont des qualités largement suffisantes pour une foule d'emplois.

aussi en planches pour échafaudages et divers autres usages auxiliaires. Ils sont très estimés à cause de leurs grandes dimensions, de leur équarrissage soutenu et de leur prix de revient peu élevé ; la consommation en augmente chaque année.

Le pin laricio de Corse présente beaucoup de qualités précieuses, mais il joint au défaut d'avoir une très forte proportion d'aubier, celui d'être très lourd.

Les principaux emplois des bois résineux sont les pièces de bordages et les pièces de mâture.

§ 2. — Bordages

Le *pitch pine,* et surtout le *yellow pine,* dont l'usage est devenu général dans les arsenaux, servent à peu près exclusivement pour les bordés de carènes dans la partie du bâtiment *toujours immergée.* Ces bois font un très bon usage, mais il faut éviter de les employer dans la partie qui est sujette à émerger, car ils s'y dégradent rapidement. On ne fait plus aucun bordage en pins de provenances européennes; ceux-ci, en effet, eu égard à la longueur et à la netteté des pièces, ne peuvent entrer en concurrence avec les bois d'Amérique.

Les planchers des ponts (*fig.* 85 : *bp*) se font en bois de pin (*yellow pine*), de chêne ou de teak, excepté dans les parties situées au-dessus des chaudières, où on les établit en fer.

Les planches qui servent à cet usage reçoivent le nom de *bordages de pont.* Leur largeur varie de 15 à 22 centimètres, leur épaisseur de 4 à 14 centimètres. On *borde* en bois dur, chêne ou teak, les rives qui doivent supporter des frottements exceptionnels, par suite de la manœuvre des canons, des chaînes, etc...

§ 3. — Bois de mature

La mâture des bâtiments de combat est pour ainsi dire supprimée, quelques navires même n'ont plus que des bas-mâts en tôle. Aussi la question des bois de mâture a perdu tout son intérêt commercial ; on n'en fait plus aucun achat et on utilise par tous les moyens ceux qui restent dans les arsenaux ; leur approvisionnement actuel est d'ailleurs hors de proportion avec la consommation.

Sous cette réserve, les bois appartenant à cette catégorie doivent présenter les qualités suivantes :

Le bon mât a le bois de couleur rouge pâle, à couches ligneuses égales, imprégné d'une quantité de résine suffisante et régulièrement répartie, le grain fin et serré, les fibres rapprochées et adhérentes, en sorte que, quand on entame la pièce, les copeaux s'en détachent sans sauter en éclats sous le coup de la hache ; et si on veut les désunir, ils se déchirent au lieu de se rompre. On observe que ces qualités se manifestent principalement dans les mâts de fraîche coupe, et diminuent dans les mâts de coupe ancienne.

3° Des bois employés aux emménagements et a l'armement

La marine fait une consommation considérable de merrain de chêne pour la fabrication des tonneaux qui servent à loger les liquides, les vivres, les objets d'habillement, etc., etc... Le merrain est débité suivant des dimensions spéciales ; celui provenant du Nord de l'Europe est le meilleur, mais, à cause du bon marché, on tire aussi des États-Unis une grande quantité de merrain brut qu'on désigne sous le nom de merrain de la Nouvelle-Orléans.

Le chêne s'emploie encore, concurremment avec le pin, le sapin et l'épicéa, à certains ouvrages de menuiserie, notamment dans l'emménagement des cales ; jamais il ne sert pour les chambres et les logements.

Le hêtre n'est plus utilisé dans la marine de l'État ; parfois la marine marchande s'en sert sous forme de bordages dans les parties toujours submergées de la coque.

Avec l'orme, on fait des poulies[1], des galoches, des cabestans, des caps de mouton, et, en général, tous les ouvrages qui exigent de la solidité et qui sont exposés au frottement. L'orme sert aussi à faire des canots et toute espèce d'embarcation à parois minces et.

1. Les roues des poulies et des galoches sont ordinairement faites d'un bois exotique très dur qu'on nomme bois de *gaïac*.

légères pour la construction desquelles il faut des bois qui ne soient sujets ni à se fendre, ni à se déjeter.

Enfin, il faut mentionner tout spécialement le bois de *teak*[1], dont l'emploi se généralise pour un grand nombre d'usages.

Ce bois est d'une dureté moyenne, mais il est extrêmement résistant, nerveux et d'une grande durée. Il ne se fend pas, ne se gerce pas, ne se contracte pas, ne change pas de forme quand il est mis en œuvre convenablement desséché ; il est peu sujet à la vermoulure et à la pourriture ; il se travaille facilement et prend un très beau poli. Mais la qualité dominante du teak, celle qui le rend surtout précieux pour les constructions navales, tient à sa propriété de ne pas altérer le fer avec lequel il est en contact, comme cela a lieu pour le chêne ; aussi il sert exclusivement pour la confection des bordés sous cuirasse. On l'emploie également beaucoup pour les bordés de ponts et aussi ceux de carènes, quand on veut joindre la force à la légèreté. Enfin, on fait grand usage de cette précieuse essence pour les emménagements, surtout pour les roufs et cabines placées sur le pont, où son inaltérabilité à l'air permet de l'exposer aux intempéries sans peinture ni vernis, ce qui rend les boiseries d'un entretien facile.

Malgré les qualités exceptionnelles qui multiplient à l'infini les emplois du teak, son prix n'est pas encore excessif ; en 1883, il ne revenait pas, sur le port de Cherbourg, à plus de 260 fr. le mètre cube, ce qui n'est pas beaucoup plus cher que les pièces de chêne de choix.

---

1. Le Teak (*Tectona grandis*) se trouve à l'état spontané dans les provinces centrales et méridionales de l'Inde et en Birmanie, régions où il tombe de 1^m,50 à 3 mètres d'eau par an. C'est un grand arbre, à feuilles caduques, qui recherche les sols fertiles et vit à l'état isolé plutôt qu'en massif plein ; dans ces conditions, sa croissance en diamètre est très rapide et il peut atteindre 45 mètres de hauteur. Son bois présente une zone d'aubier toujours assez mince ; le bois de cœur, doué d'une odeur aromatique agréable, est d'un beau jaune doré à l'état frais ; en se desséchant, il passe à la couleur brune avec des taches plus foncées. Les vaisseaux, disposés d'une façon analogue à ceux du chêne, rendent les couches annuelles très distinctes ; les rayons médullaires sont courts, d'une largeur moyenne et équidistants. La densité du bois de teak se rapproche aussi de celle du chêne. M. Gamble, dans sa *Flore forestière de l'Inde*, l'évalue à 0,642.

TROISIÈME PARTIE

CUBAGE DES BOIS SUR PIED. — MODES DE VENTE

I. — CUBAGE DES BOIS SUR PIED

Le cubage des bois sur pied est une opération nécessaire lorsqu'on se propose :

1° De *faire des expériences* sur l'accroissement d'un arbre ou d'un massif, ou d'étudier la production des sols forestiers ;

2° De *calculer la possibilité* d'une forêt, c'est-à-dire de fixer en bloc la quotité, en mètres cubes, des produits de toute espèce qu'elle peut fournir annuellement ;

3° De *déterminer le volume* des produits de chaque espèce abandonnés à l'exploitation dans une *coupe à vendre sur pied ;*

4° Enfin lorsqu'on veut *faire l'estimation* d'une forêt en *fonds et superficie.*

La méthode de cubage par fractionnement adoptée pour les arbres abattus n'est plus applicable lorsqu'il s'agit d'arbres sur pied dont on ne peut mesurer directement que les parties voisines du sol jusqu'à 2 mètres de hauteur. Pour résoudre le problème, on a imaginé un grand nombre de *procédés* à l'aide desquels on peut obtenir des résultats plus ou moins approchés de la vérité, mais dont aucun, jusqu'à présent du moins, n'est susceptible de fournir une solution rigoureusement exacte. Aussi, le mot *cubage* appliqué à la mesure des bois sur pied est-il souvent remplacé par celui d'*estimation,* ce dernier indiquant que l'opération n'est jamais très précise et laisse une plus large part à l'appréciation. Cependant, il serait préférable, selon nous, de renoncer à établir entre ces deux termes une synonymie complète, et d'adopter l'expression de cubage quand il s'agit de déterminer le volume brut des arbres, abstraction faite de leur emploi futur, et celui d'estimation quand on évalue leur rendement en marchandises fabriquées.

Parmi les procédés en usage pour cuber soit un arbre *considéré isolément,* soit une réunion d'arbres formant un *peuplement* ou une forêt, il faut distinguer :

1° Les procédés dits *exacts,* avec l'aide d'instruments et de calculs écrits ;

2° Les procédés dits *expéditifs,* simplement basés sur l'habileté ou l'expérience personnelle de l'opérateur.

CHAPITRE PREMIER

CUBAGE D'UN ARBRE CONSIDÉRÉ ISOLÉMENT

ARTICLE PREMIER

Procédés dits exacts.

On ne peut estimer un arbre sur pied sans considérer séparément la tige, dont la forme est, en général, assez régulière pour fournir des éléments de calculs, et le cimeau, qui échappe à toute recherche de ce genre et ne peut être évalué que par comparaison avec celui d'un arbre de même espèce et de même forme précédemment abattu et cubé. C'est dire que l'*estimation directe* se rapporte uniquement à la tige dont on calcule le volume en fonction de *sa grosseur ou section de base* et de *sa hauteur*.

Les procédés auxquels on a recours empruntent leurs noms aux coefficients *de décroissance* ou *de forme* dont ils nécessitent l'emploi.

§ 1er. — Mensuration des grosseurs et des hauteurs

1° *Grosseurs.* — On détermine la grosseur des arbres en mesurant soit leur circonférence, soit leur diamètre de base avec les mêmes instruments et dans les mêmes conditions que s'il s'agissait d'arbres abattus (page 148).

Mais, la forme des arbres étant toujours plus ou moins irrégulière dans les régions accessibles, il est clair que l'expression de cette grosseur ne peut rien avoir d'absolu que si on précise avec soin la hauteur conventionnelle à laquelle elle sera toujours mesurée. Ainsi on évite la partie influencée par l'empâtement des racines, en se tenant à une hauteur telle que la tige présente des allures régulières.

Généralement, pour les arbres de $0^m,50$ de diamètre et au-dessous on adopte la hauteur de $1^m,30$ au-dessus du sol. C'est ce qu'on appelle mesurer la circonférence ou le diamètre de base à *hauteur d'homme* ou à *hauteur de poitrine* [1].

On donne à la surface de la section transversale passant par cette hauteur conventionnelle le nom de *surface terrière.*

2° *Hauteurs.* — D'une manière générale, on appelle *hypsomètres* les instruments destinés à mesurer les hauteurs ; on applique plus spécialement le nom de *dendromètres* à ceux employés pour apprécier la hauteur des arbres.

Dans la pratique, on n'a aucun intérêt à se servir d'instruments d'une exactitude aussi grande pour la mesure des hauteurs que pour celle des grosseurs, car, dans le calcul des volumes, la donnée hauteur ne figure qu'à la première puissance, tandis que celle diamètre ou circonférence y entre au carré. Les erreurs relatives provenant de la mesure des grosseurs à un centimètre près permettent de s'en tenir pour les hauteurs à une approximation de 3 à 5 décimètres. De plus, quand on doit opérer sur un grand nombre de tiges, comme c'est le cas ordinaire, il faut obtenir les résultats avec une rapidité que ne comportent pas les instruments de précision dont la mise en station demande beaucoup de temps.

Dans ces conditions, les dendromètres peuvent être des instruments simples, faciles à manier et sans autre appareil de suspension que la main de l'opérateur. Avant tout, il faut qu'ils soient *solides* et *à bon marché.*

Tous les dendromètres donnent les hauteurs rapportées à l'horizontale passant par l'œil de l'opérateur au moyen de la mesure de l'angle formé par l'intersection de cette ligne avec les rayons visuels dirigés vers les extrémités de la longueur à évaluer. Leur construction doit permettre à l'opérateur de stationner dans trois positions différentes : ou bien il s'installe sur l'horizontale passant par le pied de l'arbre, ou bien la disposition du terrain le force à s'arrêter soit en dessous, soit en dessus de cette ligne.

Soit $AS = x$ la hauteur totale cherchée ; OH l'horizontale ; h, h' les distances respectives du sommet et du pied de l'arbre mesurées

1. Souvent, sous peine de commettre de graves erreurs, les très gros arbres doivent être mesurés plus haut.

par rapport à l'horizontale passant par l'œil de l'observateur ; enfin HS $= n$ la hauteur du point de visée au-dessus du sol de la station.

Dans le premier cas, on aura $x = h + n$ (I *fig.* 86).

Dans le second cas, deux visées au-dessus de l'horizontale sont nécessaires, l'une OA, l'autre OS, et on a : $x = h - h'$ (II *fig.* 86).

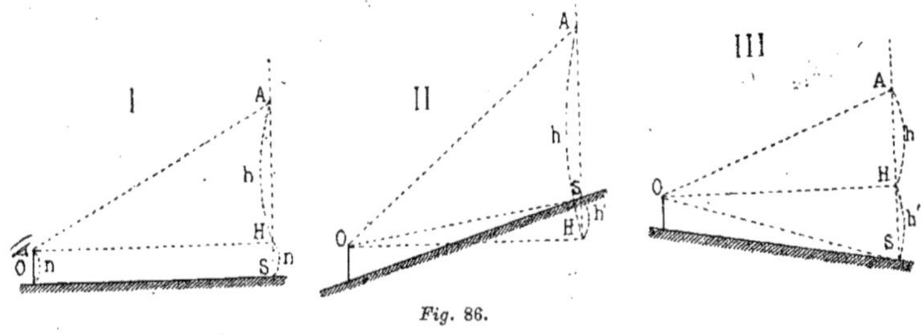

Fig. 86.

Dans le troisième cas, il faut encore deux visées, mais l'une au-dessus, l'autre au-dessous de l'horizontale, et on a : $x = h + h'$ sans faire intervenir n (III *fig.* 86).

Dans tous les pays forestiers, on a imaginé un grand nombre de dendromètres : les uns s'appuient sur les théorèmes des triangles semblables, d'autres sur certaine propriété des tangentes trigonométriques. Leur maniement est en général assez simple pour être compris à première vue ; il suffira de faire connaître les plus usités.

Équerre de Duhamel. — Ce dendromètre se réduit à une équerre à 45 degrés munie d'un fil à plomb (*Fig.* 87). L'un des côtés de l'angle droit *ah*, étant dirigé suivant la verticale par le fil à plomb, l'autre O*h* sera horizontal. Tenant l'instrument dans cette situation à la hauteur de son œil, l'opérateur s'approche ou s'éloigne du pied de l'arbre jusqu'à ce que le rayon visuel parallèle à l'hypoténuse O*a* rencontre l'extrémité A, de la ligne à mesurer. Le prolongement de l'horizontale O*h* jusqu'en H forme avec le centre de la tige de l'arbre un grand triangle rectangle isocèle OAH, semblable à celui de l'équerre O*ah* et dans

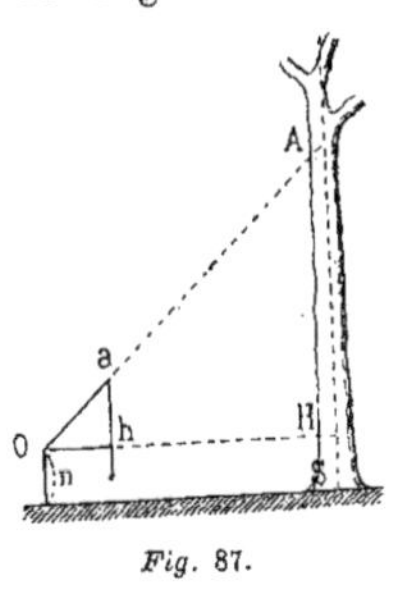

Fig. 87.
Équerre de Duhamel.

lequel AH, c'est-à-dire la hauteur du sommet au-dessus de l'horizon = OH, c'est-à-dire la distance de l'opérateur au centre de l'arbre. Il suffit de mesurer cette distance et d'y ajouter n pour avoir la hauteur cherchée. Si, ne pouvant stationner sur l'horizontale, on s'arrête au-dessus de cette ligne, il faudra employer un aide pour repérer le point H et on mesurera la hauteur SH avec une perche. — L'instrument ne peut pas être utilisé convenablement quand on stationne au-dessous de l'horizontale.

M. le Conservateur des forêts d'Arbois de Jubainville a imaginé un heureux perfectionnement de l'équerre Duhamel. Le dendromètre qui porte son nom[1] présente toutes les qualités désirables pour mesurer les hauteurs des bois d'œuvre dans les taillis sous futaie des régions de plaines et de collines. (*Fig.* 88.)

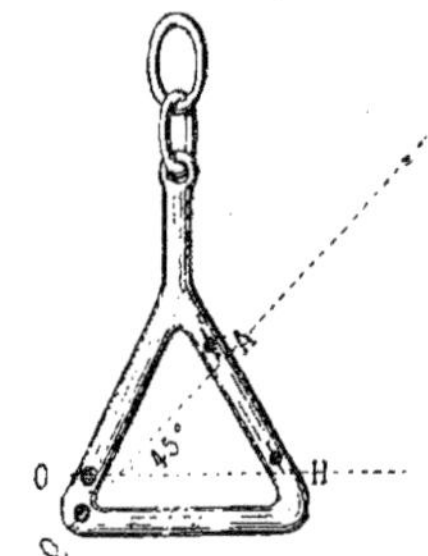

Fig. 88.
Dendromètre de Jubainville.

La *planchette* ordinaire ou *planchette dendrométrique* est formée d'un rectangle en bois muni sur un de ses grands côtés de deux pinnules destinées à conduire un rayon visuel dans la direction du point A dont on veut mesurer la hauteur (*Fig.* 89). Un fil à plomb est suspendu en O' sur la ligne de visée;

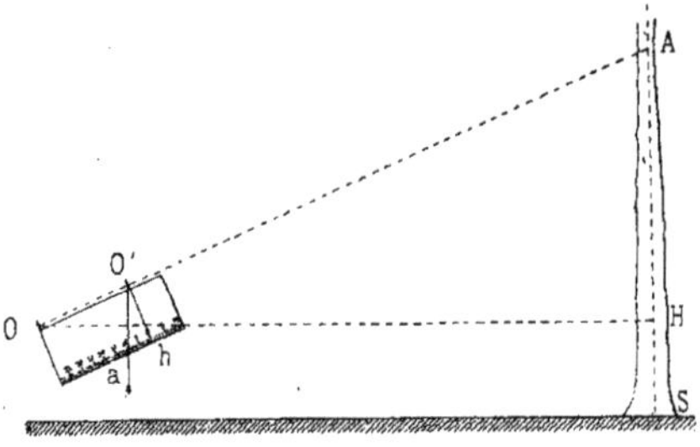

Fig. 89. — Planchette dendrométrique.

enfin une graduation en centimètres et en millimètres est tracée le long de l'arête inférieure sur une parallèle à la ligne de visée et menée exactement à dix centimètres au-dessous de celle-ci. Cette

1. En vente chez Gaiffe, opticien à Nancy, au prix de 3 fr. 50 c.

graduation est double et part de chaque côté du repère zéro placé sur l'intersection de la perpendiculaire passant par le point de suspension du fil. Sur la face opposée à la graduation est fixée un anneau ou une poignée permettant de maintenir l'instrument en station.

Si l'opérateur placé à une certaine distance de l'arbre vise le point A par les pinnules, le fil à plomb battra sur la planchette une certaine division a et on obtiendra deux triangles semblables OAH et $O'ah$, dans lesquels on a :

$$\left(\frac{AH}{ah} = \frac{OH}{O'h} \quad \text{d'où} \quad AH = ah \times \frac{OH}{O'h}\right)$$

Ainsi la hauteur cherchée x est égale au nombre lu en a sur la planchette, multiplié par le rapport entre la distance OH et la longueur $O'h$.

Ce rapport sera constant si on se place toujours à la même distance des arbres à mesurer et comme $O'h = 0^m,10$ par construction, on a $x = \frac{a \text{ OH}}{0,10}$.

En stationnant à 10, 20, 30... n mètres, la hauteur cherchée sera donc égale à $a \times 100, 200, 300... n\ 100$.

Il est possible dès lors de stationner à une distance quelconque; mais, dans la pratique, on s'arrête généralement à un nombre exact de décamètres, ce qui rend les multiplications assez simples pour qu'on puisse les faire de tête.

La planchette, disposée comme il vient d'être dit, permet de faire des visées plongeantes et peut être utilisée dans toutes les situations au-dessus et au-dessous de l'horizontale.

Dendromètre à perpendicule de Regneault. — Cet instrument n'est qu'une extension de la planchette ; sa théorie est la même. Il est formé de deux règles ajustées à angle droit et graduées toutes deux en centimètres et en millimètres. L'une OM supporte des pinnules, le fil à plomb est suspendu à l'autre O'N (*Fig.* 90). Cette dernière, engagée de toute son épaisseur dans une rainure de la règle OM, peut glisser perpendiculairement à celle-ci et être fixée à un point quelconque de sa longueur au moyen d'une vis de pression, ce qui permet de donner à $O'h$ une longueur exactement égale au centième de la distance du centre de l'arbre au point de station et, par conséquent, de choisir ce point à volonté.

Pour opérer convenablement avec ce dendromètre comme avec la planchette, il faut deux opérateurs: l'un met l'instrument en station,

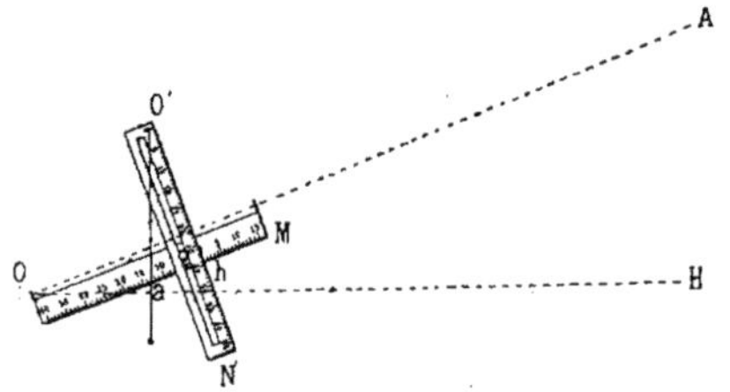

Fig. 90. — Dendromètre Regneault.

l'autre lit les graduations. M. Regneault, de son vivant professeur à l'École forestière de Nancy, a introduit dans le mode de suspension du fil de son instrument, certains perfectionnements qui, à la rigueur, donnent la faculté d'opérer seul. Malgré tout, ce dendromètre a été abandonné comme n'étant pas d'un maniement assez commode.

Un forestier hessois, M. l'oberforster *Faustmann,* tout en conservant le principe du dendromètre Regneault, a évité les difficultés de

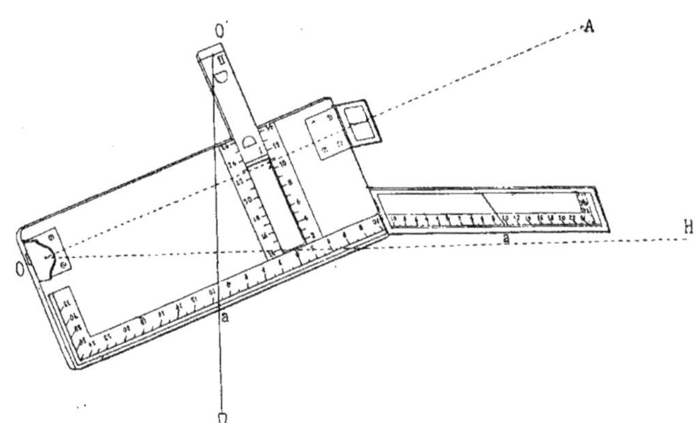

Fig. 91. — Dendromètre Faustmann.

lecture en adaptant à la règle qui sert à la visée un miroir à charnière et en renversant les chiffres de la graduation de cette règle (*Fig.* 91);

si bien que l'opérateur, tout en visant, peut lire sur le miroir le numéro du trait où s'arrête le perpendicule. Le dendromètre Faustmann est très apprécié en Allemagne.

Le dendromètre de M. Bouvart, ancien Inspecteur des forêts, se compose d'un pendule en cuivre, très court, terminé par un arc de cercle gradué. La graduation est double et tracée de part et d'autre d'un rayon médian. Le pendule est suspendu en O' entre deux planchettes rectangulaires (*Fig.* 92), qui laissent entre elles l'espace nécessaire

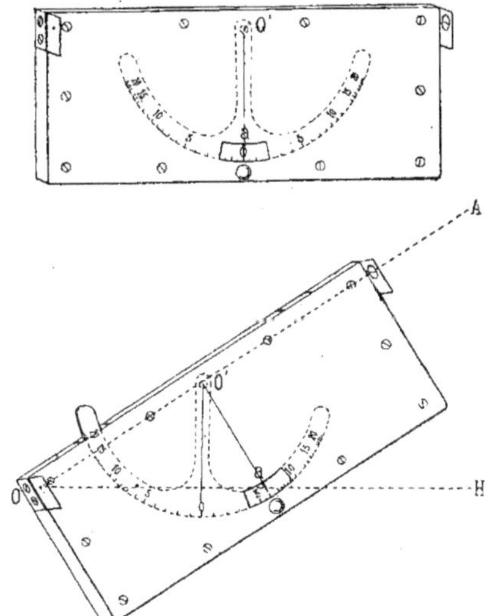

Fig. 92. — Dendromètre Bouvart.

pour qu'il puisse s'y mouvoir librement. Une ouverture pratiquée vers le bas de l'une des planchettes laisse voir les graduations, et un index *a* coïncide avec le zéro quand la ligne de visée est horizontale. Un ressort, muni d'un bouton, fixe le pendule ou lui donne la liberté de se mouvoir, à la volonté de l'opérateur.

On vise le point A au moyen des pinnules placées sur l'arête supérieure des planchettes et on presse le bouton de manière à laisser osciller le pendule. Celui-ci s'arrête dans une position O'*o* telle que son rayon médian soit dans la verticale. D'autre part, la direction

O'a est par construction perpendiculaire à la ligne de visée ; l'angle formé en O' par les deux rayons O'o et O'a est égal à l'angle formé en O par les directions OA et OH. On a donc tg O = tg O'.

Admettant, dès lors, que, le limbe étant dans cette position, on ait marqué en a la valeur en décimale de la tangente naturelle de l'angle O', il suffira de lire cette valeur et de la multiplier par la distance horizontale OH pour avoir la valeur de AH.

C'est, en effet, de cette façon que le limbe a été gradué. On y a tracé, de part et d'autre du rayon médian, une série de traits correspondant à des angles en O' dont les tangentes naturelles sont : 0,01 ; 0,02 ; 0,03, etc., et on a inscrit ces tangentes naturelles sur les graduations correspondantes. De la sorte, on obtient la hauteur cherchée en multipliant la distance du point de station au centre de l'arbre par un nombre très simple.

Le dendromètre Bouvart est un instrument très pratique ; il est malheureusement un peu cher et l'inventeur a renoncé à le faire construire.

§ 2. — Emploi des coefficients de décroissance

Jusqu'à ces derniers temps, en France, le cubage des arbres sur pied n'avait pas été envisagé sérieusement au point de vue de son application scientifique à l'expérimentation forestière. A l'exemple des agents de la marine, l'usage s'est généralement répandu de se contenter d'une approximation assez grossière, en procédant de la manière suivante :

On assimile la tige entière ou simplement le tronc à un cylindre de même longueur, ayant pour section de base un cercle dont le diamètre correspondrait à celui mesuré à la moitié de la hauteur. Comme on ne peut atteindre ce diamètre ni le mesurer directement, on fait au préalable, sur des arbres similaires, des expériences ayant pour but de déterminer le rapport qui existe entre le diamètre mesuré à hauteur d'homme et celui mesuré au milieu. Ce rapport est le *coefficient de décroissance* [1]. Il suffit, dès lors, de multiplier le

1. Souvent cette décroissance s'exprime en millimètres par mètre de longueur ; on peut alors déterminer le coefficient applicable à une longueur quelconque.

diamètre à hauteur d'homme par ce coefficient pour avoir la grosseur du cylindre pris pour terme de comparaison.

Ce qui a été dit à la page 147, à propos du cubage des bois abattus, suffit pour faire comprendre que cette méthode est loin d'être rigoureuse. Toutefois, les résultats qu'elle fournit sont d'autant plus approchés que la tige est de forme plus régulière. Aussi, dans la pratique, on ne considère généralement que le tronc, c'est-à-dire, la partie propre à l'œuvre depuis la section d'abatage jusqu'au point où elle ne présente plus que 0^{m},30 de diamètre. Dans ces conditions, on emploie le même coefficient pour tous les arbres de même essence appartenant à une même catégorie de diamètres et même, parfois, on le généralise à tous les arbres d'une même forêt.

Le service des constructions navales, guidé par les résultats de nombreuses expériences, admet que, pour les chênes de provenance française, la diminution à faire subir au diamètre d'un arbre mesuré à 1^{m},50 du sol pour obtenir son diamètre au milieu, est de :

$\frac{1}{15}$ (6.66 °/₀) pour les hauteurs au-dessous de 6 mètres ;

$\frac{1}{12}$ (8.33 °/₀) pour celles comprises entre 6 et 8 m. inclusivement ;

$\frac{1}{10}$ (10.00 °/₀) — — 9 et 10 m. —

$\frac{1}{2}$ (12.50 °/₀) — — 11 et 13 m. —

$\frac{1}{2}$ (16.66 °/₀) — — 14 et 16 m. —

Ce qui revient à dire, en simplifiant ces chiffres afin de les rendre d'un usage plus pratique, que le diamètre des chênes considéré au milieu de la partie du tronc propre à l'œuvre est à peu près égal aux :

0,95 du diamètre à 1^{m},30 pour les pièces de 6 mètres et au-dessous ;
0,90 — — — 7 à 10 mètres ;
0,85 — — — 11 à 16 —
0,80 — — — 17 mètres et au-dessus.

Quelles que soient les garanties que présentent ces chiffres, il sera toujours prudent de les vérifier sur des arbres abattus lorsqu'il s'agira de les appliquer à une forêt donnée. D'ailleurs, pour les essences autres que le chêne, il n'a pas été recherché de loi générale applicable à toute la France et il est nécessaire de faire des expériences spéciales, sinon dans chaque forêt, au moins dans chaque région.

En se fondant sur ces données, on a construit des tarifs qui, pour un diamètre de base et une hauteur quelconques, donnent les volumes en grume, au 1/4, au 1/5 et au 1/6 correspondant à la même hauteur et à la même base diminuée de 5, 10, 15, 20 et 25 p. 100[1].

La plupart de ces tarifs ne se rapportent qu'au volume du tronc; si on veut les construire de façon à obtenir le volume de l'arbre entier, il suffit de déterminer sur des arbres d'expérience la part en mètres cubes afférente à chacune des fractions du volume total — tronc et cimeau — et de calculer le rapport entre ces deux quantités, pour obtenir un coefficient qui donnera le volume du cimeau en fonction de celui du tronc directement cubé. Ces expériences, répétées sur un nombre suffisant d'arbres différents et réunis par catégories de grosseur et de forme, permettront de construire des tables au moyen desquelles on obtiendra le volume brut de l'arbre entier en fonction du diamètre de base et de la hauteur de bois d'œuvre.

Si on calcule le coefficient de cimeau pour l'arbre d'expérience dont l'analyse a été donnée ci-dessus (pages 156 et 157), on obtiendra le rapport $\frac{4.214}{5.543} = 0,74$.

En appliquant, à titre d'exemple, la méthode actuellement décrite à l'arbre analysé et qu'on suppose être encore debout, on obtiendra les résultats suivants :

Volume du bois d'œuvre $0^{m3},418^{2} \times 14 = 5^{m3},852$.

Volume total de l'arbre $5^{m3},852\ (1 + 0,74) = 10^{mc},182$.

Nombre sensiblement différent de celui de $9^{m3},759$ donné par le cubage par tronçonnement, ce qui démontre le peu de précision de

1. Un tarif de cette nature est donné à l'Appendice. Il faut citer aussi le tarif Dzikowski. Nancy, Nicolas Grosjean. 1861.

2. $0^{m3},418$ est le volume par mètre de longueur du cylindre ayant pour diamètre $0^{m},73$, nombre qui représente le diamètre réduit, c'est-à-dire le diamètre à hauteur d'homme, $0^{m},86$ multiplié par le coefficient de décroissance $0^{m},85$.

la méthode exposée et le degré d'approximation dont on doit se contenter lorsqu'on en fait usage.

§ 2. — Emploi des coefficients de forme

On est convenu de désigner sous les noms de *Volume conique* V_{co} et de *Volume cylindrique* V_{cy} d'un arbre, le volume géométrique d'un cône et celui d'un cylindre ayant pour dimensions — la surface terrière et la hauteur totale de la tige.

Si, après avoir abattu et cubé cet arbre pour déterminer le volume réel de sa tige V_r, on compare ce volume à chacun des deux précédents, on obtiendra les rapports $\frac{V_r}{V_{co}} = f_{co}$ et $\frac{V_r}{V_{cy}} = f_{cy}$. Le premier de ces coefficients sera ce qu'on nomme en France le *facteur de conversion du volume conique au volume réel* et le second le *facteur de conversion du volume cylindrique au volume réel.*

En Allemagne, on désigne ces facteurs par l'expression de *coefficients de forme* (Formzahlen).

Il est clair que le volume d'une tige étant toujours compris entre celui d'un cône et celui d'un cylindre qui auraient même base et même hauteur, on aura

$$f_{co} > 1 \text{ et } f_{cy} < 1 \text{; de plus } f_{co} = 3\, f_{cy}.$$

Après avoir calculé ces facteurs moyens sur un nombre suffisant d'arbres abattus, si on veut obtenir le volume réel de tiges semblables appartenant à des arbres sur pied, il suffira de cuber celles-ci comme cônes ou comme cylindres et de multiplier les résultats par le coefficient correspondant. De même si, au lieu de faire V_r égal au volume réel *de la tige seulement,* on le fait égal au volume réel de *l'arbre entier,* on obtiendra des coefficients permettant d'évaluer l'arbre entier en fonction de sa surface terrière et de sa hauteur totale.

Exemple : L'arbre d'expérience déjà cité a pour volume réel de la tige $5^{ms},786$ et pour volume cylindrique $12^{ms},180$. Le facteur f_{cy} applicable à la tige d'arbres semblables sera $\frac{5,786}{12,180} = 0,47$.

Le même facteur applicable aux arbres entiers serait $\frac{9,759}{12,180} = 0,80$. En opérant de même pour les facteurs f_{co}, on trouvera $1,40 = 0,47 \times 3$ et $2,40 = 0,80 \times 3$.

En général, le volume réel des tiges de même diamètre de base varie avec leur forme, c'est-à-dire avec l'essence, l'âge, la station et la hauteur. Ce fait, établi par l'expérience, peut faire varier les facteurs de conversion dans la limite du simple au double. Il serait donc chimérique de rêver un coefficient de forme universel et s'appliquant à tous les arbres d'une même forêt. Mais, en procédant par analogie et par classes de diamètre, de hauteur et d'âge, on est parvenu à dresser des tarifs de cubage applicables à une même essence dans une même station.

En France, dans cet ordre d'idées et sans trop approfondir la question, on a plutôt considéré les facteurs de conversion du volume conique au volume réel. M. Vivier, Conservateur des forêts, est parti de cette base, en s'appuyant sur de nombreuses expériences dans les forêts du versant alsacien des Vosges, pour établir un tarif général de cubage applicable au sapin pectiné.

En Allemagne, le volume cylindrique a toujours été adopté comme point de départ et, parmi les nombreux tarifs publiés, il faut surtout citer les tables régionales de Ganghoffer. Les stations de recherches s'occupent actuellement de la construction de tables qui sont appelées à rendre de grands services dans la pratique des estimations et dans l'étude de la production des sols forestiers.

Sans s'arrêter à ces premiers résultats obtenus au moyen de *coefficients dits vulgaires,* les forestiers allemands se sont livrés aux recherches les plus savantes et les plus approfondies au sujet des coefficients de forme. Leurs travaux ont donné naissance à des coefficients nouveaux dont l'un, imaginé par M. le professeur Pressler et qu'il a nommé le *coefficient vrai,* permet d'estimer assez exactement une tige ou un arbre entier en fonction d'un diamètre mesuré sur un point ingénieusement choisi de la tige, et cela, sans avoir à tenir compte de la hauteur.

Un forestier suisse, M. Rinicker, recommande de mesurer les diamètres à un certain point où cesse, selon lui, l'empâtement des racines. La hauteur totale serait donnée par la distance qui sépare ce point du sommet de l'arbre. Il obtient de cette façon des coefficients qu'il appelle *absolus*[1].

Le dernier mot sur cette question est loin d'être dit et le champ reste ouvert à l'imagination des chercheurs.

§ 3. — Estimation en produits façonnés

Il vient d'être établi que le cubage des bois sur pied en volume réel résulte d'expériences précédemment faites sur des bois abattus; il en est de même pour leur estimation en marchandises fabriquées.

On a appris à estimer les différents rendements des arbres en bois à brûler par la transformation des volumes réels en produits façonnés au moyen des facteurs d'empilage; des procédés analogues sont applicables aux bois d'œuvre. Après avoir cubé une ou plusieurs tronces, on les fera façonner en une marchandise déterminée avec assez de soin pour en obtenir la plus grande quantité possible de ces produits; avec ces données on établira un *coefficient de fabrication* qui servira de facteur de conversion pour passer du volume réel au rendement en produits façonnés. De plus, il faudra tenir compte de ce fait, qu'il s'agisse d'espèces avec ou sans aubier distinct, que le déchet de fabrication, sans être proportionnel au diamètre, est toujours d'autant plus faible que l'arbre est plus gros. Il faudra donc calculer pour chaque essence autant de coefficients qu'il y aura de catégories de grosseurs et de marchandises différentes.

Ces coefficients connus, ils ne pourront pas être appliqués sans réserves à un arbre considéré isolément; car les rendements en marchandises ne dépendent pas seulement du volume brut, ils sont profondément modifiés par les qualités techniques du sujet et son état plus ou moins sain. Il en résulte que, pour estimer un arbre en produits façonnés, il faudra : — tout d'abord apprécier ses qualités et son état pour le partager en autant de fractions qu'il est susceptible de fournir de marchandises différentes; — cuber à part

1. Reuss et Bartet, *Études sur l'expérimentation forestière en Allemagne* (extrait des *Annales de la science agronomique*). Nancy, Berger-Levrault et Cie. 1884.

chacune de ces sections et leur appliquer ensuite le facteur de conversion correspondant.

Il n'existe aucune règle pour établir convenablement cette répartition, *car chaque arbre est un cas particulier et doit être analysé individuellement*. Une connaissance parfaite des faits, jointe à une longue habitude des exploitations, peut seule servir de guide pour fixer les appréciations. C'est ce qui rend si difficiles les estimations en produits façonnés et en fait une des questions les plus délicates de la pratique forestière.

ARTICLE DEUXIÈME

Procédés expéditifs.

Les procédés expéditifs participent tous plus ou moins de celui dit *à vue d'œil*. Ce dernier consiste à évaluer séance tenante, par une opération mentale rapide, sans l'aide d'aucun instrument ou calcul écrit, le volume brut d'un arbre ou son rendement en marchandises façonnées.

Si on analyse le travail mental effectué par l'estimateur, on constate que, en général, il apprécie d'abord la grosseur, puis la hauteur de l'arbre considéré pour conclure par des moyens qui lui sont personnels. Il procède, en somme, comme s'il s'agissait d'un cubage exact, mais en évaluant les dimensions *à vue* au lieu de les mesurer avec des instruments.

Pour estimer ainsi la grosseur, il est préférable de s'habituer à considérer le diamètre plutôt que la circonférence. On *voit* le diamètre d'un arbre qui est sa grosseur exprimée par une longueur simple ; on *ne voit pas* la circonférence qui en est le tour. Le diamètre s'apprécie en s'approchant d'abord très près de l'arbre ; on examine s'il n'est pas méplat, puis on s'éloigne jusqu'à une distance de 5 à 6 mètres et c'est seulement alors qu'on se prononce. Avec de la pratique, on remédie aux illusions d'optique, produites par la nature plus ou moins rugueuse de l'écorce ou par l'état plus ou moins brumeux de l'atmosphère.

On se forme le coup d'œil en vérifiant souvent ses appréciations avec un compas. A défaut de cet instrument, « on peut se servir d'un mètre, d'une canne graduée, ne fût-ce qu'une baguette munie de crans. Voici comment il faut s'y prendre. Par le regard on cherche, à quinze ou vingt pas, c'est-à-dire à quelque distance de l'arbre A qu'on veut cuber, une autre tige B qui ait à peu près la même grosseur. On place le mètre rigide contre le tronc A, en le tenant horizontalement de manière à ce que l'une de ses extrémités soit sur le rayon visuel qui rase les deux troncs *à gauche;* on appuie alors la règle métrique avec la main gauche et, en même temps, on place le pouce de la main droite sur le point que détermine le rayon visuel rasant les mêmes troncs *sur la droite.* En maintenant le pouce sur ce point, on lit très exactement le diamètre de l'arbre[1]. »

On apprécie la hauteur en se tenant, autant que possible, à une distance de l'arbre à peu près égale à cette même hauteur. Avec un peu d'habitude, on arrive facilement à une approximation suffisante ; comme vérification et, à défaut de dendromètre, on peut marquer sur la tige à mesurer une hauteur de 2, 3 ou 4 mètres à l'aide d'une perche ; puis on se porte à une certaine distance, on place devant ses yeux et verticalement un crayon, par exemple, qu'on éloigne et qu'on rapproche jusqu'à ce que les rayons visuels, rasant les deux extrémités du crayon, coïncident avec les repères marqués sur le tronc ; on élève ensuite le crayon dans la même verticale, de façon à lui faire intercepter une hauteur égale à la première et immédiatement au-dessus et ainsi de suite, jusqu'au sommet ; le nombre des portées successives multiplié par la longueur de la perche donne la hauteur totale de la tige. Lorsque les arbres sont très hauts, il y a à tenir compte, dans une certaine mesure, de ce que les angles visuels diminuent, pour une même longueur de tige, à mesure que les portées s'élèvent ; dans ce cas, on amoindrira l'erreur en se tenant aussi loin que possible de la hauteur à mesurer.

L'estimateur de profession peut ainsi être fixé rapidement sur le volume approché du tronc en mètres cubes ; la forme plus ou moins épaisse, plus ou moins étalée du cimeau le renseigne sur le volume probable de cette deuxième partie de l'arbre.

---

1. Broilliard. *Traitement du bois en France.*

Toujours dominé par l'impression première que lui laissent les dimensions en grosseur et en hauteur, l'estimateur peut s'habituer à chercher dans un tronc d'arbre autre chose que des mètres cubes, par exemple : des planches, des merrains, des solives ou telle autre marchandise avec la fabrication de laquelle il s'est dès longtemps familiarisé. On opère encore de la sorte dans certaines régions forestières ; mais on peut dire que ce n'est plus qu'une exception en ce qui concerne les bois d'œuvre ; par contre, cela est resté la règle pour estimer toutes les parties d'arbres qui ne donnent nécessairement que du bois à brûler. Rien, en effet, ne représente à l'esprit le volume brut ou en grume des branches et des ramilles, tandis que le stère empilé et le faisceau (fagot ou bourrée) sont les unités pratiques sous lesquelles on est habitué à se les représenter lorsqu'elles sont abattues. Ce sont alors les faits, les réalités par l'intermédiaire desquelles il est naturel de passer pour se créer des types de rendement.

L'art d'estimer à vue ne peut s'enseigner, mais chacun peut l'acquérir. Les praticiens, les bûcherons, les préposés qui vivent beaucoup en forêt et assistent à la découpe d'un grand nombre d'arbres, contractent d'une façon presque inconsciente un coup d'œil d'une précision parfois remarquable. Mais l'exactitude des résultats reste toujours un fait personnel, on peut presque dire locale, car, tel estimateur renommé comme très expert sur son terrain est souvent fort embarrassé lorsqu'on le change de forêt ; cela est surtout vrai pour l'estimation en marchandises. Aussi, en présence du peu de garanties qu'il présente, ce procédé primitif s'est modifié dans la pratique en donnant naissance à un grand nombre de procédés mixtes : on peut, par exemple, déduire par des calculs écrits ou par des tarifs des volumes dont les données auraient été prises à vue ; prendre la grosseur à l'aide d'un ruban ou d'un compas quand on se contente d'estimer les hauteurs à vue ; meubler sa mémoire de chiffres empruntés à des tarifs, ou avoir recours à des moyens mnémotechniques et à des formules exactes[1] ou empiriques.

---

1. Entre autres, la formule de M. Bouvart offre un moyen rapide et sûr pour cuber un tronc d'arbre ; l'auteur l'exprime en ces termes : *Le volume réel d'un tronc d'arbre*

Quoi qu'il en soit, tout forestier doit être bon estimateur. Dans ce but, on peut lui conseiller de se former le coup d'œil en observant beaucoup, en suivant de près les exploitations, en faisant abattre, débiter et façonner sous ses yeux des arbres qu'il aura vus sur pied, examiné sous tous leurs aspects et dont il s'est fixé les formes et les dimensions dans la mémoire. Pour plus de sûreté, il ne négligera pas d'inscrire sur une page de son calepin de notes un petit tarif très simple comme il est toujours facile d'en construire un soi-même[1].

---

est égal au produit de la moitié du carré du diamètre de base par la hauteur. Soit $\frac{D^2}{2} \times H$.

Cette formule est à peu près rigoureuse quand, le tronc à cuber ayant environ 16 mètres de longueur, son diamètre au milieu d est égal à 0.80 D. En effet, en calculant le volume réel par la méthode des diamètres réduits, on a $V = \frac{\pi d^2}{4} \cdot H$ · remplaçant d par sa valeur en fonction de D, on a $V = \frac{\pi (0,80\ D)^2}{4}$ et successivement : $\pi D^2 \times \overline{0.4}^2 = D^2 \times 3.1416 \times 0.16 = D^2 \times 0.503$ qui est sensiblement égal à $\frac{D^2}{2}$.

Il n'en est plus de même pour les arbres plus courts ou plus longs dont le coefficient de décroissance est supérieur ou inférieur à 0,80 ; mais on peut encore utiliser la formule Bouvart en la rectifiant d'après ce principe que les volumes de deux cylindres de même hauteur sont entre eux comme les carrés des diamètres de base. Il suffit de poser les proportions et d'effectuer les calculs pour obtenir les chiffres suivants :

Appelons V_f les volumes donnés par l'application de la formule Bouvart, si le coefficient de décroissance est 0.95. Vr le volume cherché sera égal à $V_f \times 1.41$

pour le coefficient 0.90 . . . . $V_f \times 1.25$

— — 0.85 . . . . $V_f \times 1.15$

— — 0.75 . . . . $V_f \times 0.87$

— — 0.70 . . . . $V_f \times 0.77$.

1. A ce point de vue, il est regrettable qu'en France, il n'existe pas encore un agenda forestier. Le *Forst- und Jagd-Kalender* rend trop de services en Allemagne pour qu'on ne cherche pas à l'imiter.

CHAPITRE DEUXIÈME

CUBAGE DES PEUPLEMENTS

Tous les procédés de cubage appliqués à des peuplements doivent permettre *d'évaluer la quantité de matière ligneuse qu'ils renferment par des moyens qui dispensent d'estimer chaque tige considérée isolément.*

Les plus usités se rattachent à l'un des trois types suivants :

1° *Cubage par comptage et classement des tiges ;*

2° *Cubage par places d'essai ;*

3° *Estimation à vue d'œil.*

ARTICLE PREMIER

Cubage par comptage et classement des tiges.

§ 1er. — Exposé de la méthode

Comme principe fondamental, on s'appuie sur ce fait d'expérience que : *pour une même essence, des arbres de même grosseur, de même hauteur et à peu près de même âge ont approximativement même volume.*

S'il s'agit de peuplements uniformes, c'est-à-dire formés de tiges presque de même âge et ayant crû dans les mêmes conditions, on admet que l'égalité de grosseur suffit pour entraîner l'égalité de hauteur et de volume. On peut, dès lors, classer les tiges dans des catégories successives d'après leur grosseur (cette répartition étant, bien entendu, faite séparément pour chaque essence) ; dans chacune de ces catégories, on abat un ou plusieurs arbres que l'on cube exactement par les procédés connus et on multiplie le volume moyen de ces tiges types par le nombre de sujets de la catégorie considérée. On n'a plus qu'à additionner ces résultats pour avoir le volume total du peuplement.

Si, au contraire, on a affaire à un peuplement d'âge inégal (futaie jardinée, réserves de taillis sous futaie), on constate presque toujours que les tiges de même grosseur ont des hauteurs très différentes. Alors on établit par catégorie de grosseur autant de classes de hauteur qu'il est nécessaire, de telle sorte que dans chacune d'elles les arbres de même diamètre aient aussi même longueur de tige. Cela fait, on peut considérer chacune des classes de hauteur comme provenant d'un peuplement uniforme et lui appliquer la méthode générale.

On voit que tout se résume : à mesurer la grosseur des tiges en même temps qu'on les compte, — à les classer en catégories d'autant plus nombreuses qu'on poursuit une exactitude plus grande — et à construire des tarifs.

§ 2. — Application a l'expérimentation forestière

On sait que la forme irrégulière des arbres ne permet pas de calculer leur volume avec une précision mathématique. Aussi, tous les expérimentateurs se sont appliqués à trouver des formules assez larges pour se prêter aux caprices de la végétation et des procédés d'inventaires donnant des résultats aussi approchés que possible, tout en n'exigeant pas des manipulations ni des calculs trop considérables.

Dans cet ordre de recherches, les méthodes les plus simples en apparence sont d'une application toujours fort délicate et il suffit d'avoir tenté de cuber *exactement* un peuplement sur pied pour comprendre combien le problème est complexe et hérissé de détails.

Les procédés les plus connus en Allemagne, où la méthode expérimentale a pris naissance, sont ceux de Drant, de Urich, de Robert Hartig, de Breymann. M. le docteur Baur, professeur à l'université de Munich, en a développé les principes dans son savant traité intitulé : *La Science du cubage*[1]. L'association des stations de recherches allemandes a publié dans ses comptes rendus le procédé adopté par tous ses adhérents[2]. Sans reproduire ici tous ces travaux, il suffira de résumer la méthode appliquée par M. le sous-inspecteur Bartet

1. Dr F. Baur, *Holzmesskunde*. Vienne, Wilhem Baumüller. 1880.
2. Reuss et Bartet, *loc. cit.*

aux expériences qu'il poursuit à la station présidée par M. le Directeur de l'École forestière de Nancy.

Avant de commencer l'opération, il est nécessaire de distinguer les tiges faisant partie du peuplement *principal* à cuber de celles qui appartiennent au peuplement *accessoire*, qu'on peut comprendre dans le travail ou négliger suivant les circonstances. Cette décision, souvent fort délicate, étant prise, on procède comme ci-après :

1° On mesure la *circonférence* de toutes les tiges à 1m,30[1] au-dessus du sol et on l'évalue en nombre entier de centimètres, de sorte que les sujets du peuplement sont répartis dans des catégories de grosseurs qui varient de centimètre en centimètre.

2° On choisit un certain nombre de catégories convenablement espacées (4, 5, 6 et même davantage), lesquelles devront fournir des tiges types que l'on abat en quantité suffisante dans chaque catégorie pour obtenir des moyennes dignes de foi.

Ces arbres types sont désignés, soit dans l'enceinte des places d'expérience, soit dans leur voisinage immédiat, selon que le travail d'inventaire coïncide ou non avec une exploitation faite dans le peuplement à cuber.

3° Chacun de ces arbres types étant exactement cubé, on détermine, par catégorie, la moyenne arithmétique de leur volume. On possède alors un certain nombre de *volumes moyens* que l'on considère comme *étalons* et entre lesquels on calcule par interpolation[2] les volumes correspondant aux catégories qui n'ont pas fourni de tiges types. De cette façon, on obtient une échelle des volumes moyens complète, depuis les plus faibles jusqu'aux plus fortes catégories.

4° Pour avoir le volume total du peuplement, il ne reste plus qu'à

1. Lorsqu'il s'agit d'expérimentations, les inventaires doivent être répétés à des intervalles plus ou moins rapprochés. Pour que les résultats restent comparables, il est nécessaire que les mesures soient toujours *exactement prises à la même hauteur*. On réalise cette condition en traçant sur toutes les tiges, pour servir de repères, un ceinturage à la peinture à l'huile appliqué après enlèvement des mousses, des lichens et des aspérités de l'écorce.

2. Partant toujours de ce principe que, dans un peuplement uniforme, les volumes d'arbres ayant sensiblement même grosseur sont entre eux comme les surfaces terrières, on interpole proportionnellement aux carrés des circonférences ou des diamètres.

multiplier le cube de l'arbre moyen de chaque catégorie par le nombre de tiges correspondant et à faire la somme des produits partiels.

Il va de soi qu'il y a autant d'opérations distinctes qu'on compte d'essences dans le peuplement.

Le cubage d'un peuplement d'âge inégal se ramène au cas d'un peuplement uniforme par l'établissement de deux ou plusieurs catégories de hauteurs par classe de grosseur. Mais on ne peut poser aucune règle à observer quant au nombre de ces catégories ni à la répartition des tiges dans chacune d'elles. C'est à l'opérateur à apprécier et à agir de son mieux dans chaque cas particulier, en procédant à l'aide de dendromètres et en mettant à profit son expérience personnelle.

En général, pour satisfaire à toutes les questions que comporte l'expérimentation, il ne suffit pas de limiter les données des tarifs à la simple notion du volume brut. Il est souvent utile de faire connaître la quote-part de chaque unité de marchandises fabriquées entrant dans ce volume total. Cette répartition se fait sur les types au moment de leur cubage, on en déduit des *tant pour cent* ou des coefficients que l'on inscrit sur les tarifs en regard des catégories correspondantes à chacun des volumes étalons. Ces mêmes données sont applicables à tous les éléments dérivés par interpolation.

§ 3. — Application aux calculs de la possibilité

Les procédés appliqués aux calculs de la possibilité sont absolument les mêmes que celui qui vient d'être décrit dans ses grandes lignes; seulement, l'opération est beaucoup moins complexe, en ce sens qu'on se contente de résultats moins rigoureux; on a aussi affaire à des peuplements, en général, assez simples, puisqu'ils sont toujours voisins du terme de leur exploitabilité, et enfin on ne tient pas compte des tiges ayant moins de $0^{m},15$ à $0^{m},20$ de diamètre à la base. C'est ainsi que, le plus souvent, on procède par mesurage des diamètres de base avec une approximition moyenne de deux centimètres et demi en faisant des catégories se suivant de 5 en 5 centimètres. Néanmoins, l'opération matérielle du comptage comporte quelques détails pratiques de nature à en simplifier l'application.

D'habitude, quand on procède par catégories de 5 en 5 centimètres de diamètre, au lieu de graduer les compas suivant l'ordre naturel des divisions, on fait correspondre les chiffres 10, 15, 20, 25, etc., aux divisions moyennes 7 1/2, 12 1/2, 17 1/2, 22 1/2, etc. [1]. De la sorte, les erreurs, qui se répartissent dans les deux sens, tendent à s'atténuer et la lecture devient un *fait,* au lieu de rester soumise à l'appréciation des aides souvent peu soigneux ou peu intelligents qu'on est obligé d'employer.

Les ateliers composés de trois ou quatre ouvriers procèdent par virées parallèles. Tous les arbres sont marqués à la roanne dès qu'ils sont mesurés et appelés. Le chef d'atelier inscrit les appellations sur un calepin disposé en la forme d'un tableau à double entrée et divisé en autant de colonnes verticales qu'il y a d'essences principales différentes dans le peuplement à cuber. S'il se rencontre quelques arbres rares, représentés seulement par un petit nombre de sujets, on convient de les compter avec l'essence la plus analogue. Quand l'agent responsable ne tient pas lui-même le calepin, il doit procéder à des vérifications.

Parallèlement à ces comptages et mesurages, on procède à des expériences pour déterminer le volume moyen de chaque catégorie. On cube pour chaque essence et pour chaque catégorie de diamètres un certain nombre d'arbres abattus qui servent de types et, comme tels, sont choisis parmi ceux dont la forme générale se rapproche le plus de la moyenne.

On évite d'ailleurs d'appauvrir inutilement les peuplements, en respectant les arbres exceptionnels formant des catégories dont ils seraient les uniques représentants et en choisissant les tiges types soit dans les différentes coupes en exploitation, soit parmi les chablis ou les bois abattus dans les lignes d'aménagement. Quant à la manière de cuber ces sujets, il est bon de faire remarquer que le calcul des volumes types est une excellente occasion de recueillir un grand

1. En adoptant cette disposition sur une des faces de la règle, il sera bon de conserver sur l'autre face la graduation vraie, dont on a toujours besoin.

nombre de renseignements utiles sur la forme des arbres et leur rendement en marchandises fabriquées. Dans ce but, on procède pour chaque arbre comme cela est indiqué aux tableaux pages 156 et 157.

Les résultats acquis permettent d'établir par des moyennes arithmétiques les volumes bruts applicables à chaque catégorie de diamètre et de monter les *tarifs spéciaux* des volumes moyens ou *tarifs d'aménagement.*

En multiplant le nombre d'arbres dans chaque catégorie par le volume correspondant du tarif, on a le volume par catégorie et enfin le volume total du peuplement.

Pour faciliter les calculs, ces tarifs peuvent être disposés comme le suivant, emprunté à l'aménagement de la forêt de Haye.

HÊTRES.

DIAMÈTRES.	NOMBRE D'ARBRES.								
	1	2	3	4	5	6	7	8	9
0,15	0.15	0,30	0,45	0,60	0,75	0,90	1,05	1,20	1,35
0,20	0,30	0,60	0,90	1,20	1,50	1,80	2,10	2,40	2,70
0,25	0,50	1,00	1,50	2,00	2,50	3,00	3,50	4,00	4,50
0,30	0,74	1,48	2,22	2,96	3,70	4,44	5,18	5,92	6,66
0,35	1,04	2,08	3,12	4,16	5,20	6,24	7,28	8,32	9,36
0,40	1,43	2,86	4,29	5,72	7,15	8,58	10,01	11,44	12,87
0,45	1,92	3,84	5,76	7,68	9,60	11,52	13,44	15,36	17,28
0,50	2,52	5,04	7,56	10,08	12,60	15,12	17,64	20,16	22,68
0,55	3,25	6,50	9,75	13,00	16,25	19,50	22,75	26,00	29,25
0,60	4,05	8,10	12,15	16,20	20,25	24,30	28,35	32,40	36,45
0,65	4,90	9,80	14,70	19,60	24,50	29,40	34,30	39,20	44,10
0,70	5,79	11,58	17,37	23,16	28,95	34,74	40,53	46,32	52,11
0,75	6,72	13,44	20,16	26,88	33,60	40,32	47,04	53,76	60,48
0,80	7,68	15,36	23,04	30,72	38,40	46,08	53,76	61 44	69,12
0,85	8,67	17,34	26,01	34,68	43,35	52,02	60,69	69,36	78,03
0,90	9,68	19,36	29,04	38,72	48,40	58,08	67,76	77,44	87,12
0,95	10,71	21.42	32,13	42,84	53,55	64,26	74,97	85,68	96,39
1,00	11,75	23,50	35,25	47,00	58,75	70,50	82,25	94,00	105,75

Ces tarifs doivent être applicables à une même forêt (feuillue ou résineuse), quels que soient son étendue et le nombre des séries qui la partagent. D'ailleurs, peu importe que les volumes appliqués s'éloignent plus de la réalité dans certains cantons que dans d'autres, puisqu'ils doivent servir uniquement au recrutement de la possibilité. La seule condition importante à remplir, c'est que chaque arbre enlevé figure dans le compte de la parcelle pour un chiffre comparable à celui qui lui a été attribué lors de l'inventaire. En un mot, *il faut et il suffit que les agents de gestion emploient strictement les mêmes tarifs que les aménagistes.*

§ 4. — Estimation en produits façonnés

Les résultats fournis par les procédés de cubage dont il vient d'être question renseignent aussi exactement qu'il est désirable sur le *volume brut* d'un peuplement; par contre, on ne doit rien leur demander de précis en ce qui concerne les rendements en produits façonnés, notamment pour les marchandises bois d'œuvre. On a reconnu, en effet, que les qualités techniques sont purement individuelles, et les cubages par groupement ne peuvent donner sur la répartition des produits que des moyennes générales. Ce qui a déjà été dit à ce sujet (page 265) dispenserait d'y revenir, s'il ne fallait pas insister d'une façon toute particulière pour faire bien comprendre que des tarifs d'expérimentation ou d'aménagement, quelque complets et quelque bien faits qu'on puisse les imaginer, ne doivent *jamais* être employés lorsqu'on se propose de déterminer la valeur vénale d'un peuplement. Dans ce cas, la méthode des arbres isolés est seule applicable. Tout au plus est-il permis de se servir de ces tarifs moyens pour estimer les bois à brûler, en procédant par différence après avoir cubé individuellement les parties de tiges propres à l'œuvre; ou encore les consulter à titre de contrôle pour rectifier des erreurs grossières qui auraient pu se glisser dans des calculs d'estimation.

ARTICLE DEUXIÈME

Cubage par places d'essai.

Le procédé de cubage par places d'essai le plus généralement employé consiste: à cuber le matériel existant sur une fraction déterminée de l'étendue totale du peuplement considéré et à multiplier le résultat obtenu par le rapport des contenances.

L'emploi de ce mode exige évidemment que la place d'essai soit bien l'expression moyenne du peuplement entier; ce qui entraîne, d'une part, l'obligation de lui donner une étendue suffisante; d'autre part, celle d'établir autant de ces places qu'il y a de nuances tranchées dans l'ensemble du peuplement, en tenant compte des contenances relatives occupées par chacune d'elles, ou, ce qui reviendrait au même, de traiter séparément chacune des sections d'un peuplement non homogène. Le procédé dont il s'agit ne sera donc employé avantageusement que dans des massifs assez importants et à peu près uniformes. D'ailleurs, l'établissement des places présente toujours des difficultés sérieuses; car, quelque soin que l'on prenne, on ne peut jamais être bien certain d'avoir bien choisi les types moyens, et les erreurs commises dans ce sens sont d'autant plus graves que les résultats sont appliqués à de plus grandes surfaces.

Aussi ce mode est-il rarement employé dans la pratique des estimations en marchandises; il peut néanmoins servir comme moyen de contrôle, ou encore, en matière d'expérimentation, pour cuber soit des peuplements uniformes très jeunes, soit des sous-bois ou des peuplements accessoires.

Quelques précautions sont à recommander dans son application. On doit, par exemple, donner à ces places une forme telle que le développement de leur périmètre soit minimum pour une surface donnée; la surface circulaire qui réalise cette condition n'étant pas applicable en forêt, on donnera la préférence à la forme carrée ou, tout au moins, rectangulaire. — La contenance de ces places sera proportionnelle à l'étendue et à la nature du peuplement à cuber; d'une manière générale, elle devra être plus grande dans les massifs plus âgés et moins réguliers que dans les peuplements jeunes et uniformes; pour les premiers, on ne devra pas lui attribuer moins d'un vingtième de la surface totale; pour les seconds, on pourra se contenter d'un centième. — Le cubage des peuplements types sera fait aussi exactement que possible; le mieux sera toujours de les exploiter et de les cuber comme bois abattus. — En matière d'expérimentation, on pourra installer les places d'essai sur des points similaires choisis en dehors du périmètre des parcelles mises en expérience, lesquelles sont toujours d'une assez faible étendue.

Dans les limites des approximations admises quand on a recours à un mode d'estimation aussi éventuel que celui par places d'essai, on peut, à la rigueur, se rendre compte des volumes sans passer par l'intermédiaire des contenances.

Si, par exemple, dans un massif uniforme on connaît le nombre des tiges N, on peut apprécier le volume total V, en cubant exactement celui d'un certain nombre d'arbres renfermés dans une place d'essai d'une contenance quelconque, pour en déduire le volume de l'arbre moyen v et, en multipliant par ce résultat le nombre total des tiges, on obtient $V = Nv$.

Le procédé suivant serait plus expéditif encore. Avec un ruban gradué, on mesure la distance respective entre les centres de plusieurs arbres voisins l'un de l'autre pour en déduire une sorte de distance moyenne d, exprimée en mètres; on élève ce nombre au carré; en divisant ensuite la surface d'un hectare ou dix mille mètres carrés par d^2, on obtiendra le nombre d'arbres N qui existent sur un hectare. Déterminant le volume de l'arbre moyen v sur une place d'essai, comme cela vient d'être dit, on aura de même $V = Nv$.

ARTICLE TROISIÈME

Estimation à vue d'œil.

Ce mode d'estimation ne s'emploie, en général, que pour déterminer le volume sur pied d'une masse de bois de faibles dimensions et qui, eu égard à la multiplicité des tiges, ne pourrait être soumise à un mode plus rigoureux sans entraîner une grande perte de temps. Dans ce cas, l'estimateur parcourt la parcelle plusieurs fois et dans tous les sens; après s'être bien rendu compte de la nature et de la consistance des peuplements, de l'étendue relative des vides, de la grosseur et de la hauteur des tiges et enfin de la manière dont les bois sont plantés, il évalue le volume du massif en le comparant à un peuplement semblable dont il aura préalablement calculé et analysé les rendements. C'est dans la possession de ces types et dans l'art de les appliquer judicieusement que consiste tout le talent de l'estimateur. C'est assez dire que ce mode d'estimation exige de celui qui l'emploie une grande rectitude de coup d'œil, du jugement, de l'esprit d'observation et de comparaison et surtout une longue pratique des exploitations. En résumé, par tous les moyens possibles, il faut arriver à se rendre exactement compte des produits fournis par les peuplements dont on s'est fixé les images dans la mémoire.

Sous ces réserves, l'estimation à vue d'œil se pratique : *par hectare, par virée,* ou *par hectare à l'aide de virées.*

Le mode dit par hectare est le plus employé; d'abord parce que les types de rendement qu'on doit avant tout se créer se rapportent plus facilement à l'unité de surface; ensuite parce que le mode de vente à l'hectare est encore le plus employé par tous les propriétaires de taillis dont la majorité des produits doit être convertie en bois à brûler. Il est d'ailleurs toujours facile, en parcourant un taillis, de se représenter une petite surface, d'un are, par exemple, au centre de laquelle on stationne et d'évaluer le rendement approximatif des tiges qui la couvrent. L'opération répétée plusieurs fois sur des points convenablement choisis permet de calculer une moyenne de rendement à l'are et, par conséquent, à l'hectare.

Lorsqu'on procède par virées, on divise la surface de la parcelle en bandes étroites et parallèles que l'estimateur parcourt successivement en se tenant à égale distance des deux filets qui la limitent. En cheminant, il étudie le peuplement dans tous ses détails et, à la fin de chaque virée dont il n'est pas nécessaire de connaître la contenance, il suppute les produits qu'elle renferme. La somme des résultats obtenus après avoir parcouru toutes les virées est le rendement en matière de la parcelle. Ce procédé s'emploie souvent dans les taillis qui fournissent différentes catégories de marchandises, telles que : échalas, perches à houblon, perches à mines, étançons, écorces, etc...

Quand on combine l'estimation à l'hectare avec l'estimation par virée, on fait établir des virées aussi régulières que possible, ayant une largeur de 30 à 50 mètres, puis on estime le rendement de chaque virée par hectare et l'on prend la moyenne de tous les résultats obtenus pour l'appliquer à la contenance totale. En somme, en analysant avec méthode le peuplement à estimer par hectare, on emploie le meilleur procédé, celui qui donne les résultats les plus exacts.

L'un ou l'autre de ces procédés est applicable à des peuplements jeunes, dont le volume à l'unité de surface et la valeur ne sont pas considérables, tels sont : les semis, fourrés, gaulis, taillis simples ou sous bois de taillis sous futaie. Mais, quel que soit le but qu'on se propose, l'estimation à vue d'œil ne convient pas pour les peuplements plus âgés, car elle ne repose sur aucune base tangible et fixe, et surtout elle ne comporte aucun moyen de contrôle.

II. — MODES DE VENTE

ARTICLE PREMIER

Généralités.

Les bois à exploiter dans les forêts sont, en général, localisés dans des enceintes déterminées qui portent le nom de *coupes*.

Quelquefois les produits des coupes sont utilisés en nature par le propriétaire qui est lui-même consommateur; il en est ainsi, par exemple, dans les forêts communales dont les coupes ordinaires sont délivrées aux habitants sous forme d'*affouage*, ou encore dans certaines forêts appartenant à de grands propriétaires industriels, et exploitées en vue d'un rendement technique spécial. Mais le plus souvent les coupes sont vendues soit de *gré à gré*, soit par *adjudication publique*.

Dans les forêts soumises au régime forestier, on ne procède que par voie d'adjudication publique. Le travail des ventes a une importance capitale; c'est le but final vers lequel convergent les principaux actes de la gestion forestière. Il nécessite un certain nombre d'opérations préalables relatives à *la marque des coupes*, à *l'estimation des produits en matière et en argent* et à *la procédure de la vente*.

Chaque année, les chefs de service dressent un état des coupes à exploiter dans leur circonscription pour l'exercice suivant ; quelquefois même pour deux exercices. Ce tableau, auquel on donne le nom d'*état d'assiette*, indique la nature de l'exploitation à faire dans chaque coupe, la quotité de produits à fournir par celles dont la possibilité est basée sur le volume, et l'étendue à donner à celles qui s'exploitent par contenance. L'état d'assiette des coupes est soumis à l'examen et à l'approbation du conservateur[1] qui le contrôle et le renvoie approuvé aux agents chargés de l'exécution.

1. Décret du 25 février 1886.

En terme de métier, on comprend sous le nom général d'*opérations de martelage :* 1° celles qui ont pour objet la désignation des arbres à réserver ou à exploiter dans les coupes ; 2° celles qui se rapportent à l'estimation des bois à vendre sur pied.

Dans les coupes de taillis sous futaie, les arbres ou baliveaux de toutes catégories que l'on veut réserver sont marqués du marteau de l'État : cela s'appelle *marquer, marteler* ou *baliver en réserve.* Dans ce cas, toutes les tiges qui ne sont pas marquées constituent l'ensemble des produits à vendre. On marque ordinairement les baliveaux de l'âge sur un seul *miroir* ou *blanchis* placé aussi bas que possible, les modernes sur deux blanchis rapprochés et à la patte, les anciens sur un seul miroir[1] ouvert sur une racine. Pour ordre, il est bon de comprendre parmi les modernes tous les sujets d'une grosseur déterminée, par exemple ceux de 0^{m},20 à 0^{m},30 de diamètre et ceux-là seuls ; tous les brins plus faibles seront marqués, dès lors, comme baliveaux de l'âge et tous les arbres de 0^{m},35 et plus, comme anciens. « Il est à conseiller de numéroter les anciens sur un blanchis fait à l'écorce (sans qu'il arrive jusqu'au bois) et de mesurer la grosseur de chacun d'eux. On en prend note au calepin et on a ainsi le numéro matricule et le signalement de tous les arbres précieux ; c'est la plus sûre garantie contre les vols ou les erreurs et le meilleur moyen de connaître bien les résultats d'un balivage[2]. »

Dans les coupes principales de futaie, on marque surtout en *délivrance* ou en *abandon.* Ce mode consiste à appliquer à chacun des arbres désignés pour être vendus deux empreintes de marteau, l'une au corps, à 1^{m},50 environ au-dessus du sol, et l'autre à la racine. L'ensemble des arbres non marqués constitue la réserve.

Les coupes dites d'*amélioration* se marquent tantôt en réserve, tantôt en délivrance, suivant la proportion des tiges à réserver eu égard à celles à abandonner ; souvent même, dans certaines circonstances, la désignation des bois à abattre se fait par un simple griffage.

On voit que le *choix* et la *marque* des arbres à réserver ou des arbres à abandonner se font en même temps ; c'est pourquoi on

1. Souvent on donne à ce miroir une forme assez allongée pour pouvoir y juxtaposer trois empreintes.

2. Broillard, *Traitement des bois en France.*

confond ordinairement les deux opérations en une seule, et l'on comprend sous l'une et l'autre désignation : le *balivage,* qui consiste à faire le choix des arbres à réserver ou à exploiter, et le *martelage,* qui consiste à imprimer une marque (l'empreinte du marteau du propriétaire) sur les arbres choisis et désignés par le balivage. Souvent aussi ces deux expressions sont employées dans un sens plus spécial. On appelle balivage l'ensemble des opérations qui constituent la marque en réserve, et martelage celles qui s'appliquent à la marque en délivrance. Cette dernière interprétation semble plus conforme à la réalité des faits.

De toutes les opérations de détail qui sont commandées par la culture et l'exploitation des bois, il n'en est pas de plus importante que celle de la marque des coupes ; il n'en est pas qui exige plus de soin, de précaution, de réflexion et de savoir-faire de la part du forestier ; car, soit que l'on opère dans les futaies ou dans les taillis sous futaie, soit que l'on fasse des coupes de régénération ou d'amélioration, le succès de l'opération dépend tout entier et exclusivement de la manière dont le balivage est effectué. Dans ce but, l'ordonnance du 1er août 1827 prescrivait l'obligation suivante : *Il sera procédé à chaque opération de balivage et de martelage par deux agents au moins.....*

Des modifications apportées dans le service forestier ont justifié le décret du 10 mars 1886, lequel permet à *un seul agent* de marquer les coupes, mais seulement dans les circonstances spécialement arrêtées par le Directeur des forêts.

Les résultats des opérations sont consignés sur un calepin qui doit être tenu avec ordre et méthode, et ensuite reportés sur un imprimé spécial qui porte le nom de *procès-verbal de balivage et de martelage.* Cet acte sert en même temps à rédiger les affiches qui annoncent la vente et à établir le nombre des arbres réservés ou le nombre des souches marquées que l'adjudicataire doit représenter au *récolement* de sa coupe.

Les renseignements relatifs à l'estimation des produits sont recueillis sur le terrain en même temps que se fait le martelage ou immédiatement après. Dans les coupes marquées en délivrance, le choix, la marque et l'estimation se rapportant aux mêmes arbres, les trois opérations sont connexes et peuvent sans inconvénients se faire en même temps ; d'ailleurs, ce mode étant surtout appliqué aux coupes par volume, il importe que l'estimation marche parallèlement avec le martelage, afin de pouvoir arrêter l'opération et les limites de la coupe aussitôt que le volume des arbres marqués atteint le chiffre de la possibilité. Il n'en est pas de même dans les coupes marquées en réserve ; car alors on doit estimer des arbres autres que ceux à baliver. « Pour faire une opération sûre et bonne, dit M. Broillard, il faut travailler d'abord au balivage seul, c'est-à-dire au choix et à la marque des baliveaux de toutes catégories, en laissant l'estimation pour la prendre ensuite seulement ; car il est impossible de faire bien les deux choses à la fois. Trop souvent, on procède simultanément aux deux opérations du balivage et de l'estimation et l'on croit les effectuer bonnes toutes les deux ; c'est qu'on ne s'aperçoit pas des erreurs. Pour nous, bien qu'ayant l'habitude de ces opérations, nous ne pourrions les garantir bonnes en balivant et en estimant simultanément. Cependant elles engagent le présent et l'avenir dans chaque coupe pour des valeurs considérables et sur des surfaces étendues ; il faut donc y mettre tout le temps nécessaire et même aller lentement. Nous ne saurions trop insister sur ce point, le procédé contraire étant généralement en usage[1]. »

Quant à la procédure des ventes, elle est fixée par des instructions administratives dont l'étude ne serait pas ici à sa place. Il suffira de dire que les modes d'exploitation, d'enlèvement des produits et de paiement des prix tant principaux qu'accessoires sont déterminés par le *cahier des charges générales* relatives à la vente des coupes annuelles, et par le *cahier des clauses spéciales* applicables aux exploitations de chaque arrondissement forestier.

Les principaux modes de vente en usage dans le commerce des bois sont :

La vente des produits après façonnage et la vente des bois sur pied qui comprend :

1. *Traitement des bois en France.*

La vente sur pied en bloc et à forfait;

La vente sur pied à l'unité de marchandises.

Chacun de ces trois modes présente, suivant les circonstances, des avantages qui lui sont propres.

ARTICLE DEUXIÈME

Vente des produits après façonnage.

Les bois à exploiter sont abattus et façonnés aux frais du propriétaire et sous sa direction; après le façonnage, les produits sont vendus en détail et par lots.

L'exploitation peut en être faite, soit *par économie,* à l'aide d'ouvriers bûcherons qui travaillent à la tâche ou à la journée, soit *par entreprise,* c'est-à-dire par l'intermédiaire d'un entrepreneur responsable et lié par un marché dont les clauses relatives au salaire peuvent être réglées à forfait ou à l'unité de marchandises fabriquées. Le plus souvent les bois propres à l'œuvre sont simplement laissés en grume en réservant à l'acquéreur le soin d'en tirer le parti le plus avantageux; on ne façonne réellement que les bois à brûler.

Ce mode semblerait le plus rationnel; il présente, en effet, certains avantages. A la rigueur, il n'exige aucune opération préliminaire, puisque les bois à exploiter peuvent être désignés au fur et à mesure de l'abatage; tout au plus demande-t-il qu'on se rende un compte sommaire de la quantité de produits à façonner, afin d'être renseigné sur la provision d'argent nécessaire pour terminer l'opération.

Quant à l'estimation en matière et en argent qui détermine la valeur marchande, elle s'applique à des bois abattus et s'obtient par des moyens très simples, à la portée de personnes étrangères au métier; acheteurs et vendeurs peuvent se rendre un compte exact du volume et de la valeur de produits façonnés dont les découpes permettent aussi bien d'apprécier les qualités que de constater les défauts. On peut admettre aussi que, lorsqu'il s'agit de produits d'un usage général, comme sont les bois à brûler, un tel procédé augmentera les éléments de la concurrence, en ce sens qu'il s'adresse à la masse des consommateurs, et qu'en supprimant ainsi un intermédiaire, le propriétaire profite du bénéfice prélevé par le marchand en gros sur les bois vendus par son entremise. Enfin, au point de vue purement cultural, la vente après façonnage permet de procéder à l'abatage progressivement, de revenir sur le même point autant de fois que cela est nécessaire après avoir jugé l'effet produit par les enlèvements successifs, pour donner avec certitude à l'opération le degré d'intensité qu'elle demande ; c'est là son véritable mérite.

Par contre, et surtout en ce qui concerne les forêts qui, comme celles de l'État, sont susceptibles de fournir annuellement des produits variés et considérables, ce mode de vente présente de nombreux inconvénients dont les principaux sont :

1° *D'exiger de la part du propriétaire l'avance des frais d'exploitation ;* c'est une mise de fonds assez considérable qui reste plus ou moins longtemps immobilisée entre ses mains, sans compter que tout maniement d'argent exige une surveillance spéciale et augmente la responsabilité des gérants. Il est d'ailleurs incontestable, et de nombreux exemples en font foi, que l'État, quoi qu'il fasse, n'arrivera jamais à exploiter aussi économiquement que les particuliers ;

2° *De ne permettre de débiter les bois qu'en un petit nombre d'espèces de marchandises d'un emploi général, sans avoir égard aux besoins particuliers et quelquefois individuels qui peuvent se présenter.* A ce point de vue, c'est toujours le marchand de bois qui tirera le meilleur parti d'une coupe. Intéressé à connaître les ressources actuelles du marché, à se créer des débouchés nouveaux, il saura mieux que personne fractionner et diviser les différents produits de façon à les répartir entre les consommateurs de tous ordres ;

3° *D'avilir le prix des bois.* Quand la marchandise est abondante, les consommateurs spéculent sur la *vente forcée* de produits façonnés qui ne peuvent rester longtemps sur le parterre des coupes sans se détériorer ;

4° *D'établir entre l'administration et les marchands de bois une concurrence fâcheuse* et qui, si on la pratiquait sur une trop grande échelle, serait de nature à compromettre la situation du commerce intermédiaire que l'État a tout intérêt à ménager.

Comme conséquence de ces faits, la vente après façonnage n'est appliquée, en France, *aux coupes principales* que dans des circonstances tout à fait exceptionnelles; quand, par exemple, il est urgent d'exploiter un lot dont la vente sur pied a été tentée sans succès Autrefois, elle était assez généralement appliquée à certaines coupes d'amélioration dans lesquelles la question de rendement en argent est subordonnée à l'intérêt cultural; aujourd'hui, dans les mêmes circonstances, on lui préfère le mode de vente à l'unité de produits dont il sera question plus loin.

En Allemagne, les avantages culturaux de la vente après façonnage ont été à peu près seuls considérés et, jusqu'à ces derniers temps, ce mode est resté la règle. La tradition, la direction spéciale des études professionnelles, la grande liberté d'action dont jouissent les agents de gestion, justifient cette manière de faire; cependant un certain nombre de forestiers, même parmi les plus éminents, semblent se rallier à la vente sur pied, et l'étude de la question a été portée à l'ordre du jour dans différents congrès.

ARTICLE TROISIÈME

Vente sur pied en bloc et à forfait.

§ 1er. — Généralités

Toute l'économie de ce mode repose sur le principe suivant :

Les bois sont vendus pour une somme irrévocablement fixée avant l'exploitation, sans garantie de nombre, de volume ou de qualité, et à charge par l'acquéreur de se conformer à toutes les clauses et conditions du marché.

C'est à ce mode que se rapportent à peu près exclusivement toutes les formalités relatives au martelage des coupes, opérations dont il a été question à l'article 1er du présent chapitre.

Si la vente sur pied ne présente pas les mêmes avantages culturaux que la vente après façonnage, du moins elle remédie à tous ses inconvénients économiques; les nombreuses facilités qu'elle présente de ce côté justifient la faveur dont elle jouit généralement en France. En effet, ce mode procure une grande économie dans le dépenses spéciales de l'administration; il laisse à l'acquéreur la faculté de façonner les produits au mieux de ses intérêts qui sont réglés par les besoins de la consommation; enfin, et c'est là le point capital, il rend la vente *facultative* de *forcée* qu'elle était.

Par contre, certaines nécessités s'imposent dans son application. Afin d'éviter tout mécompte, il est indispensable que les renseignements fournis par les procès-verbaux de martelage et par les affiches qui en sont la reproduction ne laissent aucun doute aux amateurs sur l'existence et le signalement des produits à vendre; de même, le propriétaire vendeur doit être parfaitement fixé à l'avance sur la *valeur* de ces mêmes produits, afin d'arrêter le prix qu'il veut en demander.

Cette valeur s'obtient en procédant d'abord à l'*estimation en marchandises,* après quoi on applique à chacune de ces quantités les prix correspondants : cette dernière opération constitue l'*estimation en argent.*

§ 2. — Estimation en marchandises

On sait que les qualités techniques qui justifient la répartition des volumes en classes de marchandises ne se *mesurent* pas rigoureusement; on les évalue par une simple appréciation à vue dont le degré d'exactitude est subordonné au talent de l'estimateur.

L'introduction de cet élément nouveau, *la valeur marchande,* influe d'une façon très sérieuse sur le résultat final et l'estimation en volume la plus minutieuse peut être faussée par un classement défectueux. Par conséquent, autant, lorsqu'il s'agit d'expérimentation, on ne saurait serrer la vérité de trop près, autant, pour estimer des bois à vendre, il est permis de se montrer plus large et il est rationnel de ne pas compliquer les opérations au delà des limites du nécessaire. En fait, les estimations peuvent être bonnes tout en restant simples.

Dans la pratique, toutes les tiges mesurant $0^{m},15$ de diamètre et au-dessus sont *comptées et estimées individuellement,* et toutes celles d'une grosseur moindre sont évaluées *en bloc,* par un des procédés décrits pour le cubage des peuplements.

En ce qui concerne les bois d'œuvre, les règlements administratifs prescrivent aux agents estimateurs de mesurer et d'inscrire sur leur calepin la circonférence (ou le diamètre) et la hauteur de la partie de la tige qui pourra être convertie en bois d'œuvre.

Ces données relatives au cubage sont simplifiées dans les limites du nécessaire : c'est ainsi qu'on prend les diamètres de base de cinq en cinq centimètres et qu'on exprime les hauteurs en nombre entier de mètres; souvent même, au lieu de coter la hauteur spéciale à chaque tige, on se contente d'attribuer à chaque classe de diamètre une hauteur moyenne résultant d'observations faites en détail sur les tiges à cuber.

Quelle que soit la manière de faire les mesurages, il est important d'en inscrire les données d'une façon claire et précise dans le calepin tenu sur le terrain. On complète ces renseignements par la consignation d'observations particulières sur le débit des bois, sur l'emploi et la destination probable des produits, sur les frais d'abatage et de façonnage, sur le mode de vente dans la localité, sur la difficulté plus ou moins grande que présente l'enlèvement des produits de chaque coupe, sur la distance des lieux de consommation, sur les voies et moyens que le propriétaire met à la disposition de l'adjudicataire pour faciliter la sortie, le transport et le débit des bois, sur toute chose enfin qui peut influer sur les prix de chaque unité de marchandise [1].

Les cubages et les classements s'obtiennent à l'aide de ces documents. Si l'on se rend compte de l'amplitude des erreurs relatives, eu égard au degré d'approximation dont on se contente lors des mesurages, on comprendra facilement que les volumes ne devront pas être cherchés à moins de un centième de mètre cube près ($0^{m3},01$). Introduire la troisième décimale, comme on le fait trop souvent, c'est multiplier les chances d'erreur de calcul sans ajouter aucune certitude au résultat final, qui s'exprimera en mètres cubes et dixièmes de mètre cube. L'administration exige que les détails de chaque opération soient consignés sur les calepins de martelage, qui doivent être conservés avec soin pour être présentés à tout fonctionnaire chargé de la vérification.

1. Voir à l'Appendice les modèles proposés, tant pour la consignation des données de terrains que pour la disposition des calculs de cubage.

Sous cette dernière réserve, les agents forestiers sont libres d'adopter tel mode d'estimation qui leur convient. Aussi, actuellement dans la majorité des services, on simplifie les calculs de cubage et les classements en se servant de *tarifs spéciaux*. Ces tarifs existent en nombre infini. Les anciennes traditions, les données empiriques, mais souvent aussi une série d'expériences bien conduites ont présidé à leur formation. Rien ne s'oppose à leur emploi, mais il sera toujours prudent de les vérifier avant d'en faire usage; car, il n'y a pas de tarif universel. Chacun a été monté pour une forêt *spéciale*, soumise à un traitement *donné* et en vue du mode de débit *en usage dans la localité*. Que l'un ou l'autre de ces facteurs soit changé, les tarifs deviennent *faux* et cessent d'être utilisables. Du reste, avec un peu d'expérience et d'esprit d'observation, il est toujours facile de se construire un tarif commode, applicable aux forêts d'une même région, soumises au même mode de traitement.

C'est ainsi que le tarif suivant, qui se recommande par son extrême simplicité, a été adopté dans le service de l'École forestière ; il est d'ailleurs applicable au tronc de tous les chênes croissant en taillis sous futaie et dont la longueur du fût établit le coefficient de décroissance dans les environs du chiffre de 0,85.

DIAMÈTRES.	VOLUMES EN GRUME POUR LES HAUTEURS DE 1 A 9 MÈTRES.								
	1	2	3	4	5	6	7	8	9
	m³.	m³.	m³.	m³.	m³.	m³.	m³.	m³.	m³.
0,15	0,01	0,02	0,03	0,04	0,05	0,06	0,07	0,08	0,09
0,20	0,02	0,04	0,06	0,08	0,10	0,12	0,14	0,16	0,18
0,25	0,03	0,06	0,09	0,12	0,15	0,18	0,21	0,24	0,27
0,30	0,05	0,10	0,15	0,20	0,25	0,30	0,35	0,40	0,45
0,35	0,07	0,14	0,21	0,28	0,35	0,42	0,49	0,56	0,63
0,40	0,09	0,18	0,27	0,36	0,45	0,54	0,63	0,72	0,81
0,45	0,11	0,22	0,33	0,44	0,55	0,66	0,77	0,88	0,99
0,50	0,14	0,28	0,42	0,56	0,70	0,84	0,98	1,12	1,26
0,55	0,17	0,34	0,51	0,68	0,85	1,02	1,19	1,36	1,53
0,60	0,20	0,40	0,60	0,80	1,00	1,20	1,40	1,60	1,80
0,65	0,24	0,48	0,72	0,96	1,20	1,44	1,68	1,92	2,16
0,70	0,28	0,56	0,84	1,12	1,40	1,68	1,96	2,24	2,52
0,75	0,32	0,64	0,96	1,28	1,60	1,92	2,24	2,56	2,88
0,80	0,36	0,72	1,08	1,44	1,80	2,16	2,52	2,88	3,24
0,85	0,41	0,82	1,23	1,64	2,05	2,46	2,87	3,28	3,69
0,90	0,46	0,92	1,38	1,84	2,30	2,76	3,22	3,68	4,14
0,95	0,51	1,02	1,53	2,04	2,55	3,06	3,57	4,08	4,59
1,00	0,57	1,14	1,71	2,28	2,85	3,42	3,99	4,56	5,13

Il en est de même pour les sapins. Partant de ce fait, démontré par l'expérience, que le volume en bois d'œuvre des sapins est constant pour un même diamètre et une même hauteur de bois d'œuvre, on a dressé le tableau suivant qui donne, sans calcul, le volume des sapins sur pied.

VOLUME ORDINAIRE DES SAPINS.

DIAMÈTRE à 1m,30 du sol.	HAUTEUR EN BOIS D'ŒUVRE.						OBSERVATIONS.
	12	16	20	24	28	32	
m.	m³	m³	m³	m³	m³	m³	
0,20	0,2	»	»	»	»	»	
0,25	0,4	0,5	»	»	»	»	Les hauteurs de bois d'œuvre ont été prises jusqu'au point où les tiges ne présentaient plus que 0m,15 de diamètre.
0,30	0,6	0,8	1,0	»	»	»	
0,35	0,8	1,0	1,2	1,4	»	»	
0,40	1,1	1,3	1,5	1,8	2,1	»	
0,45	1,4	1,7	1,9	2,2	2,5	»	
0,50	»	2,1	2,4	2,7	3,0	»	Le bois de feu des houppiers est de 10 à 15 p. 100 du volume œuvre. Pour 100 mètres cubes de bois d'œuvre, on a donc 12 à 13 mètres cubes de bois à brûler qui donneront environ 25 stères empilés.
0,55	»	2,6	2,9	3,3	3,6	»	
0,60	»	3,1	3,5	3,9	4,3	4,7	
0,65	»	3,7	4,1	4,5	5,0	5,4	
0,70	»	»	4,8	5,3	5,7	6,1	
0,75	»	»	5,6	6,1	6,5	6,9	
0,80	»	»	6,4	6,9	7,4	7,8	
0,85	»	»	»	7,8	8,3	8,8	
0,90	»	»	»	8,8	9,3	9,8	
0,95	»	»	»	9,9	10,4	10,9	
1,00	»	»	»	»	11,5	12,0	

Le classement en marchandises des volumes propres à l'œuvre serait une opération aussi délicate que compliquée, si on devait tenir compte des transformations possibles, même en se limitant aux trois genres de débit les plus usités : charpente, sciage, fente. On évitera ces complications et en même temps les confusions que font naître les termes de : bois de service, bois d'industrie, bois de travail, en classant simplement, *d'après leur grosseur,* les bois d'œuvre évalués au mètre cube en grume[1]. En effet, on sait que, quel que soit le genre de fabrication, le déchet diminue avec la grosseur des tronces, par conséquent le rendement et le prix augmentent dans la même proportion; on peut donc dire que *la grosseur suffit pour régler le prix.*

1. Depuis longtemps déjà, dans les grands centres de commerce, les mercuriales donnent les prix du mètre cube en grume considéré comme unité marchande.

Dans ces conditions, les espèces à aubier distinct comme : le chêne, l'orme, le robinier, le mélèze, les pins, seront classées en trois catégories :

1° Les *gros bois* formés par les tiges de 0m,60 de diamètre et au-dessus : ce qui donne pour les chênes de cette classe une proportion moyenne d'un quart d'aubier ;

2° Les *bois moyens* formés par les tiges de 0m,45 à 0m,55 de diamètre : soit pour les chênes une proportion d'environ deux cinquièmes d'aubier ;

3° Les *petit bois* fournis par les tiges de 0m,15 à 0m,40 de diamètre : soit, pour les chênes, une proportion de plus de moitié d'aubier.

Les autres espèces feuillues, sans aubier distinct, telles que : rêne, hêtre, charme, bouleau, aune, tremble, etc., seront classées, en tenant compte des valeurs techniques de chacune, en deux catégories seulement : dans la 1re se trouvent les bois mesurant plus de 0m,30 de diamètre et dans la 2e ceux de 0m,30 et au-dessous ; et même une seule classe suffit, quand les bois de seconde catégorie sont débités en chauffage, comme cela est souvent le cas.

Les sapins et les épicéas, étant donné que les petits bois sont généralement utilisés sous forme de charpente, seront groupés en trois catégories correspondant aux mêmes grosseurs que celles données pour les chênes.

Les bois à brûler sont répartis, suivant leur qualité, dans les catégories en usage dans chaque localité.

On estime à part, s'il y a lieu, les perches de taillis converties en bois de menu service, et de même, les écorces, en tenant compte du déchet que cette dernière fabrication fait subir au volume du bois de corde.

§ 3. — Estimation en argent

Quand les produits sont classés et évalués en marchandises, pour avoir leur valeur en argent, il suffit d'appliquer à chacune des quantités le prix de l'unité correspondante.

Mais ces prix ne sont pas toujours faciles à obtenir avec toute l'exactitude désirable, et si, parfois, la valeur des bois à brûler conserve une fixité relative d'une année à l'autre dans chaque localité, il n'en est pas de même pour celle des bois d'œuvre qui varie sans cesse suivant l'état des marchés. Il faut donc avant tout se renseigner avec le plus grand soin.

Les prix de vente des bois d'œuvre doivent être ramenés à celui du mètre cube en grume; s'ils se rapportent à des marchandises fabriquées, telles que : le cent de toises de sciage, ou le millier de merrain, il faut avoir recours aux coefficients de fabrication fournis par l'expérience.

Exemple : Les mercuriales portent que, sur la place de Blois, le millier de merrain vaut 600 fr. On sait que le prix de transport depuis la forêt est de 20 fr. et que les frais de façon s'élèvent à environ 130 fr. ; la valeur du volume en grume capable de fournir ce millier sera, sur le parterre de la coupe, de $600 - 150 = 450$. Si l'expérience a démontré que dans les conditions données le déchet de fabrication est de 53 p. 100, et que le millier de merrain représente un volume net de $4^{m^3},5$, il faudra $9^{m^3},5$ en grume pour le fabriquer. Par conséquent, la valeur en forêt du mètre cube grume correspondant au prix du merrain donné par les mercuriales sera de 450 fr. divisé par 9,5 ou environ 47 fr. 50 c.

En général ces prix, tels qu'on peut se les procurer directement ou indirectement, se rapportent à des marchandises livrables soit sur le parterre des coupes, soit dans les chantiers de dépôt; pour en dégager la valeur du bois tel qu'on le vend, c'est-à-dire *dans l'arbre sur pied,* il faut lui faire subir un certain nombre de réductions pour tenir compte des frais et dépenses à la charge de l'adjudicataire, savoir :

1° La rémunération de l'industrie du marchand de bois, qui constitue son bénéfice évalué à tant pour 100 ;

2° Les frais d'auxiliaires et de surveillance;

3° Les frais de débardage et de transport;

4° Ceux d'abatage et de façonnage ;

5° Les droits fixes et proportionnels de timbre et d'enregistrement relatifs à la vente et aux actes qui en sont la conséquence.

Ce serait seulement après avoir ainsi modifié chacun des prix d'unité, qu'on obtiendrait la série des valeurs correspondantes applicables au bois dans l'arbre ; en fait, ce sont là *les seuls véritables prix de vente* tels qu'ils sont réellement perçus par le propriétaire.

D'habitude, acheteurs et vendeurs, au lieu de calculer ainsi la valeur nette de chacune des unités, se contentent de retrancher des prix du commerce les frais de transport (et d'octroi s'il y a lieu), et après cette simple réduction, de les appliquer aux différents produits. Ils obtiennent ainsi ce qu'on appelle la *valeur brute* de la coupe, c'est-à-dire le prix qu'en tirerait l'adjudicataire en vendant ses produits façonnés à des acquéreurs qui viendraient tous les chercher sur le parterre de la coupe considéré comme un lieu de dépôt. De cette valeur brute on retranche *en bloc,* après les avoir calculées séparément, toutes les déductions ci-dessus énumérées et on obtient la *valeur nette.*

C'est seulement de ce chiffre qu'on distraira le montant des charges diverses ou accessoires qui *grèvent* la vente dans son ensemble sans entrer dans la composition du prix net. Il ne faut pas voir, en effet, dans ces charges, autre chose que ce qu'elles sont réellement, c'est-à-dire : des dépenses qui n'ont pas leur contre-partie en recette. Aussi, est-il d'une bonne administration de les réduire au strict nécessaire, en les limitant à des fournitures se rapportant directement à la vente et qu'il ne serait pas possible de se procurer autrement à meilleur marché, comme, par exemple : le chauffage des gardes ; quelques journées pour réparations urgentes à faire à des chemins secondaires ; des élagages de jeunes réserves, des émondages, etc... En aucun cas ces dépenses ne devront se rapporter à des travaux neufs, ni à être exécutés en dehors du terrain directement occupé par l'adjudicataire, lequel comprend, outre l'enceinte de la coupe, les chemins de desserte qui lui sont affectés spécialement.

Les imprimés fournis par l'administration pour l'estimation des coupes vendues à la diligence des agents forestiers, imposent l'emploi de ce procédé, moins compliqué et aussi exact que le précédent, mais qui présente l'inconvénient sérieux de *masquer* complètement le prix du bois dans l'arbre.

ARTICLE QUATRIÈME

Vente sur pied à l'unité de produits façonnés.

Ce mode consiste : *à vendre sur pied des arbres d'une nature déterminée, mais sans en spécifier exactement la quantité, à charge par l'adjudicataire de les exploiter sur désignation et à ses frais ;* celui-ci s'engage, en outre, à payer les produits au *prorata* des quantités fabriquées et à raison d'un prix fixé à l'avance pour chacune des unités correspondant à une marchandise nettement qualifiée. L'inventaire des produits est l'objet d'un dénombrement contradictoire.

Certaines dispositions particulières précèdent une telle adjudication. On commence par faire la reconnaissance détaillée de chacun des lots pour se rendre compte de la quantité probable des bois à abattre et, en même temps, pour étudier avec soin la nature et la qualité des marchandises qu'on en pourra tirer. On rédige ensuite un cahier des charges dans lequel sont énumérées les différentes espèces de marchandises que l'adjudicataire aura le droit de fabriquer, en spécifiant d'une manière explicite, pour chacune d'elles, les qualités techniques, le mode de débit, les dimensions et les limites des tolérances admises. On dresse enfin la série des prix se rapportant à chacune des marchandises considérées, en tenant compte de ce fait, que ces prix représentent ici la *valeur nette* du bois dans l'arbre. On sait les calculer.

Pour simplifier l'adjudication, on a recours à un mécanisme spécial, qui repose sur la convention suivante :

Après avoir choisi parmi les prix de la série, pour en faire *la base* de l'opération, celui qui se rapporte à la marchandise dont on fabriquera la plus grande quantité, on admet, ce qui est loin d'être exact, qu'il existe une relation constante entre les différents prix et celui choisi pour type ; de telle sorte que, quand ce dernier est modifié en plus ou en moins, tous les autres sont affectés proportionnellement et dans le même sens.

On peut, dès lors, procéder à l'adjudication soit aux enchères, soit au rabais, sur ce prix de base unique, puisque, en l'acceptant tel qu'il aura été modifié par les enchères ou les rabais, l'adjudicataire est engagé dans les mêmes conditions par tous les autres éléments du marché.

D'ailleurs, le principe restant partout le même, on admet certaines différences dans les détails de l'application.

Le mode de vente à l'unité de produits participe des deux précédents. Il a été imaginé vers 1850 pour remédier aux inconvénients de la vente après façonnage, tout en conservant ses avantages culturaux. Tout d'abord, exclusivement limité à la vente des produits intermédiaires, il a fourni des résultats assez satisfaisants pour qu'on ait cru pouvoir lui donner plus d'extension. Mais on n'a pas tardé à constater les dangers qui l'accompagnent lorsqu'on l'applique sans discernement.

Parmi les nombreuses difficultés que ce mode fait naître, il suffit d'énoncer les principales :

1° Quelque bien fait que soit un cahier des charges, il présentera toujours des lacunes, des dispositions sujettes à interprétation dont l'adjudicataire peut abuser pour déclasser certains produits afin de les payer moins cher. Par contre, l'introduction de clauses d'une sévérité exagérée nuira au succès de la vente.

2° La fiction de proportionnalité, qui est la base même de tout le système, fausse complètement le prix de vente des bois d'œuvre qui, tout en étant les moins nombreux, sont les plus intéressants, puisqu'ils sont les plus chers. Il est certain que, dans les coupes de cette nature, les bois d'œuvre se vendent toujours moins bien que dans les coupes vendues à forfait.

3° Pendant tout le temps que dure l'exploitation jusqu'à l'heure du dénombrement, les coupes sont l'objet d'une surveillance constante de la part des agents et des préposés ; les uns et les autres doivent veiller avec le plus grand soin : à ce que, sous prétexte d'erreur, il n'y ait pas de fraude commise lors de l'abatage de bois désignés à l'abandon par un simple griffage ; à ce qu'aucun enlèvement, détournement ou dissimulation de produits ne soit effectué avant le dénombrement ; à ce qu'enfin les dimensions des unités de fabrication ne soient pas exagérées. Cette dernière considération exige que les hauteurs et les longueurs des rôles des bois de corde, celles des fagots et les découpes du bois d'œuvre soient souvent vérifiées.

Il faut ajouter encore que si, malgré toutes les précautions prises, des délits sont commis par l'adjudicataire, leur répression pourra, dans certains cas, être moins facile que dans l'hypothèse normale de la vente sur pied en bloc que les dispositions du Code ont pu seules prévoir.

En résumé, on peut dire que plus ces coupes renfermeront de bois d'œuvre et de produits de qualités différentes, plus il y aura de causes d'erreurs, plus aussi il y aura matière à discussions et à fâcheux malentendus lors du dénombrement. Il en résulte qu'on doit revenir aux premiers errements et restreindre l'application de ce mode aux coupes d'amélioration ne donnant à peu près exclusivement que des bois à brûler et dans lesquels les pièces propres à l'œuvre ne seront qu'une très rare exception. Quelle que soit d'ailleurs la nature des produits, il sera toujours prudent de ne pas asseoir une coupe à l'unité en contact direct avec le périmètre d'une coupe vendue en bloc, sur le parterre de laquelle il serait trop commode de dissimuler des bois en grume ou façonnés. A plus forte raison ne doit-on jamais se permettre, comme cela s'est fait quelquefois, de superposer les deux modes dans une même enceinte : vendre, par exemple, des produits d'éclaircie qui seront payés à l'unité dans une coupe d'arbres de futaie vendus en bloc.

APPENDICE

I. — RENSEIGNEMENTS NUMÉRIQUES

Sur les quantités les plus généralement employées dans les calculs de cubage.

Suivant la nature des calculs à effectuer, si on attribue aux chiffres qui représentent les *nombres ou diamètres* une des valeurs suivantes : *un centième, un dixième, un, dix, cent,* etc., les autres mesures de longueur, de surface ou de volume seront exprimées par des unités de même ordre.

NOMBRE ou diamètre.	CIRCONFÉRENCE.	SURFACE du cercle.	CARRÉS.	NOMBRE ou diamètre.	CIRCONFÉRENCE.	SURFACE du cercle.	CARRÉS.
1	3,14	0,79	1	26	81,68	530,93	676
2	6,28	3,14	4	27	84,82	572,56	729
3	9,42	7,07	9	28	87,96	615,75	784
4	12,57	12,57	16	29	91,11	660,52	841
5	**15,71**	**19,63**	**25**	**30**	**94,25**	**706,86**	**900**
6	18,85	28,29	36	31	97,39	754,77	961
7	21,99	38,48	49	32	100,53	804,25	1024
8	25,13	50,27	64	33	103,67	855,30	1089
9	28,27	63,62	81	34	106,81	907,92	1156
10	**31,42**	**78,54**	**100**	**35**	**109,96**	**962,12**	**1225**
11	34,56	95,03	121	36	113,10	1017,88	1296
12	37,70	113,10	144	37	116,24	1075,21	1369
13	40,84	132,73	169	38	119,38	1134,11	1444
14	43,98	153,94	196	39	122,52	1194,59	1521
15	**47,12**	**176,71**	**225**	**40**	**125,66**	**1256,64**	**1600**
16	50,27	201,06	256	41	128,81	1320,25	1681
17	53,41	226,98	289	42	131,95	1385,44	1764
18	56,55	254,47	324	43	135,09	1452,20	1849
19	59,69	283,53	361	44	138,23	1520,53	1936
20	**62,83**	**314,16**	**400**	**45**	**141,37**	**1590,43**	**2025**
21	65,97	346,36	441	46	144,51	1661,90	2116
22	69,11	380,13	484	47	147,65	1734,94	2209
23	72,26	415,48	529	48	150,08	1809,55	2304
24	75,40	452,39	576	49	153,94	1885,74	2401
25	**78,54**	**490,87**	**625**	**50**	**157,08**	**1963,49**	**2500**

NOMBRE ou diamètre.	CIRCON-FÉRENCE.	SURFACE du cercle.	CARRÉS.	NOMBRE ou diamètre.	CIRCON-FÉRENCE.	SURFACE du cercle.	CARRÉS.
51	160,22	2042,82	2601	81	254,47	5153,00	6561
52	163,36	2123,72	2704	82	257,61	5281,01	6724
53	166,50	2206,18	2809	83	260,75	5410,61	6889
54	169,65	2292,20	2916	84	263,89	5541,77	7056
55	**172,79**	**2375,83**	**3025**	**85**	**267,04**	**5674,50**	**7225**
56	175,93	2463,01	3136	86	270,17	5808,67	7396
57	179,07	2551,76	3249	87	273,32	5944,68	7569
58	182,21	2642,08	3364	88	276,46	6092,12	7744
59	185,35	2733,98	3481	89	279,60	6221,14	7921
60	**188,50**	**2827,43**	**3600**	**90**	**282,74**	**6361,72**	**8100**
61	191,64	2922,47	3721	91	285,88	6503,88	8281
62	194,78	3019,07	3844	92	289,03	6647,60	8464
63	197,92	3117,24	3969	93	292,17	6792,91	8649
64	201,06	3216,99	4096	94	295,31	6937,28	8836
65	**204,20**	**3318,31**	**4225**	**95**	**298,45**	**7088,22**	**9025**
66	207,35	3421,19	4356	96	301,59	7238,23	9216
67	210,49	3525,65	4489	97	304,73	7389,81	9409
68	213,63	3631,68	4624	98	307,88	7542,96	9604
69	216,77	3739,29	4761	99	311,02	7697,69	9801
70	**219,91**	**3848,45**	**4900**	**100**	**314,16**	**7853,98**	**10000**
71	223,05	3959,19	5041	102	320,44	8171,28	10404
72	226,19	4071,50	5184	104	326,73	8494,87	10816
73	229,34	4185,39	5329	**105**	**329,87**	**8659,01**	**11025**
74	232,48	4300,84	5476	106	333,01	8824,73	11236
75	**235,62**	**4417,86**	**5625**	108	339,29	9160,88	11664
76	238,76	4536,46	5776	**110**	**345,58**	**9503,32**	**12100**
77	241,90	4656,62	5929	112	351,86	9852,04	12544
78	245,04	4778,36	6084	114	358,14	10207,04	12996
79	248,19	4901,67	6241	**115**	**361,28**	**10386,89**	**13225**
80	**251,33**	**5026,55**	**6400**	116	364,42	10568,32	13456

II. — CUBAGE DES BOIS RONDS OU EN GRUME

Tarifs généraux.

Ces tarifs donnent les *volumes cylindriques* ou en *grume*, correspondant à des diamètres mesurés de *un en un* centimètre. Les volumes sont calculés pour des longueurs de 1 à 9 mètres; les résultats sont exprimés en *mètres cubes* et en *décimètres cubes*.

La disposition adoptée permet de cuber en bloc des tronces de même calibre et mesurant ensemble une longueur quelconque, en procédant par voie d'addition au moyen de déplacements convenables des virgules.

Pour obtenir la valeur de ces mêmes volumes en fonction de l'un des modes de cubage conventionnels du commerce : au quart, au sixième, au cinquième, il suffit de multiplier les résultats donnés par les tarifs par le coefficient applicable, choisi dans le tableau suivant, qui est la reproduction de celui donné à la page 185.

COEFFICIENTS pour passer du mètre cube :	AU MÈTRE CUBE :			
	En grume.	Au quart.	Au sixième.	Au cinquième.
En grume.	1.000	0.785	0.545	0.503
Au quart.	1.273	1.000	0.694	0.640
Au sixième.	1.833	1.440	1.000	0.922
Au cinquième	1.988	1.562	1.085	1.000

Exemple : soit à calculer le volume au *sixième déduit* d'un certain nombre de tronces mesurant toutes $2^{m},10$ de circonférence au milieu et présentant ensemble une longueur totale de $47^{m},8$.

Je cherche d'abord à la table des *renseignements numériques* quel est le diamètre le plus rapproché correspondant à la circonférence $2^{m},10$, je trouve 67... Me reportant aux tarifs généraux, je lis en regard du diamètre, $0^{m},67$, les volumes suivants :

Pour 40^{m}	$14^{m3},10$
Pour 7^{m}	2 ,47
Pour $0^{m},8$	0 ,28
Total.	16 ,85 ; soit 16.9 m. c. en grume.

Pour avoir le cubage au sixième, il me suffira de multiplier ce volume par le coefficient 0,545, et j'obtiens $9^{m3},2$, qui est le résultat cherché.

DIAMÈTRES.	VOLUMES CYLINDRIQUES POUR DES LONGUEURS DE								
	1m	2m	3m	4m	5m	6m	7m	8m	9m
m.	m³.	m³.	m³.	m³.	m³.	m³.	m³.	m³.	m³.
0,10	0,008	0,016	0,024	0,032	0,040	0,047	0,055	0,063	0,071
0,11	0,010	0,019	0,029	0,038	0,048	0,057	0,067	0,076	0,086
0,12	0,011	0,023	0,034	0,045	0,057	0,068	0,079	0,090	0,102
9,13	0,013	0,027	0,040	0,053	0,067	0,080	0,093	0,106	0,120
0,14	0,015	0,031	0,046	0,062	0,077	0,092	0,108	0,123	0,139
0,15	0,018	0,035	0,053	0,071	0,089	0,106	0,124	0,142	0,159
0,16	0,020	0,040	0,060	0,080	0,101	0,121	0,141	0,161	0,181
0,17	0,023	0,045	0,068	0,091	0,114	0,136	0,159	0,182	0,204
0,18	0,025	0,051	0,076	0,102	0,127	0,152	0,178	0,203	0,229
0,19	0,028	0,057	0,085	0,114	0,142	0,170	0,199	0,227	0,256
0,20	0,031	0,063	0,094	0,126	0,157	0,188	0,220	0,251	0,283
0,21	0,035	0,069	0,104	0,138	0,173	0,208	0,242	0,277	0,311
0,22	0,038	0,076	0,114	0,152	0,190	0,228	0,266	0,304	0,342
0,23	0,042	0,083	0,125	0,166	0,208	0,249	0,291	0,332	0,374
0,24	0,045	0,090	0,136	0,181	0,226	0,271	0,316	0,362	0,407
0,25	0,049	0,098	0,147	0,196	0,246	0,295	0,344	0,393	0,442
0,26	0,053	0,106	0,159	0,212	0,266	0,319	0,372	0,425	0,478
0,27	0,057	0,115	0,172	0,229	0,287	0,344	0,401	0,458	0,516
0,28	0,062	0,123	0,185	0,246	0,308	0,370	0,431	0,493	0,554
0,29	0,066	0,132	0,198	0,264	0,331	0,397	0,463	0,529	0,595
0,30	0,071	0,141	0,212	0,283	0,354	0,424	0,495	0,566	0,636
0,31	0,075	0,151	0,227	0,302	0,378	0,453	0,529	0,604	0,680
0,32	0,080	0,161	0,241	0,322	0,402	0,482	0,563	0,643	0,724
0,33	0,086	0,171	0,257	0,342	0,428	0,513	0,599	0,684	0,770
0,34	0,091	0,182	0,272	0,363	0,454	0,545	0,636	0,726	0,817
0,35	0,096	0,192	0,289	0,385	0,481	0,577	0,673	0,770	0,866
0,36	0,102	0,204	0,305	0,407	0,509	0,611	0,713	0,814	0,916
0,37	0,108	0,215	0,323	0,430	0,538	0,645	0,753	0,860	0,968
0,38	0,113	0,227	0,340	0,454	0,567	0,680	0,794	0,907	1,021
0,39	0,119	0,239	0,359	0,478	0,598	0,717	0,837	0,956	1,076
0,40	0,126	0,251	0,377	0,503	0,629	0,754	0,880	1,006	1,131
	1m	2m	3m	4m	5m	6m	7m	8m	9m

DIAMÈTRES.	VOLUMES CYLINDRIQUES POUR DES LONGUEURS DE								
	1m	2m	3m	4m	5m	6m	7m	8m	9m
m.	m³.	m³.	m³.	m³.	m³.	m³.	m³.	m³.	m³.
0,41	0,132	0,264	0,396	0,528	0,660	0,792	0,924	1,056	1,188
0,42	0,139	0,277	0,416	0,554	0,693	0,831	0,970	1,108	1,247
0,43	0,145	0,290	0,436	0,581	0,726	0,871	1,016	1,162	1,307
0,44	0,152	0,304	0,456	0,608	0,761	0,913	1,065	1,217	1,369
0,45	**0,159**	**0,318**	**0,477**	**0,636**	**0,795**	**0,954**	**1,113**	**1,272**	**1,431**
0,46	0,166	0,332	0,499	0,665	0,831	0,997	1,163	1,330	1,496
0,47	0,173	0,347	0,521	0,694	0,868	1,041	1,215	1,388	1,562
0,48	0,181	0,362	0,543	0,724	0,905	1,086	1,267	1,448	1,629
0,49	0,189	0,377	0,566	0,754	0,943	1,132	1,320	1,509	1,697
0,50	**0,196**	**0,393**	**0,589**	**0,785**	**0,982**	**1,178**	**1,373**	**1,570**	**1,768**
0,51	0,204	0,409	0,613	0,817	1,022	1,226	1,430	1,634	1,839
0,52	0,212	0,425	0,637	0,850	1,062	1,274	1,487	1,699	1,912
0,53	0,221	0,441	0,662	0,882	1,103	1,324	1,544	1,765	1,985
0,54	0,229	0,458	0,687	0,916	1,145	1,374	1,603	1,832	2,061
0,55	**0,238**	**0,475**	**0,713**	**0,950**	**1,188**	**1,426**	**1,663**	**1,901**	**2,138**
0,56	0,246	0,493	0,739	0,985	1,232	1,478	1,724	1,970	2,217
0,57	0,255	0,510	0,766	1,021	1,276	1,531	1,786	2,042	2,297
0,58	0,264	0,528	0,793	1,057	1,321	1,585	1,849	2,114	2,378
0,59	0,273	0,547	0,820	1,094	1,367	1,640	1,914	2,187	2,461
0,60	**0,283**	**0,565**	**0,848**	**1,131**	**1,414**	**1,696**	**1,979**	**2,262**	**2,544**
0,61	0,292	0,584	0,877	1,169	1,461	1,753	2,045	2,338	2,630
0,62	0,302	0,604	0,906	1,208	1,510	1,811	2,113	2,415	2,717
0,63	0,312	0,623	0,935	1,247	1,559	1,870	2,182	2,494	2,805
0,64	0,322	0,643	0,965	1,287	1,609	1,930	2,252	2,574	2,895
0,65	**0,332**	**0,664**	**0,995**	**1,327**	**1,659**	**1,991**	**2,323**	**2,654**	**2,986**
0,66	0,342	0,684	1,026	1,368	1,711	2,053	2,395	2,737	3,079
0,67	0,353	0,705	1,058	1,410	1,763	2,116	2,468	2,821	3,173
0,68	0,363	0,726	1,090	1,453	1,816	2,179	2,542	2,906	3,269
0,69	0,374	0,748	1,122	1,496	1,870	2,243	2,617	2,991	3,365
0,70	**0,385**	**0,770**	**1,154**	**1,539**	**1,924**	**2,309**	**2,694**	**3,078**	**3,463**
	1m	2m	3m	4m	5m	6m	7m	8m	9m

DIA-MÈTRES.	VOLUMES CYLINDRIQUES POUR DES LONGUEURS DE								
	1m	2m	3m	4m	5m	6m	7m	8m	9m
m.	m³.	m³.	m³.	m³.	m³.	m³.	m³.	m³.	m³.
0,71	0,396	0,792	1,188	1,584	1,980	2,375	2,771	3,167	3,563
0,72	0,407	0,814	1,222	1,629	2,036	2,443	2,850	3,258	3,665
0,73	0,419	0,837	1,256	1,674	2,093	2,511	2,930	3,348	3,767
0,74	0,430	0,860	1,290	1,720	2,151	2,581	3,011	3,441	3,871
0,75	**0,442**	**0,884**	**1,325**	**1,767**	**2,209**	**2,651**	**3,093**	**3,534**	**3,976**
0,76	0,454	0,907	1,361	1,814	2,268	2,722	3,175	3,629	4,082
0,77	0,466	0,931	1,397	1,863	2,329	2,794	3,260	3,726	4,191
0,78	0,478	0,956	1,433	1,911	2,389	2,867	3,345	3,822	4,300
0,79	0,490	0,980	1,471	1,961	2,451	2,941	3,431	3,922	4,412
0,80	**0,503**	**1,005**	**1,508**	**2,011**	**2,514**	**3,016**	**3,519**	**4,022**	**4,524**
0,81	0,515	1,031	1,546	2,061	2,577	3,092	3,607	4,122	4,638
0,82	0,528	1,056	1,584	2,112	2,641	3,167	3,697	4,225	4,753
0,83	0,541	1,082	1,623	2,164	2,706	3,247	3,788	4,329	4,870
0,84	0,554	1,108	1,663	2,217	2,771	3,325	3,879	4,434	4,988
0,85	**0,567**	**1,135**	**1,703**	**2,270**	**2,838**	**3,405**	**3,973**	**4,540**	**5,108**
0,86	0,581	1,162	1,743	2,324	2,905	3,485	4,066	4,647	5,228
0,87	0,594	1,189	1,784	2,378	2,973	3,567	4,162	4,756	5,351
0,88	0,609	1,218	1,828	2,437	3,046	3,655	4,264	4,874	5,483
0,89	0,622	1,244	1,866	2,488	3,111	3,733	4,355	4,977	5,599
0,90	**0,636**	**1,272**	**1,909**	**2,545**	**3,181**	**3,817**	**4,453**	**5,090**	**5,726**
0,91	0,650	1,301	1,951	2,602	3,252	3,902	4,553	5,203	5,854
0,92	0,665	1,330	1,994	2,659	3,324	3,989	4,654	5,318	5,983
0,93	0,679	1,359	2,038	2,717	3,397	4,076	4,755	5,434	6,114
0,94	0,694	1,387	2,081	2,775	3,469	4,162	4,856	5,550	6,243
0,95	**0,709**	**1,418**	**2,126**	**2,835**	**3,544**	**4,253**	**4,962**	**5,670**	**6,379**
0,96	0,724	1,448	2,171	2,895	3,619	4,343	5,067	5,790	6,514
0,97	0,739	1,478	2,217	2,956	3,695	4,434	5,173	5,912	6,651
0,98	0,754	1,509	2,263	3,017	3,772	4,526	5,280	6,034	6,789
0,99	0,770	1,540	2,309	3,079	3,849	4,619	5,389	6,158	6,928
1,00	**0,785**	**1,571**	**2,356**	**3,142**	**3,927**	**4,712**	**5,498**	**6,283**	**7,069**
	1m	2m	3m	4m	5m	6m	7m	8m	9m

III. — CUBAGE DES BOIS ÉQUARRIS.

Tarifs spéciaux.

Le *Tarif A* indique les côtés de l'équarrissage correspondant à un mode de cubage donné, pour les diamètres mesurés de 2 en 2 et de 5 en 5 centimètres. Les résultats sont exprimés en centimètres.

Le *Tarif B* donne les volumes, pour un mètre de longueur, des bois équarris dans les conditions où ils sont habituellement employés dans les constructions. Les résultats sont exprimés en décimètres cubes.

TARIF A.

DIAMÈTRES.	CÔTÉS DE L'ÉQUARRISSAGE à vives arêtes.	au quart.	au sixième.	au cinquième.	DIAMÈTRES.	CÔTÉS DE L'ÉQUARRISSAGE à vives arêtes.	au quart.	au sixième.	au cinquième.
0m,10	7 sur 7	7 sur 8	6 sur 7	6 sur 7	0m,55	38 sur 39	43 sur 43	36 sur 36	34 sur 35
0 ,12	8— 9	9—10	7— 8	7— 8	0 ,56	39—40	44—44	36—37	35—35
0 ,14	9—10	11—11	9— 9	8— 9	0 ,58	40—41	45—45	37—38	36—36
0 ,15	10—11	11—12	9—10	9— 9	0 ,60	42—42	47—47	39—39	37—38
0 ,16	11—11	12—13	10—10	10—10	0 ,62	43—44	48—49	40—41	39—39
0 ,18	12—13	14—14	11—12	11—11	0 ,64	45—45	50—50	41—42	40—40
0 ,20	14—14	15—16	13—13	12—13	0 ,65	45—46	51—51	42—43	40—41
0 ,22	15—16	17—17	14—14	14—14	0 ,66	46—47	51—52	43—43	41—41
0 ,24	16—17	18—19	15—16	15—15	0 ,68	48—48	53—53	44—45	42—43
0 ,25	17—18	19—20	16—16	15—16	0 ,70	49—49	55—55	45—46	44—44
0 ,26	18—18	20—21	17—17	16—16	0 ,72	50—51	56—56	47—47	45—45
0 ,28	19—20	22—22	18—18	17—18	0 ,74	52—52	58—58	48—48	46—46
0 ,30	21—21	23—24	19—20	18—19	0 ,75	52—53	59—59	49—49	47—47
0 ,32	22—23	25—25	20—21	20—20	0 ,76	53—54	59—60	49—50	47—48
0 ,34	24—24	26—27	22—23	21—22	0 ,78	55—55	61—61	51—51	49—49
0 ,35	24—25	27—28	23—23	22—22	0 ,80	56—56	62—63	52—52	50—50
0 ,36	25—25	28—28	23—24	22—23	0 ,82	57—58	64—64	53—54	51—51
0 ,38	26—27	29—30	24—25	23—24	0 ,84	59—59	66—66	55—55	52—53
0 ,40	28—28	31—32	26—26	25—25	0 ,85	60—60	66—67	55—56	53—53
0 ,42	29—30	33—33	27—27	26—26	0 ,86	60—61	67—68	56—56	54—54
0 ,44	31—31	34—35	28—29	27—28	0 ,88	62—62	69—69	57—58	55—55
0 ,45	31—32	35—35	29—29	28—28	0 ,90	63—63	70—71	58—59	56—56
0 ,46	32—33	36—36	30—30	29—29	0 ,92	65—65	72—72	60—60	57—58
0 ,48	33—34	37—38	31—31	30—30	0 ,94	66—66	73—74	61—61	59—59
0 ,50	35—35	39—39	32—33	31—31	0 ,95	67—67	74—75	62—62	59—60
0 ,52	36—37	40—41	33—34	32—33	0 ,96	68—68	75—76	62—63	60—60
0 ,54	38—38	42—42	35—35	34—34	0 ,98	69—69	77—77	64—64	61—62
					1 ,00	71—71	78—79	65—65	62—63

TARIF B.

CÔTÉS d'équarrissage.	VOLUMES.	CÔTÉS d'équarrissage.	VOLUMES.	CÔTÉS d'équarrissage.	VOLUMES.
cent. cent.	m³.	cent. cent.	m³.	cent. cent	m³.
10 sur 10	0,010 0	20 sur 20	0,040 0	30 sur 30	0,090 0
12	0,012 0	22	0,044 0	32	0,096 0
14	0,014 0	24	0,048 0	34	0,102 0
16	0,016 0	26	0,052 0	36	0,108 0
18	0,018 0	28	0,056 0	38	0,114 0
12 sur 12	0,014 4	22 sur 22	0,048 4	32 sur 32	0,102 4
14	0,016 8	24	0,052 8	34	0,108 8
16	0,019 2	26	0,057 2	36	0,115 2
18	0,021 6	28	0,061 6	38	0,121 6
20	0,024 0	30	0,066 0	40	0,138 0
14 sur 14	0,019 6	24 sur 24	0,057 6	34 sur 34	0,115 6
16	0,022 4	26	0,062 4	36	0,122 4
18	0,025 2	28	0,067 2	38	0,129 2
20	0,028 0	30	0,072 0	40	0,136 0
22	0,030 8	32	0,076 8	42	0,142 8
16 sur 16	0,025 6	26 sur 26	0,067 6	36 sur 36	0,129 6
18	0,028 8	28	0,072 8	38	0,136 8
20	0,032 0	30	0,078 0	40	0,144 0
22	0,035 2	32	0,083 2	42	0,151 2
24	0,038 4	34	0,088 4	44	0,158 4
18 sur 18	0,032 4	28 sur 28	0,078 4	38 sur 38	0,144 4
20	0,036 0	30	0,084 0	40	0,152 0
22	0,039 6	32	0,089 6	42	0,159 6
24	0,043 2	34	0,095 2	44	0,167 2
26	0,046 8	36	0,100 8	46	0,174 8

TARIF B. (*Suite.*)

CÔTÉS d'équarrissage.	VOLUMES.	CÔTÉS d'équarrissage.	VOLUMES.	CÔTÉS d'équarrissage.	VOLUMES.
cent. cent.	m³.	cent. cent.	m³.	cent. cent.	m³.
40 sur **40**	0,160 0	**50** sur **50**	0,250 0	**60** sur **60**	0,360 0
42	0,168 0	**52**	0,260 0	**62**	0,372 0
44	0,176 0	**54**	0,270 0	**64**	0,384 0
46	0,184 0	**56**	0,280 0	**66**	0,396 0
48	0,192 0	**58**	0,290 0	**68**	0,408 0
42 sur **42**	0,176 4	**52** sur **52**	0,270 4	**62** sur **62**	0,384 4
44	0,184 8	**54**	0,280 8	**64**	0,396 8
46	0,193 2	**56**	0,291 2	**66**	0,409 2
48	0,201 6	**58**	0,301 6	**68**	0,421 6
50	0,210 0	**60**	0,312 0	**70**	0,434 0
44 sur **44**	0,193 6	**54** sur **54**	0,291 6	**64** sur **64**	0,409 6
46	0,202 4	**56**	0,302 4	**66**	0,422 4
48	0,211 2	**58**	0,313 2	**68**	0,435 2
50	0,220 0	**60**	0,324 0	**70**	0,448 0
52	0,228 8	**62**	0,334 8	**72**	0,460 8
46 sur **46**	0,211 6	**56** sur **56**	0,313 6	**66** sur **66**	0,435 6
48	0,220 8	**58**	0,324 8	**68**	0,448 8
50	0,230 0	**60**	0,336 0	**70**	0,462 0
52	0,239 2	**62**	0,347 2	**72**	0,475 2
54	0,248 4	**64**	0,358 4	**74**	0,488 4
48 sur **48**	0,230 4	**58** sur **58**	0,336 4	**68** sur **68**	0,462 4
50	0,240 0	**60**	0,348 0	**70**	0,476 0
52	0,249 6	**62**	0,359 6	**72**	0,489 6
54	0,259 2	**64**	0,371 2	**74**	0,503 2
56	0,268 8	**66**	0,382 8	**76**	0,516 8
				70 sur **70**	0,490 0

IV. — CUBAGE DES ARBRES SUR PIED

par la méthode des coefficients de décroissance.

Le *Tarif spécial* suivant donne, pour un coefficient de décroissance déterminé, le diamètre au milieu des tiges dont les diamètres de bases auront été mesurés de 2 en 2 ou de 5 en 5 centimètres. Connaissant ce diamètre au milieu, il suffira de se reporter au *Tarif général* pour calculer facilement les volumes.

Exemple : Soit à calculer le volume *au quart sans déduction* de 35 tiges propres à l'œuvre, provenant d'arbres de $0^m,55$ de diamètre à hauteur d'homme, et mesurant ensemble 397 mètres de longueur.

Sachant, par expérience, que, dans la forêt dont il s'agit, le coefficient de décroissance applicable aux arbres de la catégorie considérée est $0^m,85$, je cherche dans la table suivante le nombre correspondant à la réduction de $0^m,85$ pour la classe de $0^m,55$ de diamètre, je trouve $0^m,46$.

Me reportant au tarif général des volumes cylindriques, je lis en regard du diamètre $0^m,46$, les volumes suivants :

Pour 300 mètres = $49^{m^3},9$
Pour 90 — = 14 ,96
Pour 7 — = 1 ,163

Total . . . . . $66^{m^3},023$, soit 66 mèt. cubes en grume.

Pour avoir le cubage au quart, je multiplie ce volume par le coefficient 0,785 et j'obtiens $51^{m^3},8$, qui est le résultat cherché.

DIAMÈTRES à 1^{m},30 du sol.	DIAMÈTRES CALCULÉS d'après les dimensions de base réduites aux						
	0,95	0,90	0,85	0,80	0,75	0,70	0,65
0,10	**0,10**	**0,09**	**0,08**	**0,08**	**0,08**	**0,07**	**0,07**
0,12	0,11	0,11	0,10	0,09	0,09	0,08	0,08
0,14	0,13	0,13	0,12	0,11	0,11	0,10	0,09
0,15	**0,14**	**0,14**	**0,13**	**0,12**	**0,11**	**0,11**	**0,10**
0,16	0,15	0,14	0,14	0,13	0,12	0,11	0,10
0,18	0,17	0,16	0,15	0,14	0,14	0,13	0,12
0,20	**0,19**	**0,18**	**0,17**	**0,16**	**0,15**	**0,14**	**0,13**
0,22	0,21	0,20	0,19	0,18	0,17	0,15	0,14
0,24	0,23	0,22	0,20	0,19	0,18	0,17	0,16
0,25	**0,24**	**0,23**	**0,21**	**0,20**	**0,19**	**0,18**	**0,16**
0,26	0,25	0,23	0,22	0,21	0,20	0,18	0,17
0,28	0,27	0,25	0,24	0,22	0,21	0,20	0,18
0,30	**0,29**	**0,27**	**0,26**	**0,24**	**0,23**	**0,21**	**0,20**
0,32	0,30	0,29	0,27	0,26	0,24	0,22	0,21
0,34	0,32	0,31	0,29	0,27	0,26	0,24	0,22
0,35	**0,33**	**0,32**	**0,31**	**0,28**	**0,26**	**0,25**	**0,23**
0,36	0,34	0,32	0,30	0,29	0,27	0,25	0,23
0,38	0,36	0,34	0,32	0,30	0,29	0,27	0,25
0,40	**0,38**	**0,36**	**0,34**	**0,32**	**0,30**	**0,28**	**0,26**
0,42	0,40	0,38	0,36	0,34	0,32	0,29	0,27
0,44	0,42	0,40	0,37	0,35	0,33	0,30	0,29
0,45	**0,43**	**0,40**	**0,38**	**0,36**	**0,34**	**0,31**	**0,29**
0,46	0,44	0,41	0,39	0,37	0,35	0,32	0,30
0,48	0,46	0,43	0,41	0,38	0,36	0,34	0,31
0,50	**0,48**	**0,45**	**0,43**	**0,40**	**0,38**	**0,35**	**0,33**
0,52	0,49	0,47	0,44	0,42	0,39	0,36	0,34
0,54	0,51	0,49	0,46	0,43	0,41	0,39	0,35

DIAMÈTRES à 1,m30 du sol.	DIAMÈTRES CALCULÉS d'après les dimensions de base réduites aux						
	0,95	0,90	0,85	0,80	0,75	0,70	0,65
0,55	**0,52**	**0,50**	**0,47**	**0,44**	**0,41**	**0,39**	**0,36**
0,56	0,53	0,50	0,48	0,45	0,43	0,39	0,36
0,58	0,55	0,52	0,49	0,46	0,44	0,41	0,38
0,60	**0,57**	**0,54**	**0,51**	**0,48**	**0,45**	**0,42**	**0,39**
0,62	0,59	0,56	0,53	0,50	0,47	0,43	0,40
0,64	0,61	0,58	0,54	0,51	0,48	0,45	0,42
0,65	**0,62**	**0,58**	**0,55**	**0,52**	**0,49**	**0,46**	**0,42**
0,66	0,63	0,59	0,56	0,53	0,50	0,46	0,43
0,68	0,65	0,61	0,58	0,54	0,51	0,48	0,44
0,70	**0,67**	**0,64**	**0,60**	**0,56**	**0,53**	**0,49**	**0,46**
0,72	0,68	0,65	0,61	0,58	0,54	0,50	0,47
0,74	0,70	0,67	0,63	0,59	0,56	0,52	0,48
0,75	**0,71**	**0,68**	**0,64**	**0,60**	**0,56**	**0,53**	**0,49**
0,76	0,72	0,68	0,65	0,61	0,57	0,53	0,49
0,78	0,74	0,70	0,66	0,62	0,59	0,55	0,51
0,80	**0,76**	**0,72**	**0,68**	**0,64**	**0,60**	**0,56**	**0,52**
0,82	0,78	0,74	0,70	0,66	0,62	0,57	0,53
0,84	0,80	0,76	0,71	0,67	0,63	0,59	0,55
0,85	**0,81**	**0,77**	**0,72**	**0,68**	**0,64**	**0,60**	**0,55**
0,86	0,82	0,77	0,73	0,69	0,65	0,60	0,56
0,88	0,84	0,79	0,75	0,70	0,66	0,62	0,57
0,90	**0,86**	**0,81**	**0,77**	**0,72**	**0,68**	**0,63**	**0,59**
0,92	0,87	0,83	0,78	0,74	0,69	0,64	0,60
0,94	0,89	0,85	0,80	0,75	0,71	0,66	0,61
0,95	**0,90**	**0,86**	**0,81**	**0,76**	**0,71**	**0,67**	**0,62**
0,96	0,91	0,86	0,82	0,77	0,72	0,67	0,62
0,98	0,93	0,88	0,83	0,78	0,74	0,69	0,64
1,00	0,95	0,90	0,85	0,80	0,75	0,70	0,65

V.

CUBAGE D'UN PEUPLEMENT SOUMIS A L'EXPÉRIMENTATION FORESTIÈRE.

Spécimen de construction d'un tarif pour le cubage d'un peuplement d'un seul âge.

Après avoir choisi et numéroté les tiges-types, on les abat et on cube exactement chacune d'elles par le procédé connu.

Les résultats de ces opérations sont ensuite portés sur un état dressé dans la forme du tableau A ci-après, sur lequel on réunit en un même groupe les différentes tiges appartenant à une même catégorie de circonférence. Pour éviter toute confusion, les numéros d'ordre du terrain sont rappelés à la première colonne de ce tableau.

Lorsque les tiges d'expérience sont d'un calibre trop faible pour qu'on puisse les analyser individuellement, on les cube en bloc soit par immersion, soit à l'aide de pesées.

Les moyennes calculées par groupe donnent les *volumes-étalons* correspondant à chacune des circonférences considérées, on en déduit les taux pour cent, ou coefficients de bois plein et de menu bois qui s'y rapportent. Ces données fondamentales sont inscrites à la place convenable dans le tableau B, dont la première colonne présente la série des circonférences comprises entre celles de la plus petite et de la plus grosse tige du peuplement à cuber. Puis, entre chacune des circonférences ainsi pourvues d'un volume-étalon, on groupe successivement les catégories intermédiaires les plus voisines. Enfin dans chacun de ces groupes (renfermant des tiges qu'on admet être de même hauteur et de même forme), on interpole sur le volume-étalon proportionnellement aux surfaces terrières. Les mêmes coefficients de bois plein et de menu bois sont appliqués à toutes les catégories d'un même groupe.

Si une catégorie intermédiaire se trouvait également distante de deux volumes-types, on la rangerait dans le groupe du volume le plus faible.

On obtient ainsi un tarif spécial complet. (Tableau B.)

TABLEAU A.

Calcul des volumes moyens étalons.

ESSENCE : HÊTRE.

NUMÉROS d'ordre.	CIRCONFÉRENCE à $1^m,30$.	LONGUEUR totale.	AGE.	VOLUMES. Bois plein.	VOLUMES. Menu bois.	VOLUMES. Total.	TAUX POUR CENT DU bois plein.	TAUX POUR CENT DU menu bois.
		m.		m³.	m³.	m³.		
1.	$0^m,14$	8,30	N'a pu être compté.	»	Cubés en bloc par immersion.	»	»	»
2.		7,80		»		»	»	»
3.		9,20		»		»	»	»
4.		7,00		»		»	»	»
5.		9,30		»		»	»	»
6.		9,80		»		»	»	»
7.		8,70		»		»	»	»
8.		7,80		»		»	»	»
9.		8,70		»		»	»	»
10.		7,20		»		»	»	»
Totaux.		83,8	»	»	0,0872	0,0872	»	»
Moyennes.		**8,4**	»	»	**0,0087**	**0,0087**	**0**	**100**
			ans					
11.	0,19	10,10	29	0,0035	0,0156	0,0191	»	»
12.		9,80	29	0,0035	0,0161	0,0196	»	»
13.		9,40	29	0,0035	0,0141	0,0176	»	»
14.		9,90	29	0,0039	0,0142	0,0181	»	»
15.		11,10	29	0,0032	0,0140	0,0172	»	»
16.		10,30	29	0,0032	0,0146	0,0178	»	»
Totaux.		60,60	174	0,0208	0,0886	0,1094	»	»
Moyennes.		**10,1**	**29**	**0,035**	**0,0148**	**0,0183**	**19**	**81**
17.	0,24	10,90	28	0,021	0,015	0,036	»	»
18.		10,70	29	0,021	0,010	0,031	»	»
19.		12,00	29	0,024	0,012	0,036	»	»
20.		11,50	29	0,021	0,017	0,038	»	»
21.		10,40	29	0,018	0,013	0,031	»	»
22.		10,00	26	0,021	0,013	0,034	»	»
Totaux.		65,50	173	0,126	0,080	0,206	»	»
Moyennes.		**10,9**	**29**	**0,021**	**0,013**	**0,034**	**62**	**38**

TABLEAU A. (*Suite.*)

NUMÉROS d'ordre.	CIRCONFÉRENCE à 1m,30.	LONGUEUR totale.	AGE.	VOLUMES. Bois plein.	Menu bois.	Total.	TAUX POUR CENT DU bois plein.	menu bois.
		m.	ans	m³.	m³.	m³.		
23.		11,10	29	0,046	0,017	0,063	»	»
24.		12,70	29	0,040	0,019	0,059	»	»
25.		11,90	28	0,047	0,012	0,059	»	»
26.		10,40	29	0,037	0,019	0,056	»	»
27.	0m,31	10,90	28	0,040	0,016	0,056	»	»
28.		11,70	26	0,044	0,018	0,062	»	»
29.		12,10	29	0,043	0,016	0,059	»	»
Totaux.		80,80	198	0,297	0,117	0,414	»	»
Moyennes.		**11,50**	**28**	**0,042**	**0,017**	**0,059**	**71**	**29**
30.		11,50	28	0,058	0,019	0,077	»	»
31.		11,20	28	0,063	0,032	0,095	»	»
32.		10,40	28	0,060	0,024	0,084	»	»
33.	0,38	12,00	29	0,073	0,030	0,103	»	»
34.		12,00	28	0,060	0,024	0,084	»	»
Totaux.		57,10	141	0,314	0,129	0,443	»	»
Moyennes.		**11,40**	**28**	**0,063**	**0,026**	**0,089**	**71**	**29**
35.		11,50	28	0,083	0,038	0,121	»	»
36.		12,30	26	0,092	0,041	0,133	»	»
37.		12,10	28	0,095	0,038	0,133	»	»
38.	0,45	13,50	30	0,103	0,047	0,150	»	»
Totaux.		49,40	112	0,373	0,164	0,537	»	»
Moyennes.		**12,4**	**28**	**0,093**	**0,041**	**0,134**	**69**	**31**

Nota. — Autant que possible, pour calculer ces moyennes, on abat de 4 à 6 tiges-types dans chacune des catégories choisies ; mais, le plus souvent, il faut se contenter d'un nombre moindre pour les catégories les plus élevées dans l'échelle des grosseurs, parce que, au point de vue numérique, elles sont en général, faiblement représentées dans le peuplement.

TABLEAU B. (*Tarif spécial.*)

CIRCONFÉRENCE à 1m,30.	VOLUME total par tige.	TAUX POUR CENT DU bois plein.	TAUX POUR CENT DU menu bois.	CIRCONFÉRENCE à 1m,30.	VOLUME total par tige.	TAUX POUR CENT DU bois plein.	TAUX POUR CENT DU menu bois.
m.	m³.			m.	m³.		
0,12	0,0064			0,35	0,075		
0,13	0,0075			0,36	0,080		
0,14	**0,0087**	0.	100.	0,37	0,084		
0,15	0,0100			**0,38**	**0,089**	71.	29.
0,16	0,0114			0,39	0,094		
				0,40	0,098		
0,17	0,0147			0,41	0,103		
0,18	0,0165						
0,19	**0,0183**	19.	81.	0,42	0,116		
0,20	0,0203			0,43	0,122		
0,21	0,0224			0,44	0,128		
				0,45	**0,134**	69.	31.
0,22	0,029			0,46	0,140		
0,23	0,031			0,47	0,146		
0,24	**0,034**	62.	38.	0,48	0,152		
0,25	0,037						
0,26	0,040						
0,27	0,043						
0,28	0,048						
0,29	0,052						
0,30	0,055						
0,31	**0,059**	71.	29.				
0,32	0,063						
0,33	0,067						
0,34	0,071						

VI. — MODÈLE DE CALEPIN

préparé pour servir au balivage et à l'estimation en matière des coupes de taillis sous futaie.

FORÊT DOMANIALE DE CHAMPENOUX.

Nº de l'état d'assiette 188 .

Canton du Fays. Triage du garde .

Arbres réservés.

Arbres d'assiette :

				Moyennes par hect.
Baliveaux.	Chêne. . .	. . . .	351	90
	Hêtre. . .	. . . .	112	29
	Divers. . .	. . . .	89	23
			552	142
Modernes.	Chêne. . .	. . . .	72	19
	Hêtre. . .	. . . .	29	9
	Charme . .	. . . 2 Tilleuls . . . 1 Frêne . . . 3	6	2
			107	30

NUMÉROS ET DIAMÈTRES DES ANCIENS.

CHÊNES.						HÊTRES.				ORMES.				
Nos.	Diamètres.	Nos.	Diamètres.	Nos.	Diamètres.	Nos.	Diamètres.	Nos.	Diamètres.	Nos.	Diamètres.	Nos.	Diamètres.	
1.	0,40	21.	0,35			1.	0,35	21.	0,35	1.	0,45			Chênes.
2.	0,45	22.	0,55			2.	0,35	22.	0,40	2.	0,35			10
3.	0,50	23.	0,50			3.	0,45	23.	0,35					
4.	0,35	24.	0,60			4.	0,35	24.	0,40					
5.	0,40	25.	9,40			5.	0,40	25.	0,35					
6.	0,40	26.	0,35			6.	0,40	26.	0,35	Frênes.				Hêtres.
7.	0,60	27.	2,45			7.	0,35	27.	0,40	1.	0,50			10
8.	0,55	28.	0,40			8.	0,35	28.	0,50	2.	0,40			
9.	0,60	29.	0,40			9.	0,35	29.	0,40	3.	0,40			
10.	0,35	30.	0,35			10.	0,40	30.	0,45					Divers.
11.	0,45	31.	0,35			11.	0,40	31.	0,40					
12.	0,40	32.	0,50			12.	0,35	32.	0,35	Tilleuls.				2
13.	0,50	33.	0,55			13.	0,55	33.	0,40	1.	0,35			22
14.	0,35	34.	0,45			14.	0,35	34.	0,35					
15.	0,40	35.	0,65			15.	0,35	35.	0,40					
16.	0,35	36.	0,55			16.	0,35	36.	0,50					
17.	0,80	37.	0,40			17.	0,35	37.	0,40					
18.	0,45	38.	0,35			18.	0,45	38.	0,35					
19.	0,60					19.	0,40							
20.	0,40					20.	0,35							

Opération faite le 188 .

par MM.

Contenance : $3^h,87^c$. Age du sous-bois : 35 ans

ESTIMATION DE LA RÉSERVE.

DIAMÈTRES.	VOLUME par mètre courant.	NOMBRE.	LONGUEUR du bois d'œuvre.	VOLUME du bois d'œuvre.		NOMBRE.	LONGUEUR du bois d'œuvre.	VOLUME du bois d'œuvre.	NOMBRE.	VOLUME par catégorie.	VOLUME total.
		Chênes.				Frênes et ormes.			Hêtres et divers.		
(1)	m³.		m.	m³.	m³.			m³.		m³.	m³.
0,25	0,03	72	504	15,1	28,2	3	21	0,6	32	0,50	16,0
0,35	0,07	9	72	5,0		1	8	0,4	19	1,04	19,8
0,40	0,09	10	90	8,1		2	18	1.6	13	1,43	18,6
0,45	0,11	5	45	5,0	17,4	1	9	1,0	3	1,92	5,1
0,50	0,14	4	40	5,6		»	»	»	2	2,52	5,0
0,55	0,17	4	40	6,8		»	»	»	1	3,25	3,3
0,60	0,20	4	40	8,8	16,7	»	»	»	»	»	»
0,65	0,24	1	12	2,9		»	»	»	»	»	»
0,70	0,28	»	»	»		»	»	»	»	»	»
0,75	0,32	»	»	»		»	»	»	»	»	»
0,80	0,36	1	14	5,0		»	»	»	»	»	»
		110			62,3	7		3,6	70		68,5

Récapitulation.

	m³.	VOLUME total.	VOLUME par hectare.
Bois d'œuvre : Chêne	62,3	195 m³.	50 m³.
— Frêne, Orme	3,6		
Bois à brûler : Cimeaux (chêne, frêne, orme)	33,0		
— Hêtre, charme, etc.	68,5		
— 552 baliveaux (20 au mètre cube)	27,5		

(1) *Modernes.* Au cas particulier, pour toutes les essences et d'après leurs dimensions, on leur a attribué une grosseur moyenne de 0,25.

RENSEIGNEMENTS DIVERS.

Frais d'exploitation.

Élagage des arbres.
Abatage des arbres.
Bois de corde.
-- de charbonnette.
Fagots et bourrées.
Écorces.

Prix des bois.

Les bois d'œuvre sont encore en baisse sur les prix de l'année précédente.

Les cours des bois à brûler restent stationnaires.

Charges.

Limites de la coupe.

Voies de transport.

Chemins en bon état d'entretien.

Estimation du sous-bois à l'hectare.

Bois de corde : 50 stères dont : $^1/_3$ bois dur et $^2/_3$ bois blanc.

1,100 fagots.

ARBRES ABANDONNÉS.

Chênes.

Diamètres.	Hauteurs. 4m	5m	6m	7m	8m	9m	10m	Diamètres.	Hauteurs. 6m	7m	8m	9m	10m	12m	14m	16m
Brins.	»	»	»	»	»	»	»	0,45	»	»	— 1	»	»	»	— 1	»
0,15	»	»	»	»	»	»	»	0,50	»	»	»	»	»	— 1	»	»
0,20	»	— 2	»	— 1	— 1	»	»	0,55	»	»	»	»	— 1	— 1	»	»
0,25	»	»	— 2	— 1	»	— 1	»	0,60	»	»	»	»	— 1	— 2	»	»
0,30	»	— 1	»	»	»	— 1	»	0,65	»	»	»	»	»	»	»	»
0,55	»	»	»	»	»	— 2	»	0,70	»	»	»	»	»	»	»	»
0,40	»	»	»	»	»	— 2	»	0,75	»	»	»	»	»	»	»	»

Autres essences (estimées en stères).

STÈRES.	HÊTRES.			CHARMES.	BOIS BLANCS.
Brins.	»			»	»
1/4	... 2 = st. 0,50			.... 15 = st. 3,75	.... 2 = st. 0,50
1/2	... 4 = 2,0			.... 17 = 8,50	.... 1 = 0,5
1	... 25 = 25			.... 13 = 13	.... 4 = 4
2	... 32 = 64			.... 3 = 6	.... 3 = 6
3	... 29 = 87	*Report*.	124 = st. 350,5	.... 3 = 9	10 = 11 stères.
4	... 14 = 56	11	»	51 = 40 stères.	
5	... 8 = 40	12	1 = 12		
6	... 3 = 18	13	1 = 13		
7	... 3 = 21	14	»		
8	... 1 = 8	15	»		
9	... 1 = 9	16	»		
10	... 2 = 20	17	»		
	124 350,5		126 375,5		

Bois de chêne de qualité moyenne.

Les hêtres donneront : 1/10 de bois d'industrie.
— 5/10 de bois de quartier.
— 4/10 de bois de rondin.

Les charmes et bois blancs :
2/3 de bois de quartier et 1/3 de rondins.

Les cimeaux de chêne sont évalués à raison de 1 stère par mètre cube.

Les menus bois de toutes essences à raison de 5 bourrées par stère.

ESTIMATION DES BOIS A VENDRE.

1° *Arbres de futaie.*

DIAMÈTRE.	VOLUME par mètre courant.	NOMBRE.	LONGUEUR de bois d'œuvre.	VOLUMES.		VOLUME réel.
			BOIS D'ŒUVRE (chêne).			
0,15	0,01	»	»	m³.		
0,20	0,02	4	25	0,50	m³. 4,9 petits bois.	
0,25	0,03	4	28	0,84		
0,30	0,05	2	14	0,70		
0,35	0,07	2	18	1,26		
0,40	0,09	2	18	1,62		
0,45	0,11	2	21	1,31	7,7 bois moyens.	
0,50	0,14	1	12	1,68		
0,55	0,17	2	20	3,74		
0,60	0,20	3	34	6,80	6,8 gros bois.	
0,65	0,24	»		»		
0,70	0,28	»		»		
0,75	0,32	»		»		
0,80	0,36	»		»		
		22		19,4		19 m³.

BOIS D'ŒUVRE (hêtre).

38 stères × 0,70 =	27 m³.	27

BOIS A BRULER.

1re qualité.	Charme ²/₃ =	27 stères.	
2e —	Id. ¹/₃ = 13 / Hêtre 376 — 38 = 338	351	
3e —	(Cimeaux chêne 19, blancs 11)	30	
	Total. . . .	408	269
	Bourrées (408 × 5) =	2,000 (pour mémoire).	»

2° *Sous-bois.*

3ᵇ,87ᵃ à 55 stères l'un =	213st. { 71st. de 2e qualité. / 142 de 3e —	141
3ᵇ,87ᵃ à 1,100 fagots l'un =	4,300 fagots.	129
		585 m³.

NOMBRE D'ARBRES ABANDONNÉS.

Chênes	22
Hêtres.	126
Divers.	61
Total.	209

CONTRÔLE ET STATISTIQUE.

Volume réel.

Bois d'œuvre.	Bois à brûler.	Total.
45 m³.	545 m³.	585 m³.
à l'hectare.		
11 m³. = 7 %	140 m³. = 93 %	151

VII. — TARIFS DE CONVERSION

des anciennes mesures les plus usitées dans le commerce des bois en mesures métriques, et réciproquement.

1° MESURES LINÉAIRES.

Conversion des mesures d'ordonnance en mesures métriques.

La toise d'ordonnance se subdivisait en 6 pieds, le pied en 12 pouces et le pouce en 12 lignes; elle valait donc 864 lignes.

NOMBRES.	CONVERSION DES lignes en mètres.	pouces en mètres.	pieds en mètres.	toises en mètres.	OBSERVATIONS.
	m.	m.	m.	m.	
1	0,0023	0,0271	0,325	1,949	La perche des eaux et forêts avait 22 pieds et valait 7m,1456. La perche de Paris ne mesurait que 5m,8664.
2	0,0045	0,0541	0,650	3,898	
3	0,0067	0,0812	0,975	5,847	
4	0,0090	0,1083	1,299	7,796	
5	0,0113	0,1354	1,624	9,745	
6	0,0135	0,1624	1,949	11,694	
7	0,0158	0,1895	»	13,643	
8	0,0180	0,2166	»	15,552	
9	0,0203	0,2436	»	17,541	
10	0,0226	0,2707	»	19,490	
11	0,0248	0,2978	»	»	

Conversion des mesures métriques en mesures d'ordonnance.

NOMBRES.	MILLIMÈTRES en lignes.	CENTIMÈTRES en pouces, lignes.	DÉCIMÈTRES en pieds, pouces, lignes.	MÈTRES en toises, pieds, pouces.	NOMBRES.	MÈTRES en toises, pieds, pouces.
	l.	p. l.	p. p. l.	t. p. p.		t. p. p.
1	0,443	» 4,43	» 3 8	» 3 1	20	10 1 7
2	0,887	» 8,26	» 7 5	1 0 2	30	15 2 4
3	1,330	1 1,30	» 11 1	1 3 2	40	20 3 2
4	1,773	1 5,73	1 2 9	2 0 4	50	25 3 11
5	2,216	1 10,17	1 6 6	2 3 5	60	30 4 8
6	2,660	2 2,60	1 10 2	3 0 6	70	35 5 6
7	3,103	2 7,03	2 1 10	3 3 7	80	41 0 3
8	3,546	2 11,46	2 5 7	4 0 8	90	46 1 1
9	3,990	3 3,90	2 9 3	4 3 8	100	51 1 10
10	4,433	3 8,33	3 0 11	5 0 9	1,000	513 0 5

2° MESURES DE SUPERFICIE.

Conversion des mesures de superficie d'ordonnance en mesures métriques.

L'arpent d'ordonnance ou des eaux et forêts était composé de 100 perches carrées; la perche avait une longueur de 22 pieds ($7^{m},146$); la perche carrée contenait par conséquent 484 pieds carrés et l'arpent 48,400 pieds carrés.

NOMBRE.	PIEDS CARRÉS en mètres et décimètres carrés.	ARPENTS des eaux et forêts en hectares.			OBSERVATIONS.
	d. m. q.	h. a. c. a.		h. a. c. a.	
1	10,55	0 51 07	26	13 27 87	La perche étant une subdivision décimale de l'arpent, la table de conversion des arpents en hectares peut servir à celle des perches en ares.
2	21,10	1 02 14	27	13 78 94	Ainsi : 14 perches valent 7 ares 15 ; 43 perches 21 ares 96.
3	31,66	1 53 22	28	14 30 02	La toise carrée valait $3^{mq},7987$.
4	42,21	2 04 29	29	14 81 09	L'arpent de Paris représentait 34 ares 19 centiares.
5	52,75	2 55 36	30	15 32 16	
6	63,31	3 06 43	31	15 83 23	
7	73,86	3 57 50	32	16 34 30	
8	84,42	4 08 59	33	16 85 38	
9	95,97	4 59 65	34	17 36 45	
	m. q.				
10	1 05,52	5 10 72	35	17 85 52	
11	1 16,07	5 61 79	36	18 38 59	
12	1 26,63	6 12 86	37	18 89 66	
13	1 37,18	6 63 94	38	19 40 74	
14	1 47,73	7 15 01	39	19 91 81	
15	1 58,28	7 66 08	40	20 42 88	
16	1 68,83	8 17 15	41	20 93 95	
17	1 79,39	8 68 22	42	21 45 02	
18	1 89,94	9 19 30	43	21 96 10	
19	2 00,49	9 70 37	44	22 47 17	
20	2 11,04	10 21 44	45	22 98 24	
21	2 21,59	10 72 51	46	23 49 31	
22	2 32,15	11 23 58	47	24 00 38	
23	2 42,70	11 74 66	48	24 51 46	
24	2 53,25	12 25 73	49	25 02 53	
25	2 63,80	12 76 80	50	25 53 60	
100	10 55,21	»	500	255 36 08	
484	51 07,22	»	1000	510 72 16	

Conversion des mesures de superficie métriques en mesures d'ordonnance.

NOMBRE.	CENTIARES en pieds et perches.			ARES en arpents et perches.		HECTARES en arpents et perches.		OBSERVATIONS.
	pches.	pi.	po.	ats.	pches.	ats.	pches.	
1	0	9	69	0	1,96	1	95,80	Pour transformer en pieds carrés la partie décimale du nombre des perches, il suffit de multiplier par cette fraction décimale le chiffre 484 qui exprime le nombre de pieds carrés contenu dans une perche carrée. Ainsi : 0p,32=155 pieds. et 0p,92=445 pieds.
2	0	18	137	0	3,92	3	91,60	
3	0	28	62	0	5,86	5	86,41	
4	0	37	130	0	7,83	7	83,21	
5	0	47	55	0	9,79	9	79,01	
6	0	56	124	0	11,75	11	74,81	
7	0	66	48	0	13,71	13	70,61	
8	0	75	117	0	15,66	15	66,42	
9	0	85	42	0	17,62	17	62,22	
10	0	94	111	0	19,58	19	58,00	
20	0	189	72	0	39,16	39	16,00	
30	0	284	43	0	58,64	58	64,10	
40	0	379	12	0	78,32	78	32,10	
50	0	473	122	0	97,90	97	90,10	
60	1	84	86	1	17,48	117	48,10	
70	1	179	58	1	37,06	136	06,10	
80	1	274	29	1	56,64	156	64,20	
90	1	368	130	1	76,22	176	22,20	
100	1	463	101	1	95,80	195	80,00	

3° MESURES DE VOLUME.

Pour mesurer le bois, on avait recours à deux unités différentes : la *corde,* pour les bois de chauffage, et la *solive,* pour les bois-d'œuvre.

On sait que la corde était variable suivant les localités : ses dimensions étaient empruntées tantôt aux mesures locales, tantôt aux mesures d'ordonnance. (Les volumes métriques des cordes les plus usitées ont été données à la page 161.)

Les dimensions de la solive étaient, au contraire, à peu près fixes et dérivaient des mesures d'ordonnance. Les trois subdivisions de la solive : pied, pouce et ligne de solive, avaient la même forme que l'unité principale.

CONVERSION des solives, pieds, pouces en mètres cubes.				CONVERSION des mètres cubes en solives, pieds, pouces.			
Solives.	Pieds.	Pouces.	Mètres cubes.	Mètres cubes.	Solives.	Pieds.	Pouces.
			m. c. d. m. c.	m. c. d. m. c.			
»	»	1	0,001,4	0,005	»	»	03
»	»	2	0,002,9	0,010	»	»	07
»	»	3	0,004,3	0,020	»	1	02
»	»	4	0,005,7	0,030	»	1	09
»	»	5	0,007,1	0,040	»	2	04
»	»	6	0,008,6	0,050	»	2	11
»	»	7	0,010,0	0,060	»	3	06
»	»	8	0,011,4	0,070	»	4	01
»	»	9	0,012,8	0,080	»	4	08
»	»	10	0,014,3	0,090	»	5	03
»	»	11	0,015,7	0,100	»	5	10
»	»	12	0,017,1	0,200	1	5	08
»	1	»	0,017,1	0,300	2	5	06
»	2	»	0,034,3	0,400	3	5	04
»	3	»	0,051,4	0,500	4	5	02
»	4	»	0,068,6	0,600	5	5	00
»	5	»	0,085,7	0,700	6	4	10
»	6	»	0,102,8	0,800	7	4	08
1	»	»	0,102,8	0,900	8	4	06
2	»	»	0,205,7	1,000	9	4	04
3	»	»	0,308,5	2,000	19	2	08
4	»	»	0,411,3	3,000	29	1	00
5	»	»	0,514,2	4,000	38	5	04
6	»	»	0,517,0	5,000	48	3	08
7	»	»	0,719,8	6,000	58	2	01
8	»	»	0,822,7	7,000	68	0	05
9	»	»	0,925,5	8,000	77	4	09
10	»	»	1,028,3	9,000	87	3	01
25	»	»	2,570,8	10,000	97	1	05
50	»	»	5,141,6	25,000	243	0	08
75	»	»	7,712,4	50,000	486	1	04
100	»	»	10,283,2	75,000	729	2	00
500	»	»	51,416,0	100,000	972	2	08

TABLE DES MATIÈRES

CHAPITRE DEUXIÈME.

Les résines.

DEUXIÈME PARTIE.

DÉBIT EN BOIS MARCHANDS.

CHAPITRE PREMIER.

Abatage et façonnage des bois. — Cubage des bois abattus.

CHAPITRE DEUXIÈME.

Débit et mode de vente des principales unités de marchandises.

Ire SECTION. — BOIS A BRULER.

IIe SECTION. — BOIS D'ŒUVRE.

TROISIÈME PARTIE.

CUBAGE DES BOIS SUR PIED. — MODES DE VENTE.

I. — CUBAGE DES BOIS SUR PIED.

CHAPITRE PREMIER.

Cubage d'un arbre considéré isolément.

CHAPITRE DEUXIÈME.

Cubage des peuplements.

II. — MODES DE VENTE.

APPENDICE.

INDEX ALPHABÉTIQUE

A

B

C

N

O

P

Q

R

S

T

V

X

Y

Nancy. — Imprimerie Berger-Levrault et Cie.

BERGER-LEVRAULT ET Cie, LIBRAIRES-ÉDITEURS.

Missions forestières à l'étranger. — Grande-Bretagne. — Autriche et Bavière, par L. Boppe et E. Reuss, professeurs à l'École nationale forestière. 1886. Grand in-8°, broché . . . . 1 fr. 50 c.

Étude sur l'expérimentation forestière (organisation et fonctionnement) en Allemagne et en Autriche, par E. Reuss et E. Batet, professeurs à l'École nationale forestière. (Extrait des *Annales de la Science agronomique.*) 1885. — Grand in-8°, broché . . . . 5 fr.

Questions forestières. — La Méthode du contrôle de M. Gurnaud, par P. Grandjean, ancien élève de l'École forestière, conservateur des forêts en retraite. 1885. — In-8°, broché . . . . 1 fr. 50 c.

Notice sur les instruments stadimétriques, par E. Thiéry, inspecteur des forêts, professeur à l'École nationale forestière. 1885. — Volume grand in-8°, avec 93 gravures, broché . . . . 12 fr.

Manuel de sylviculture, par G. Bagneris, professeur à l'École forestière. 1878. — Un volume in-12 de 330 pages, broché . . . . 3 fr. 50 c.

Cours d'Aménagement des forêts enseigné à l'École forestière, par Ch. Broilliard, professeur à l'École forestière. 1878. — Un volume in-8° de 364 pages avec carte . . . . 10 fr.

Essais sur les repeuplements artificiels et les restaurations des vides et clairières des forêts, par A. Noel, sous-inspecteur des forêts. (Ouvrage couronné par la Société des agriculteurs de France.) 1882. — Un volume in-8° . . 6 fr.

Chimie et Physiologie appliquées à l'agriculture et à la sylviculture. Cours d'agriculture de l'École forestière de Nancy, par L. Grandeau, doyen de la Faculté des sciences de Nancy, professeur d'agriculture à l'École nationale forestière, directeur de la Station agronomique de l'Est. — 1er volume. — La nutrition de la plante. — L'atmosphère et la plante. 1879. — Un volume grand in-8° de 624 pages et 40 figures, reliure percale . . . . 12 fr.

Annales de la Station agronomique de l'Est. Chimie et physiologie appliquées à la sylviculture. (Travaux de 1868 et 1878). Par le même. — Volume grand in-8° de 415 pages . . . . 9 fr.

Flore forestière, par Mathieu, professeur d'histoire naturelle à l'École forestière, sous-directeur de cette école. — Description et histoire des végétaux ligneux qui croissent spontanément en France et des essences importantes de l'Algérie. — 3e édition, entièrement revue et considérablement augmentée. 1877. — Un vol. in-8° de 644 pages, broché . . . . 12 fr.

Traité d'analyse des matières agricoles (2e édition), par L. Grandeau. — Sols, eau, amendements, engrais. — Air. — Principes immédiats des végétaux. — Fourrages, boissons, fumier, laine. — Vins. — Bière. — Produits de la laiterie. — 2e édition, revue et considérablement augmentée. 1883. — Un volume in-12 de 600 pages avec nombreuses figures dans le texte, et tableaux pour le calcul des analyses, reliure percale . . . . 12 fr.

Géologie agricole. Première partie du *Cours d'agriculture comparée,* fait à l'Institut national agronomique, par Eugène Risler, directeur de l'Institut agronomique. Tome I. 1884. — Un volume grand in-8° de 402 pages, br. 7 fr. 50 c.

Annales de la Science agronomique française et étrangère (organe des stations agronomiques et des laboratoires agricoles), publiées sous les auspices du Ministère de l'Agriculture, par L. Grandeau, directeur de la Station agronomique de l'Est, membre du Conseil supérieur de l'agriculture, doyen de la Faculté des Sciences de Nancy, professeur à l'École nationale forestière, etc. — Les Annales forment, par année, deux volumes de 500 pages chacun environ, avec gravures, planches et tableaux. — Prix de l'abonnement pour les deux volumes de l'année : Paris, **24** fr. Départements et Union postale : **26** fr. Pays en dehors de l'Union : **24** fr., port en sus. — La troisième année (1886) est en cours d'impression.

Nancy, imp. Berger-Levrault et Cie.

www.ingramcontent.com/pod-product-compliance
Ingram Content Group UK Ltd.
Pitfield, Milton Keynes, MK11 3LW, UK
UKHW020156250726
13967UKWH00003B/1099